Gröbner Exciting Class
— Introduction to Computational Algebraic Statistics

グレブナー教室
―計算代数統計への招待

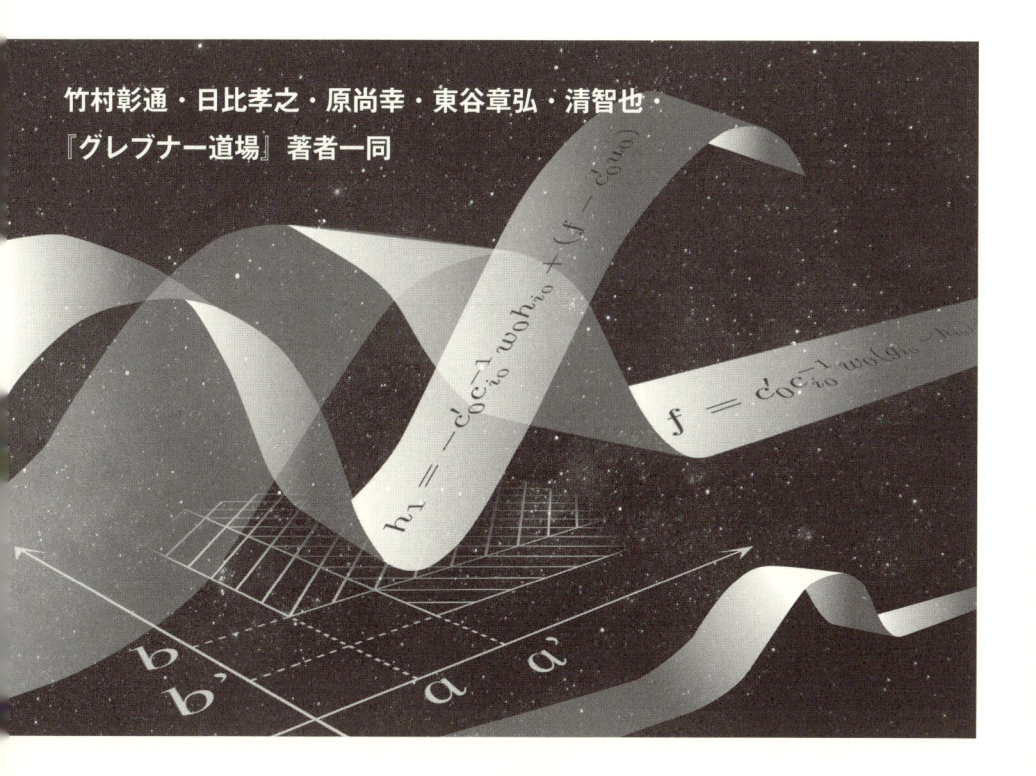

竹村彰通・日比孝之・原尚幸・東谷章弘・清智也
『グレブナー道場』著者一同

共立出版

西山絢太君の思い出に

目　次

第 1 章　グレブナー道場への道　　　『グレブナー道場』著者一同　1
  1.1　第 1 章 ・・・・・・・・・・・・・・・・・・・・・・・・・・・　3
  1.2　第 2 章 ・・・・・・・・・・・・・・・・・・・・・・・・・・・　12
  1.3　第 3 章 ・・・・・・・・・・・・・・・・・・・・・・・・・・・　26
  1.4　第 4 章 ・・・・・・・・・・・・・・・・・・・・・・・・・・・　30
  1.5　第 5 章 ・・・・・・・・・・・・・・・・・・・・・・・・・・・　44
  1.6　第 6 章 ・・・・・・・・・・・・・・・・・・・・・・・・・・・　52
  1.7　第 7 章 ・・・・・・・・・・・・・・・・・・・・・・・・・・・　59
  参考文献 ・・・・・・・・・・・・・・・・・・・・・・・・・・・・　63

第 2 章　統計学の最短道案内　　　　　　　　　　　　　　竹村彰通　67
  2.1　統計モデル ・・・・・・・・・・・・・・・・・・・・・・・・・　68
  2.2　標本からの最尤推定 ・・・・・・・・・・・・・・・・・・・・・　72
  2.3　指数型分布族とトーリックモデル ・・・・・・・・・・・・・・・　75
  2.4　十分統計量 ・・・・・・・・・・・・・・・・・・・・・・・・・　80
  2.5　トーリックモデル, 配置行列, 超幾何分布 ・・・・・・・・・・・　83
  2.6　分割表と分割表のモデル ・・・・・・・・・・・・・・・・・・・　85
    2.6.1　2 元分割表の例と記法 ・・・・・・・・・・・・・・・・・　85
    2.6.2　多元分割表の例と記法 ・・・・・・・・・・・・・・・・・　86
    2.6.3　2 元分割表の独立モデル ・・・・・・・・・・・・・・・・　88
    2.6.4　多元分割表のさまざまなモデル ・・・・・・・・・・・・・　92
  2.7　統計的検定と p 値 ・・・・・・・・・・・・・・・・・・・・・・　98
  2.8　マルコフ連鎖モンテカルロ法 ・・・・・・・・・・・・・・・・・　104

2.9	ホロノミックな確率分布 ・・・・・・・・・・・・・・・・・	107
2.10	その他の話題 ・・・・・・・・・・・・・・・・・・・・・	108
2.11	練習問題 ・・・・・・・・・・・・・・・・・・・・・・・	109
参考文献 ・・・・・・・・・・・・・・・・・・・・・・・・・・		113

第3章 道場への切符　　　　　　　　　　　　　　　　日比孝之　114

3.1	単項式 ・・・・・・・・・・・・・・・・・・・・・・・・・	115
3.2	Dicksonの補題 ・・・・・・・・・・・・・・・・・・・・・	117
3.3	多項式環のイデアル ・・・・・・・・・・・・・・・・・・・	121
3.4	単項式順序とグレブナー基底 ・・・・・・・・・・・・・・・	133
3.5	Hilbert 基底定理 ・・・・・・・・・・・・・・・・・・・・	137
3.6	割り算アルゴリズム ・・・・・・・・・・・・・・・・・・・	140
3.7	被約グレブナー基底 ・・・・・・・・・・・・・・・・・・・	146
3.8	Buchberger 判定法 ・・・・・・・・・・・・・・・・・・・	148
3.9	Buchberger アルゴリズム ・・・・・・・・・・・・・・・・	153
3.10	グレブナー基底ユーザー検定試験 ・・・・・・・・・・・・・	157

第4章 研究の最前線1 ── 因子分析型グラフィカルモデルの識別可能性
　　　　　　　　　　　　　　　　　　　　　　　　　　　原　尚幸　164

4.1	問題の定式化 ・・・・・・・・・・・・・・・・・・・・・・	166
4.2	スターグラフモデルとその識別可能性 ・・・・・・・・・・・	167
4.3	ϕ_G のヤコビ行列を用いた方法 ・・・・・・・・・・・・・	170
4.4	スターグラフモデルのテトラッド ・・・・・・・・・・・・・	170
4.5	テトラッドを用いた識別可能性条件 ・・・・・・・・・・・・	172
4.6	おわりに ・・・・・・・・・・・・・・・・・・・・・・・・	176
参考文献 ・・・・・・・・・・・・・・・・・・・・・・・・・・		176

第5章 研究の最前線2 ── 非常に豊富な凸多面体とグレブナー基底
　　　　　　　　　　　　　　　　　　　　　　　　　　東谷章弘　177

5.1	非常に豊富な凸多面体 ・・・・・・・・・・・・・・・・・・	178
5.2	配置にまつわる諸性質の階層構造と非常に豊富性 ・・・・・・	181
5.3	非正規かつ非常に豊富な整凸多面体 ・・・・・・・・・・・・	183
5.4	非常に豊富な整凸多面体にまつわる最近の研究 ・・・・・・・	186

		5.4.1	膨らませた整凸多面体の非常に豊富性 · · · · · · · · ·	186
		5.4.2	Lattice segmental fibration · · · · · · · · · · · · · ·	188

参考文献 · 190

第6章 研究の最前線3 — ホロノミック勾配法と統計学　　　清 智也　191

 6.1 円周上の確率分布 · 192
 6.2 最尤法 · 193
 6.3 微分方程式の導出 · 195
 6.4 ホロノミック勾配法（独立変数が1次元の場合）· · · · · · · 197
 6.5 スコアマッチング法 · 198
 6.6 標準誤差の比較 · 201
 参考文献 · 202

索　引　　　203

第1章　グレブナー道場への道

『グレブナー道場』著者一同

グレブナー基底が文献上出現したのはちょうど50年前である．これ以後グレブナー基底をキーワードとした研究は多岐にひろがり新しい応用分野もどんどん開拓されていった．現代では数学および応用数学の基礎の一つといっても過言でないだろう．

多面的な特色を持つグレブナー基底であるが，代数統計への応用を軸としたグレブナー基底の本格的な入門書として登場したのが，"グレブナー道場"[1]（図1.1）である．本書はこのグレブナー道場で扱っている題材をより分かりやすくかつ多角的に解説することを意図して編集された．本書の草稿を読み，誤植の指摘，貴重なご意見等をお寄せくださった皆さんに深くお礼を申し上げたい．特にグレブナー道場を読んで様々なフィードバックをしてくれた学生の皆さん，および，代数統計の研究プロジェクトに新規参加している，後藤良彰さん，松田一徳さん，渋川元樹さんに感謝したい．

この本はグレブナー道場とは独立して読める本ではあるが，兎にも角にもグレブナー道場無しにはこの本の面白さは半減する．という訳で，この章では，この"グレブナー道場"を，著者による座談会形式[1]で紹介する．多岐な話題が登場する．本書の中でこの異色な章は最初に斜め読みしたり，最後に読んだり，グレブナー道場を読みながら適宜参照するなど自由な読み方をして欲しい．

---

[1] 座談会（2014年2月1日）を元にしている．

2　第 1 章　グレブナー道場への道

図 1.1　グレブナー道場

日比　グレブナー基底の日比プロジェクト[2]も始まってもう 5 年以上が経過し，来月[3]で終了するのですが，共同研究者の皆様には，いろいろなところで協力してくださり，ありがとうございます．提案書類を書いたのは，かれこれ 6 年前ですけど，提案書類を今思い返すと，派手なことがあまり記載されておらず，きわめて穏やかなもので，無理がある書類は作らなくて，どんなことがあってもできるだろうという目標と戦略を念頭に，作文したのでした．けれども，研究面では，提案書類作成段階の予想を遥かに越える素晴らしい成果が得られま

---

[2] 科学技術振興機構（JST）の戦略的創造研究推進事業（CREST）の研究課題「現代の産業社会とグレブナー基底の調和」（図 1.3, 1.4）．
[3] 2014 年 3 月．

した．それから，何と言っても，やはり若手のポスドクの 7 人が，みんなパーマネントの職に就くことができたということは，誰に言っても「それはすごい」と驚いてくれます．ですから，若手研究者育成に関しても，大成功だったと断言できます．さっそくですが，今日はグレブナー道場の読み方の座談会なのですよね？

高山　そうです．

野呂　そうでしたか．知らなかったのですけど（笑）．プロジェクトの反省会だと思っていました．

日比　グレブナー道場をどうやって読むかという座談会をしようメールで連絡したと思うんですが…

野呂　そうだったんですか（笑）．では，テキストを持ってこなければいけなかったかな？

日比　いや．特になくても大丈夫です．

大杉　それにしても，これだけ高額のテキストの 1 刷が，わずか 5 ヶ月で完売とは，驚きです．

日比　何と言っても，数学セミナーの特集[4]の影響が大きかったのでしょう．数学セミナーの編集部に感謝しましょう．では，そのグレブナー道場の読み方を始めましょう．章ごとに順番に行きましょうか．

1.1　第 1 章

日比　1 章はグレブナー基底の伊呂波です．難しい話ではないし，いろいろなところに書いたことをまとめてあって，しかも，イデアルの定義，剰余環の概念など，数学科の 3 年生の代数の初歩でやるところもみんな含めて紹介しています．けれども，やはり多項式環のイデアルを触った経験がないと，ちょっと難しいかなという気分です．線型代数をちゃんと知っていなくてはいけないのは後半だけだから，基本的にはあまり予備知識もなく読めるように配慮し，第 1 章は執筆してあります．

高山　1 章を実際に阪大で使ったりしたことはあるのですか．

日比　1 章に書かれている話の講義は，集中講義も含め，何回もやりました．

高山　セミナーでは使っていない？

---

[4] 図 1.2．

4　第1章　グレブナー道場への道

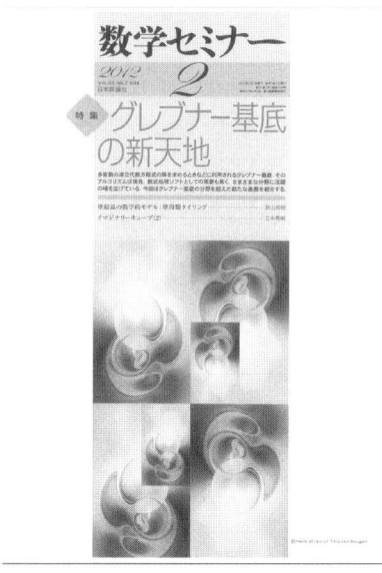

図 1.2　数学セミナー

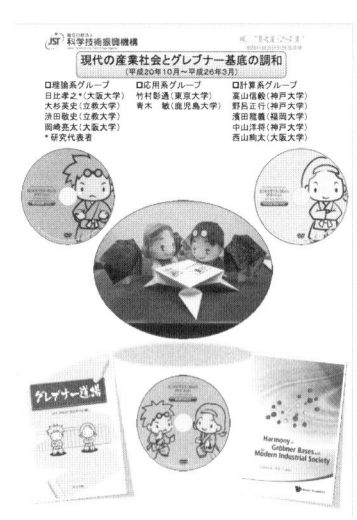

図 1.3　ポスター1

図 1.4　ポスター2

1.1 第1章　5

図 1.5　日比（第 1 章著者）

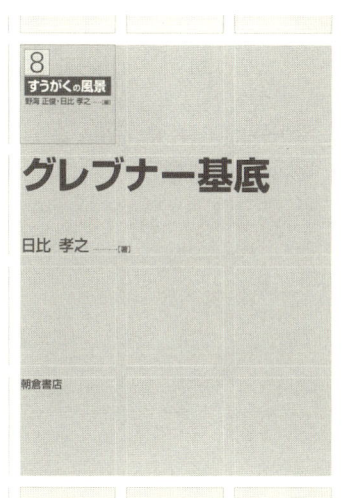

図 1.6　『グレブナー基底』

日比　ええ．セミナーでは，朝倉書店の『グレブナー基底』[5]を使うことにしています．高山先生は，1章をセミナーで使われましたか？

高山　私は何度も使いましたから，セミナーでの経験は豊富です．

日比　どうですか．まずは，ディクソンの補題[6]でつまづきますか．

高山　うん．よくできる学生さんは，ディクソンの補題を簡単に理解して，大丈夫ですが，そうでない学生さんは，ディクソンの補題は，こうやって図を書いて[7]説明すると，まあ，何となく納得するのですけれど．その後も何度も，わからなくなってしまうわけです．で，「代数の単位を取ったのでしょう？」とか聞くと，「取ってます」，ということで，代数とは関係なくつらいみたいですね．

日比　ディクソンの補題は，古典的な組合せ論であって，代数の話ではないですね．

高山　はい，そうですね．とにかくつまづくというわけです．そこで，反省して，セミナーでもう 3〜4 回，3 年間ぐらい使っているのですが，ちょっとつらそうな学生も，つらそうではない学生も「コックス・リトル・オーシー[8]の 1 章をまず読みなさい」と言って，それから道場の 1 章に入っていくと，数学科の学

---

[5] [5], 図 1.6.
[6] [1, 定理 1.1.3].
[7] [1, 例 1.1.1 (b)] の［問題］のことである．
[8] または CLO と略称．正式のタイトルは [3]．図 1.7.

6　第1章　グレブナー道場への道

図 1.7　CLO（日本語版）

図 1.8　Using Algebraic Geometry（日本語版）

　　生はすんなり道場を読むようになる．コックス・リトル・オーシーの1章というのは，イデアルの話と，それから，イデアルと多様体の対応が書いてあって，1変数の場合のユークリッドの互除法が懇切丁寧に書いてあるのですけれど，それだけやると結構代数の講義も頭の中によみがえってくるみたいで，一応うちの大学の学生の場合には，それを一ヶ月間ぐらい，それも英語で読んでもらうのですよ．英語の勉強も兼ねてと言って．それで，一ヶ月間ぐらい読むと，あら不思議，ディクソンの補題も含め，道場の1章はすんなり読めるようになるということで．大体そんな感じですね[9]．

日比　なるほど．では，コックス・リトル・オーシーの1章が予備知識にあるといいということですね．

大杉　僕は，最近，セミナーでは，英語の本を指定することが多く，よくあるパターンとして，英語の本は先に読ませて，それでだいぶ時間がかかってしまうのですけど，後期の最初ぐらいまでそれを読んでグレブナー基底を勉強し，それから道場の1章を読んで，あとは興味のあるところ，たとえば4章を読むとか．それだと1年間でも結構厳しいです．

---

[9] この本の"道場への切符"の草稿を読んでもらったところCLOがなくても大丈夫です!

高山　スケジュール的にちょっと難しいですね．

大杉　はい．最後に 4 章を読むのがバタバタなってしまいますけども．でも，道場だけ読むのは，ちょっとなかなか大変ではあるのです．確かに．

高山　野呂先生も道場をセミナーで使ったでしょう？

野呂　僕は，1 回だけしか使っていないのに，あまりそんなにいろいろなことは言えないのですけども．例が結構高級ですよね．

日比　高級？

野呂　たとえば，この単項式がイニシャルになるような項順序がない，というような例です．

日比　ああ，大杉君の例[10]ですかね．

野呂　そうそうそう．面白い例なのだけれど，いきなりこういうのってどうなのかなという気がちょっとします．

日比　でも，それ，4 年生ぐらいのレポートに出すと結構やってくるのですよ．

野呂　多分面白がってやる人はいると思います．

日比　うん，面白がってね．結構ね．

野呂　私は，いきなりまず道場を読んでもらって，その後，逆に，コックス・リトル・オーシーに行ったりとかということをしました．1 回だけですけど，使ってはみました．最初，道場の 1 章を読んでもらって，その後，せっかく自分が書いたところだから，3 章もちょっと．実際はこの 3 章を見ながら計算してもらったりした後で，同じコックス・リトル・オーシーの *Using Algebraic Geometry* (UAG)[11] の 1 章に行ってみたら，結構メロメロでしたね．やはり全然身に付いていなかったのだなというのがよく分かったので，やり方間違えたかなという気はします．さらにその前の予備知識というのが必要だったかなという気はしますね．

高山　*Using Algebraic Geometry* の 1 章の何にメロメロになるのですか．

野呂　使い方が全然わかっていないというか．

高山　何の使い方が．

野呂　グレブナー基底という概念の使い方とか．たとえば，UAG の 1 章では，グレブナー基底で割った剰余[12]が 0 ということとイデアルに入ることが同値とい

---

[10] [1, 例 1.1.2]
[11] 図 1.8, [4]
[12] [1, 例 1.1.2]

図 1.9 道場の帯

う性質[13] を使って，有限次元の線型代数に持ち込むわけだけど，その辺が何か結び付かないというか，そういう概念をどのように使えばいいかか身に付いていない感じで，結局，そこでもう1回勉強し直すということになってしまいました．

日比　割り算というのは，学生は本当に分かっているのですかね．

野呂　だから，それがどれだけ大変かというのは，実際に割り算してもらうとだんだん分かってくるのかなっていう気がします．2次とか3次ぐらいで2, 3回ぐらい割り算して0に行ってしまうような例ばかり出ていたりすると，「ああ，割り算って，その程度のものなのかな」と思ってしまう可能はあります．実際にはやってもやっても終わらないような割り算や係数が膨らむとかというのを見て初めて「ああ，実は大変なことなのだ」とどこかで分からせるようなことをしないと，理論としてはこうなのだなというぐらいで終わってしまうという気がします．

大杉　確かに具体的に計算してみないと分からないですよね．

野呂　二項式だとか単項式とかだと，本当に1回割って終わりだったりしますからね．

日比　ところで，3刷は，帯[14] がなくなりましたよね．

野呂　そういう違いがありましたか．

日比　うん．3刷はもう帯をなくしてきたから，なぜ帯をなくしたのかなと思って．これは帯が売りだったと思うのだけれど．奥義の伝授，究極の指南書．3刷には帯はないですね．

日比　コックス・リトル・オーシーも両方とも一応日本語が出ていますね．

野呂　いや．あれも私はいつも使うときは英語を指定しますけれど，学生は一応英語の本は買いますが，家で，あるいは，図書館で，日本語の本を読んでやるか

---

[13] [1, 系 1.2.4]
[14] 図 1.9.

ら，最近は少しずれるのです．和訳は第 1 版のものでしょう．今はもう，英語は第 3 版が出ていて，証明が簡略化されているところがあるので，せめてそういうところだけ対比するぐらいはして欲しいなと．

大杉　結構英語の本はつらいですよ．

野呂　さっきの件ですが，ここを読んでもうちょっと具体的な例をとか，別の例を理解して，とかやればいいのかもしれないです．

大杉　英語でいっぱいいっぱいで，全然証明を理解する余裕がないのです．

野呂　そうですね．しかもその辺を間違えて読んだりするから．

大杉　そうですね．そこの which はどこに係っているのとか．

日比　英語が読めないですね．

野呂　数学の英語なんて，A は B だと言っているような英語なのに．

大杉　パターンは結構簡単．

高山　今度からは英語版の方をセミナーに指定しようかな．

野呂　道場の？

高山　うん．練習すれば英語はすぐ上達するから．

野呂　英語版の道場は，日本語版から既にちょっと変わっています．

高山　神戸大学では，「先端融合科学特論」という大学院生向けの教養原論みたいな科目があるのですが，2011 年に，野呂さんと私と二人で道場を教えたのだよね．あれはどうでしたか．

野呂　完全に外の学生[15]が多かったね．

高山　そうそうそう．私が 2 コマの 2 日間日比先生の節みたいなのをやって，野呂さんが 2 コマの 2 日間．最後は holonomic gradient method (HGM)．それから youtube に操作方法の動画を置いたりして計算機を使って自分で試す時間も設けたね．

野呂　高山先生が一応手ほどきをして，その後でいきなりイデアルの演算とかいうのをぱぱっとやって，強引に何か問題を解かせてというのをやりましたね．

高山　やりましたよね．

野呂　高山さんは確か何か単項式をばーっと並べたりして，「これを順番に並べろ」とか何かいう問題をやりましたよね．

高山　それは道場にある練習問題[16]ですよ．

---

[15] 数学科以外という意味．
[16] [1, 問題 1.1.12]

野呂　そうか，そうか．5次までの単項式を全部正しい順に並べろとかね．

高山　二十数名受講していたけれど，5人ぐらいは喜んでいたかな．

野呂　外の学生でしょう．

高山　最後のレポートを読んだら，反応がわかりますよ．

野呂　やって必ずできるような問題しか出さなかったから，ちゃんとわからずにやってもやれる問題ではあったので，やってくれたと思うのですけど，反応までは覚えていないけれど．

高山　そうか．私は最終レポートを受け取って，そこに感想も書いてありました．

野呂　私はそれを見ていないです．確か．怒っている人とかいました？

高山　いや．そういう人は単にあっさりと単位を取りにくるだけで，そうではない人は，自分のやっている研究のこれに使えるかもしれないと思ったとか，そういうのが，五つくらいあったかな．

日比　それは，対象は誰になるのですか．誰でもいいのですか．

高山　神戸大の理系全部ですね．ただ，実質は理学部からちらちら，工学部からちらちらという感じかな．

大杉　さて，この辺でふと思ったのですけれど，なぜ1章の演習問題を作らないのですか，7章で．

日比　だって，2章や3章の演習問題も入っていないでしょう？

大杉　ええ．

日比　7章は基本的に，4, 5, 6章を補うという意味でやっていたから．それは2009年の第1回神戸スクールのときにそうだったでしょう．最初のときは，1日目で，もう1, 2, 3章をやってしまったりしていたでしょう．2日目から，4章，5章，6章という順番で演習をやっていったから，それでそういうふうになるのですね．

高山　そう．セミナーとかで使ったり，あと講義で使うには，1章とかも演習問題が欲しいですよね．

日比　うん．それはそうですね．もう1回グレブナー基底の易しい入門書は書こうと思うのですけれどね．3年生向けの．3年の講義はもう群・環・体なんてやめてしまって，グレブナー基底とガロア理論でいいのではないかと言ってさ．大杉君と本を書こうと言っているんですよ．

大杉　立ち消えになったら困ります．

日比　いやいや．だって原稿は全部あるのだもの．ガロア理論だってさ．あとは誰

かTeXを打つだけだからさ．

大杉　僕はてっきり立ち消えになったと思っていたのですけど．あれはだいぶ前ですよね．もう4年前とかですよね．

日比　ちょっと脱線するけど，ガロア群ってグレブナー基底で計算できるのですか．

野呂　グレブナー基底で計算はしませんけど，一番素朴には因数分解ですよね．多項式の因数分解をリカーシブというか，根をどんどん添加して，その添加した体で因数分解していくと，そのうち一次式に分解しますよね．そうすると分解体が決まるので，分解体が具体的に与えられれば，その中で本当に素朴に，根を動かさないような置換群の元をかき集めればガロア群が作れます．でもそんなやり方で作れるのはガロア群の位数が小さいものなので，一般にはガロア群の教科書に書いてあるみたいに，有限体上でいろいろ分解して分解パターンを見てとか，あとはもっと高級なやり方もあります[17]．これは私の10年ぐらい前の知識しかないからわからないのですけど，その辺は立教大学の横山和弘さんの方が詳しいのですけど，ガロア群を，S_nの部分群のなすlattice構造の下で各部分群に対応するレゾルベントを求めて決めていくとかね．で，1個に決まったら，それで大丈夫と．初めは部分群の分類表があってその下で計算していましたが，今や，部分群を計算しながらやるようになったので完全なアルゴリズムとなって，例外もあるが計算可能な次数が上がったという話を何年か前に聞いた記憶があります．グレブナー基底と絡めると，分解イデアルみたいなものを定義して，その性質を調べるとかいう話でグレブナー基底と絡んでくる可能性はありますけど．

日比　では，また今度それをちょっと教えてくださいよ．

野呂　横山さんにお願いしますよ．そこは専門家ですから．

大杉　前書きを聞いたことがあります．横山さんから．

野呂　彼自身もやっていますし，分解体とガロア群の絡みでいろいろ．

大杉　そう言えば，第1章の最後に歴史的背景が紹介されていますが，それを読みながら，下記のグレブナー島（図1.10）を眺めると面白いですよね．

日比　そうですね．その歴史的背景は，グレブナー島の観光案内だとも思えますから．

高山　グレブナー道場は，グレブナー島を縦横無尽に歩き回ったり，ときには深い

---

[17] 以下の発言は，話題に出ている立教大学の横山和弘氏に監修していただいた．

12　第 1 章　グレブナー道場への道

図 1.10　グレブナー島

森に入ったり，大きな川を越えたりするためのトレーニングの指南書でしょう．若手研究者が，グレブナー道場を座右の書とし，グレブナー島の道なき道を行き，前人未踏の荒地を切り開き，未踏の高き峰々の制覇に成功することを祈りましょう．

1.2　第 2 章

図 1.11　MathLibre 2014

図 1.12　濱田（第 2 章著者）

日比　では，次は 2 章へ行きましょう．

濱田　2 章はどうなのでしょうね．かなり異質な章ではあるのですけれど．おかげ

さまで，プロジェクトを始めた当初は KNOPPIX/Math という名前だったのですけども，今はシステムを完全に変えまして MathLibre[18]と名前を変えて，今年の3月からかな．かなり頻度を上げて更新ができるように全て自動化されています．新しいソフトウエアを入れたりとかは，以前に比べるとかなり楽になりました．もともとこの2章というのは，うちの学部の1年生向けの講義をちょっと流用させてもらったのですけど[19]．

日比　学部の1年生にこういう講義があるのですか．

濱田　やっていたのです．

高山　学部の1年生向けだったの．まあ，いいや．後で話をするよ．

濱田　1年間かけてコンピューターの基礎を教えるという講義があって，そこで UNIX の初歩を教えていた時代があったのです．

日比　今はもうないのですか．

濱田　今は，その講義から外れました．でも，今，これをやるかと言われると，かなり厳しいだろうなというのが正直なところで．

日比　厳しいというのはどういうこと？

濱田　とにかくコマンドラインからの命令の入力というのに，ものすごく抵抗を感じる世代なので，今，例えば数式処理システムというのはほとんどの場合こういうシェルという命令を入力して何か返事が返ってくる，もしくはスクリプトを組んでおいて，その出力をどこかファイルに保存するという形でやっているのですけれども，彼らにとってはキーボードとマウスが入力手段であって，もうしばらくたつと今度はタッチスクリーンが入力手段になるわけです．そうすると，彼らの中ではわれわれの頭の中にあるコンピューターが関数として入力があって，出力があってという感覚がほとんど身に付いていないので，かなり厳しいだろうなと．だからこそやらなければ，こういったソフトウエアが使えなくなる恐れというのはあるのですけれどね．今日持ってきているのですけど，最近は，その何というのですかね，そういうのに対抗する手段として，こういうコンピューターが出てきて．

日比　それは何ですか．

濱田　これは Raspberry Pi[20]といって，ケンブリッジのメンバーが作成したコン

---

[18] MathLibre, http://www.mathlibre.org/
[19] 教科書 [6]
[20] 写真は第1世代 Raspberry Pi Model B, 2015年2月に，第2世代の Raspberry Pi 2

14   第 1 章   グレブナー道場への道

 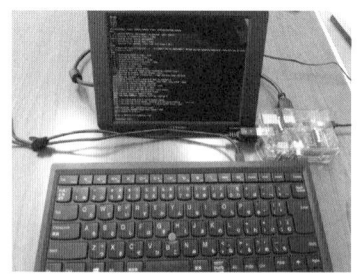

図 1.13   Raspberry Pi Model B   図 1.14   Raspberry Pi 起動画面

ピューターなのですけれども．
日比   これはコンピューターなのですか．
濱田   はい．これが，お値段が 35 ドル．
日比   35 ドル！
濱田   これの上で数式処理システムが動いて，TeX が動きます．
高山   Mathematica は？
濱田   Mathematica は，開発元のウルフラム社がラズベリーパイ財団と交渉して，Mathematica のライセンスを無料でノンコマーシャルライセンスとして提供しました．つまり，この 35 ドルのコンピューターがあれば，Mathematica が無料で個人的には使えるように．

 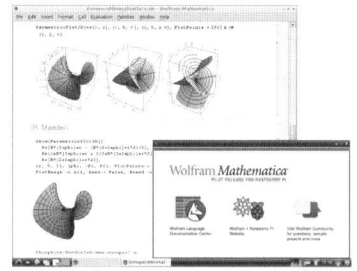

図 1.15   X Window System   図 1.16   Mathematica on RasPi [8]

日比   本当？
中山   もう入っているのですか．
濱田   入っています．今，入っているというか，自分でダウンロードして SD カー

Model B が発売されている．http://www.raspberrypi.org/, [7]

ドに OS を焼いて，出力はディスプレイに接続します．家庭用のテレビにもつなげます．

高山　なるほど．

日比　本当？

濱田　あとは USB のマウスとキーボードがあれば使えると．

日比　本当？　それはすごいね．

濱田　例えば，こういうトングルを使えば，無線 LAN にもつながる．なぜこういったものが出てきたかというと，やはり．

日比　やはりこれは雑誌に出しましょう．僕が交渉しますから．

濱田　結局，コンピューターサイエンスを勉強している人たちが，自分たちの世代でコンピューターを触って面白い，物を作って面白いという感覚が今の若い人たちにはないのではないか．これは，そのままの状態ですと，本当に Unix 系のログイン画面ですね．端末だけの画面になりますし．その一方で，Mathematica が動くようなグラフィックス[21]の画面にもできる．そこから，自分で一つ一つ組み上げられるものを作れるような環境を安く出そうというので，今，世界中で 200 万台売れています．

日比　本当？

濱田　やはりスピード的には遅いのです．PentiumII の 300MHz ぐらいですから，かなり遅いのですけど．

中山　使えることは使えるのですか．Mathematica．

濱田　Mathematica は，例えば計算して．

中山　グレブナー基底計算とか．

濱田　Python よりはかなり速いという話で．SymPy[22]とかよりは[23]．3D のグラフィックスなんかは，動かそうとするとかなりかくかく止まる．ただ一方で，OpenGL を生でたたくためのライブラリも用意されているので，LuaJIT[24]という最近の言語を使うとかなり簡単に 3D グラフィックスを非常に速いスピードで動かせます[25]．まだまだ数式処理を動かすには非力なマシンなのですけ

---

[21] X Window System とよばれる Unix 系の標準的ウィンドウシステムが動く．
[22] SymPy, http://sympy.org/
[23] Playing with Mathematica on Raspberry Pi, http://www.walkingrandomly.com/?p=5220
[24] LuaJIT, http://luajit.org/
[25] LuaJIT でお手軽 3D プログラミング, http://www.mztn.org/rpi/rpi19.html

ど，紹介するメディアとしては面白いなと思って．

野呂　メモリはどれぐらいですか．

濱田　メモリは 512MB です．

野呂　この小さいのがメモリですか．大きいのが CPU？

濱田　メモリと CPU，グラフィックスチップが一緒になった携帯用のチップです．そういったもので構成される．で，こういったものに，何かうまく導入できないかと今考えてます[26]．

野呂　携帯電話みたいなものなわけね．

濱田　はい，そうです．携帯電話に落とされている部品を使って，いかに安く作るかという．

野呂　これも一つのやり方だよね．

濱田　ええ．TeX に関しては，まだ試していないのですけど，道場本ぐらいだったら数分でコンパイルできるのではないかなと．私の感覚からすると，十分な速さで動きます．

野呂　藤本さんが ARM で[27]いろいろやってますね．

濱田　ARM[28] という携帯と同じチップを使っているのですけど．こういった形に落とし込めたら面白いかなというのと．あと，例えば今書くとしたらば，幾何ソフトなんかは GeoGebra[29] を中心に書きたいと思うのですけど，実は Raspberry Pi の上だと KSEG[30] が非常に快適に動くのです．

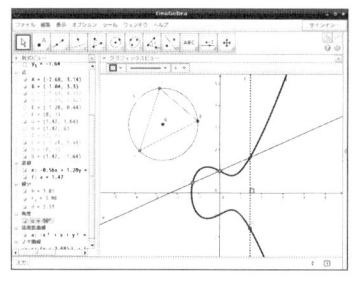

図 1.17　GeoGebra

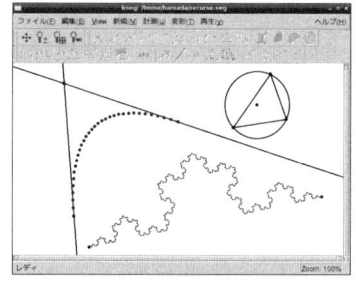

図 1.18　KSEG

---

[26] 第 2 世代ではメモリが 1GB，CPU は 4 コアに変更され，高速化されている．
[27] Asir on Android, http://www.fukuoka-edu.ac.jp/~fujimoto/asiroid/
[28] ARM ホールディングスによる携帯電話等の組み込み機器向け CPU．
[29] GeoGebra, http://www.geogebra.org/
[30] KSEG, http://www.mit.edu/~ibaran/kseg.html

日比　KSEGって何だ．

濱田　道場本の中で取り上げている動的幾何ソフトなのですけど，開発も止まって久しいです．今でしたらGeoGebraというのが多機能で，例えば陰関数表示で代数曲線を書いたりということもできますから便利なのですけど，やはりこの上で動かすには重いのですね．ところが，KSEGだったらこれぐらい非力なマシンでも，非常に快適に動かす力がある．だから，かなり古いコンピューターの使い方を教えるにはいいメディアですね．

野呂　今のGeoGebraの話からちょっと外れるかもしれないのだけど，最近ちょっと焦ったことがありましてね．いつからそうなったのかわからないけれど，学生の授業で使っているのですけれど，Web Startというのがあって，Web Startのボタンを押すと勝手に始まるというものだったのに，ついこの間それをやろうとしたら，何か違っていたのですよ．

濱田　はい．数カ月前に告知があって，Web Startはもう作りません[31]と．

野呂　あれは何か問題があったのですかね．

濱田　どうなのでしょうね．その話は聞いてこなかったのですけど．

野呂　で，一番手軽に使うのは，結局ウェブブラウザで直接動かすというバージョンで，必然的にというか，日本語化されていないやつが動いてしまって，別に大して難しい英語ではないからいいのだけど，配った説明と違ってしまい困ってしまいました．

濱田　まず結論から言うと，GeoGebraというソフトを使うのに一番便利なのは，ポータブル版だと思っています．

野呂　ああ，そうなの．

濱田　Javaで開発されているプログラムなので，Javaと一緒に同梱されたものを持ってくる．

野呂　これを持ってくるときに，うちの神戸の環境だと，マッキントッシュなので，アップルストアから持ってくるということになって．

濱田　いえ．開発元[32]からダウンロードできます．ただ，わかりにくい場所にあるのです．

野呂　少なくとも，GeoGebra日本からあそこに行ってマッキントッシュ版を取ろうと思うと，アップルストアから取れとか出てきて．そうすると，何かいろい

---

[31] http://www.geogebra.org/forum/viewtopic.php?f=56&t=32201
[32] http://wiki.geogebra.org/en/Reference:GeoGebra_Installation

ろアカウントがとか何か出てくるでしょう．だから，それは諦めて，とりあえずウェブブラウザ版を使ったのだけれど．

濱田　ウェブブラウザ版は HTML5 で実装されているので，かなり．

野呂　機能はだいぶ落ちるかんじですが．

濱田　感覚的には 6〜7 割ぐらいの感覚ですね．

野呂　センター試験の問題を解こうとかやるのですけれど．

濱田　多分 GeoGebra というのは，世界で今活発に開発されている．

野呂　いろいろな人がいろいろなものを作っている．そう言えば，何か最近立ち上げたのでしょう？

濱田　はい．ソフトウエアで，動的幾何ソフトというのはコンパスと定規の役割のソフトだったのですけど，GeoGebra というのはその裏に以前は REDUCE[33]という数式処理システムが動いていて，今は数式処理システムのシェル，CAS[34]機能も同梱されている．最近になってその REDUCE がちょっと非力であるというのと，Web ベースで使いにくいという難点があったそうで，フランスで作られている Giac[35]という数式処理システムに変更されました．その他にもスペインのトーマス・レシオ[36]さんという人がいるのですけど，彼がかなり GeoGebra に関わっていまして．

高山　実代数幾何の人ですね，トーマス・レシオは．

濱田　はい．方程式….何だっけな．方程式の求根か何か使って，因数分解かな．因数分解のメソッドを使って絵を描かせようみたいな話がいくつか出ているという．それを，ハンガリーの実装に長けた人と組んで実装が済んでいる．実は，つい先週ブダペストに行って GeoGebra の国際会議に参加していたのですけど，その中で GeoGebra と定理自動証明系であったり，そういったものの実装を連携していくかなんていう話も今上がっているようです．

竹村　GeoGebra は規模が拡大しているのですか．

濱田　今回，僕が参加した会議は数学教育寄りの話が多かったのですけれども，数式処理組の人たちがインターフェースとして注目しているという部分は僕はあると思っています．だから，既にグレブナー基底の計算命令なんかも，CAS コ

---

[33] REDUCE, http://reduce-algebra.sourceforge.net/
[34] Computer Algebra System, 計算機代数システムもしくは数式処理システムと呼ばれる．
[35] Giac/Xcas, http://www-fourier.ujf-grenoble.fr/~parisse/giac.html
[36] Tomás Recio, http://www.recio.tk/

マンド自体は用意されているのですけど，ちょっと使い方が分からなかったり．

野呂　それは，バージョン5とかから入っているの？

濱田　5からは入っていますね[37]．5からは…．今は4.4で，かなりいろいろ今後期待できるのではないかなという．あとは，例えば曲面の交線というか，曲面の交わりのところに曲線が現れるのですけど，そういうようなことも可視化したりとか，そういう要望が GeoGebra 側にも来ているので，そういった発表もありました．非常に開発者が多くて，盛んにやっているという印象は受けますね．

野呂　これも関係ない細かい話をしますけど，何が一番困ったかというと，普通の例えば Safari で持ってきて動くんだよね．

濱田　はい．

野呂　途中までやったやつをセーブしようとすると，セーブボタンはあるのだけれど，セーブがうまくできないのですよ．誰のせいかわからないのだけれど．「あと3日しかない，どうしよう」といろいろやっていたら，Google Chrome で同じやつを持ってきてやると，なんとかセーブできました．何かどうも今一時的にかもしれないけれど，すごい使いにくくなった．

濱田　本人も言っていたのですけど，今，Java という環境がブラウザでも OS 上でも非常に嫌われるのですよね．

野呂　危ないから？

濱田　警告が出るというか．これは，その当時は Java がベストだと思って開発されたのですけども，今となってはちょっと厄介なものになっていて，で，JavaScript だったり HTML5 であったりという Web ブラウザベースに今移行しつつある．近々3D版も three.js[38] といった JavaScript 版に移行させたいというようなことを言っていました．今年，例えば講義に関して言えば，これの次期バージョンでベクトル解析の講義なんかをして，接平面なんかをきれいに描けるのです．曲面を切断してそこに出てきた曲線を方程式で与えたり，接ベクトルを与えてそれを自由に動かしたり，もしくは勾配ベクトル場を計算してそのレベル曲線，等高線との直交性を見たりとか，あとは3変数関数は描けないのですけど，3変数関数の勾配ベクトル場を計算して書かせて，レベル曲面の集まりを書かせたりとか．そういったことが次のバージョンでは簡単にできるようになっている．もうちょっと代数的なものでも面白い応用があると説明

---

[37] 2014年9月に正式公開．`GroebnerLex[]` 等のコマンドが用意されている．
[38] three.js, `http://threejs.org/`

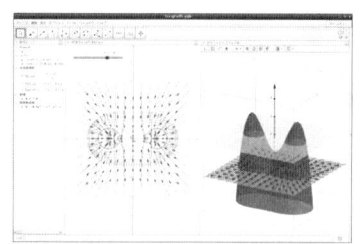 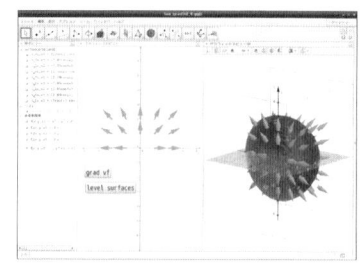

図 1.19　勾配ベクトル場　　　　　図 1.20　レベル曲面

をしやすいと思うのですけど．

高山　私は大学院 1 年生の講義に 2 章を 4 年間使いました．15 回の講義があって，数学科の大学院生の 1 年生向けのリテラシーみたいな講義があるのですが，TeX も含めて，大体そのうちの 7 回分ぐらいはこの 2 章を．さっき濱田さんから話があったように，まずコマンドラインというのを，延々とその歴史から始めて，コマンドラインを覚えるといろいろ良いことがありますよと講釈します．さらに大学の演習室では GUI をほとんど使えないようにしてしまって，コマンドラインを必ず使って下さい，として講義しました．

竹村　難しいのではないですか．そんな使えないようにするのは．

高山　いや．そんなに難しいことをやってるわけでもなくて，Emacs で TeX のソースを編集して，コマンドラインで platex して dvi ファイルを作り xdvi で仕上がりをみるとか，Emacs で例えば R の短いスクリプトを書いて R の source コマンドでロードして実行するとか，同じように Asir の load コマンドでロードして実行するとかということをやっているだけです．すこし上級の話題として標準入力，出力，パイプは合成関数みたいなものだとか，それからコマンドラインは実はプログラム言語を実行しているんだ，という話をしてシェルプログラミングのさわりを説明したり，といったことをやります．しかし，これもできる層とできない層と二つに分かれて，できない層は自分で工夫せずに ls -1 すらしない．たとえば，「先生，質問あります」と言われたので聞いてみると「これは説明の通りに platex したはずなのですけども，xdvi で見ても変更されていないです，先生」と．そこで ls -1 してみると元の TeX ファイルの修正時間が昨日だったりする．要するに編集したけど保存を忘れているだけです．そこでまずは ls -1 でファイルの一覧とファイルの時間を見る習慣を付けるよ

う口をすっぱくします．こういったトラブルは ls -l すれば一目瞭然なわけです．ファイルの更新時間もわかるし，今，自分のいるフォルダのファイルの一覧も見れるから．でも，二タイプに分かれて，すぐ ls -l みたいなコマンドラインに適応してそれらを組み合わせていろいろ問題解決の工夫をする人と，半年かかってもコマンドを工夫して使ってトラブルを自力で解決できない人と，2グループに分かれるのは不思議です．

竹村　不思議ですね．

高山　まあ不思議ですね．

竹村　教育の観点からすると．

高山　というか．だから，あまり意欲が湧かないというのがあるのではないかな．でも，まあ毎年それをやっているおかげで，修士論文は全員ちゃんと TeX で書いて出すというのができている．ただ，その努力をしないと，多分，修士論文を TeX で書けない人が半分以上いるのではないかな．

日比　うん．阪大なんてそういう講義を全然やっていないから．だから，今年から M1 の中間発表みたいなのがあるから，それは全部 TeX で出せと言ってさ．それで，僕は専攻長だから，来年はどうなるか知らないけれど，今年はとにかくそういうふうにして，M1 のうちに TeX を覚えろというふうには一応しましたけれどね．

高山　TeX というのもモチベーションを上げるために，「世界中の数学者の共通語だ」とか言って，「E メールでもみんな TeX で数学の会話をするのだ」とかいっぱいモチベーションを上げるようなことを言いますけど．

青木　うちも，1年生なのですけど，1年生の後期で初めて計算機を習う授業を僕がやっています．4年ぐらい前までは UNIX と TeX と Mathematica をやっていて，UNIX ではさっきおっしゃったような ls -l とか Emacs を使う，そういうのをずっとやっていたのですけれど，そこは難しいと．やはりどうしても難しいということで，4年前から UNIX をごっそりやめて，TeX と Mathematica だけにして，それも，内容は 7:3 ぐらいで TeX を重視することにしました．TeX が使えるようになれれば十分だろうという感じで．かなり時間をかけて毎週レポートを書かせたり，あとは，学科の先生にも協力してもらって，レポートを TeX で作成した人にはちょっと点数を多めにしてあげるとか，そういうことを学科ぐるみでやってみて．そこまでやると，おかげさまで，うちの学科は1年生を終わるぐらいには一応 TeX が使えるようになります．

高山　それはどういう環境で．
青木　それは，Windows の中に TeXShop[39] というのが…
竹村　やはりそれですね．統合環境．
青木　そう，統合環境．
竹村　どうしてそうなるんでしょうね．だから，それだとちょっとやり方が変わるとわからなくなってしまう．
濱田　そうですね．TeX もそうなのですけど，なんていうのかな．ソフトウエアというものがどんなものかというのは，やはりわかっていないですね．
竹村　そこを基本的に必要ですよね．入力・出力というのがなくなってくる．
濱田　昔一番びっくりしたのが，Windows で DOS 窓というかコマンドプロンプトを開けたときに，「Windows にも kterm[40] があるのですね」と言われたときですね．何が本質的なことなのかというのが見えていないようで．
野呂　みんな興味ないのでしょう．
濱田　興味ないのもありますね．われわれの世代と比べると，計算機に対する興味は格段に小さいです．
野呂　あまりにも初めからいろいろなものが，便利なものがあり過ぎるから，ちょっとこれは使いにくいから改良して何かしようという気は誰も起こらないのではないですか．
濱田　そういう意味では，GeoGebra というのは比較的今の学生さんは取っ付きやすい．難しいと思いながらも．
野呂　でも，あれはすごいユーザーフレンドリーで，中学生でも大丈夫ですよね．オープンキャンパスとか．オープンキャンパスは中学生は来ないけれど，見学に来る中学生とかに 5 分ぐらい教えると，すぐ使い始めるのですよ．
日比　そういうのをオープンキャンパスでやるというのはいいですね．
野呂　それをやっていますけどね．あまり時間もないし．
日比　それはなかなかいいね．
野呂　無理やり三つ四つ，高山先生にはつまらないとか言われるテーマを作ってね．
濱田　昔はそれをやっていたのですよ．KSEG とか GeoGebra の紹介というのを．今，オープンキャンパスでそれをやると，お客さんが来ないんですよね．コン

---

[39] TeXShop, http://pages.uoregon.edu/koch/texshop/
[40] kterm というのは Unix 系で標準的に使われていた端末エミュレータの一種である．MathLibre では Gnome 端末が標準端末として設定されている．

ピューターに触る気がないので．今の子どもたちは．

日比 え，なんでそれ？

野呂 うちの大学の終わった後のアンケートを見ると，一応好意的なことは書いてある．全部学生にやってもらうのですけれど．全部院生とかに説明係もやってもらっているので，一応親しみを持ってやってくれているみたいです．

濱田 親しみを持ってくれる．就職してから毎年なぜかオープンキャンパスをやっているのですけど，オセロで2進計算というのをいつのころからか初めて，オセロ盤を20台ぐらいテーブルに用意しておくのです．で，メニューを用意しておいてオセロで4ビット加算[41)]をさせたりとか，

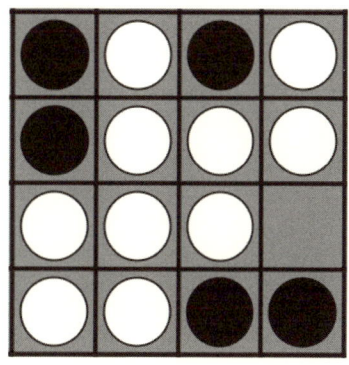

図 1.21　$0101 + 0111 = 1100$

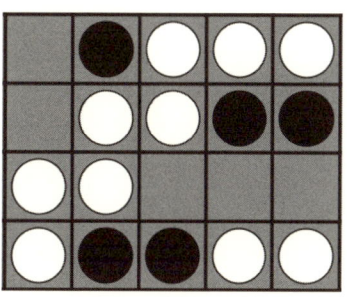

図 1.22　$7 + (-4) = 3$

高山 （笑）

濱田 あとは負の数を2の補数でやらせたりとか，そういうのをやると，結構，手を動かすからやってくれるのですよ．

濱田 例えば8ビットでオセロの駒を上から順に1行ずつ図1.23のように並べて見せて，これは何と書いてあるか解読しなさいとかね．

濱田 それで，まだ実現していないのが，例えば有限体 F_2 の成分からなる 2×2 の行列の掛け算なんていうのも，オセロでやると行列の基本変形が足し算だけでできるので，結構楽しいのではないかと思っているのですけど，まだそれは実現していないのと，新しい学習指導要領から行列の計算がなくなるので，はたしてそれができるかどうか．ただ，普通の基本変形だとどうしても加減乗除で間違えるのですよね．足し算，引き算，掛け算，割り算で，数のところが 0, 1

[41)] 例えば，0101+0111 を筆算（オセロ盤）で行い，3行目は桁上がりに用いている．

24　第1章　グレブナー道場への道

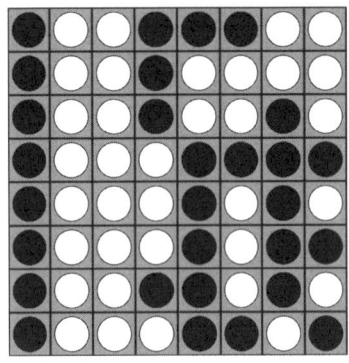

図 1.23　道場本 p81 参照

図 1.24　4 ビットマイコン GMC-4 と RasberryPi

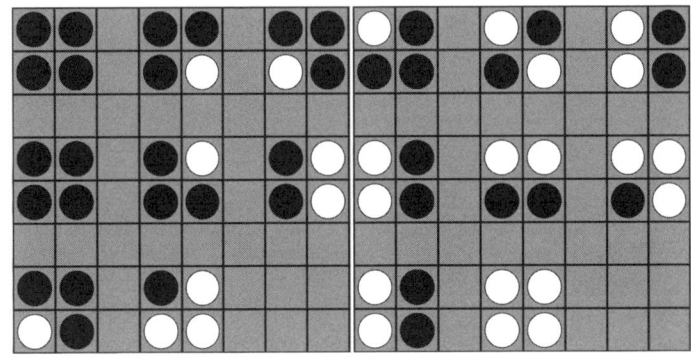

図 1.25　F_2 成分の 2×2 行列

　ですから，ちゃんと足していればうまくいくはずで．
竹村　クイズとして面白いですね．
濱田　ええ．そういうのは，手を動かさせるというのはやはりありだと思って．最近，群なんかでもトランプでひっくり返して対称群を見せるなんてあるのですけど，そういった素材をどれだけこれから作れるかというのがもうちょっと考えていいのではないかと思っていますけど．
日比　なるほど．
濱田　オセロは結構評判はいいですね．
竹村　それは面白いですね．もう記事にしたのですか．
濱田　いや，していなくて．本を書けと同僚からは言われています．

竹村　黒白だからということですか．

濱田　だから，オセロだと便利なのは 8×8 なので，4 ビットでざーっと書けるのです．半分ずつやって，それと学部 1 年生の講義で学研の大人の科学の 4 ビットマイコン[42]を紹介しました．冊子のふろくに 4 ビットマイコンが付いて 2500 円くらいです．このマシンのアセンブリ言語の簡単な例を読ませて，4 ビットの加算を仕込んだ時代があったのです．そうすると，実際に手に乗るサイズのコンピューターの上で 4 ビットの計算が行われているのを，オセロの上で実現できるのです．メモリがもう手の上に乗っているわけです．そういうのを本当に原始的なところまで帰って見せないと，最新のコンピューターをいくら渡しても，本質的なところは見せられないのではないかなとずっと思っているのだけど．数学科向けのコンピューター教育．すごくマイナーだけど．

高山　私も教職の計算機科目は持っていますが，目標は，ファイルは数列であるというのを理解してもらうということです．コンピューターは数列を処理している，それも有限桁のものを処理しているんだということを理解するのも目標です．カリキュラムとしては[43]，まず Risa/Asir の C 言語風の軽量言語を使って，基本的な制御構造，配列やリストなどのデータ構造，基礎的なアルゴリズムをやって，それから C 言語の基礎は省略して，char[SIZE] は文字でなく byte の配列だよ，ということを強調して，画像の BMP ファイルとか音楽の WAV ファイルを C 言語で作成してもらってます．最後の部分は難しいようできちんとわかってる人は半分ぐらいの感じですが，わかった人は計算機とは何か？　C 言語とは？　という基礎がきちんと理解できてると思います．ここまでわかってれば道場の 7 章は数学だけのマスターですね．

濱田　難しいですね．有限だということを伝えたいのですけど．

日比　それは教職用の科目？

高山　うん．

日比　ところで，高校の情報というのは何をやっているのですか．

高山　いや，高校の情報とは今は別，独立ですよ．数学の教員免許を取るためには，計算機の科目を一つ取らなくてはいけません．目標は数学がいかにコンピューターの中で活用されているかというか，数学とコンピューターのつながりをわかるということだと思います．

---

[42] [9], 図 1.24.
[43] http://www.math.kobe-u.ac.jp/HOME/taka/2014/keisan-1/ref.html など．

日比　情報の免許を取るにも，何か要るのですか．
高山　情報の免許は出していないので，私は知りません．
日比　出していない？
高山　うん．出していない．
青木　情報の免許をうちは出していますよ．
日比　うん．うちらも出しているよね．
青木　見直しのたびに「まだ続けるのですか」と言われます．すごく大変です．
竹村　科目をそろえるのがですか．
青木　ええ．結構な数の科目をそろえて教えるのが．
竹村　需要が少ないのかな．
青木　いや．学生はやはり情報も併せて取りたいという人が多いですよ．
日比　それはそうです．その方が就職するときに有利ですからね．
濱田　非常勤としては，現場は両方持っている人を採りたいという．
日比　そうそう，それはありますね．だから，絶対，情報の免許は今持っていた方が教員になる．
竹村　時間かかりますね．
青木　情報必修の科目には，例えばシミュレーションみたいなものもあるのですよ．でも，うちは理学部の数理情報であって，工学部とは違うので，実験みたいなことには全く無縁な人がほとんどなのです．だから結構ハードルも高いし教えるのも大変ですね．

1.3　第3章

日比　では，次，3章に行きましょうか．
野呂　3章の役割はなんだろうかとあらためて考えてみると，1章の続きという役割もあり，2章の続きという役割もあるとも思えます．グレブナー基底を使って何ができるかということについて，本の後半では3章の内容と全然違った方面の話が出てくるので，後半の予備知識にはなっていないような気がします．例えばさっきから名前が上がっている CLO[44] に書かれていること，すなわちグレブナー基底を定義して，いろいろイデアル演算が出てきて，という部分に対応することを一応書いておこう，というつもりでした．実を言うと，使い道と

---

[44] [3]

して一番自分でうれしいのは，ここで CoCoA と Maculay2 と SINGULAR[45] でそれぞれ同じことをどうやるのか，というのが全部例で書かれていることです．自分で使うときに大体わからなくなっているので，これを見るとこうやってやるのかと非常に便利で，自分としては重宝してます．

高山　そうですね．ロゼッタストーンになっていますよね[46]．

野呂　この3つのシステムは初心者には敷居が高いと思います．Asir[47]の場合には，とりあえず Maple とか REDUCE 的に，X と書けばいきなり変数だと思ってくれるし，小文字を入力すると不定元と理解してくれたり，数はデフォルトで有理数として解釈されたり．Maculay2 などでは，まず環を定義してとかやらなければいけないわけですよね．その辺からもうすでに，すぐ使い方を忘れます．そんなときにときにこれを見ると，「ああ，こうやってやるのか」とすぐわかります．それから，自分にとってよかったのは，書いているうちに何か物足りなくなったので，ちょうどその当時やっていたイデアルの準素分解の新しいアルゴリズム[48]というのを，学生には SINGULAR で書いてもらったので，自分は Maculay2 で書いてみようと書いてしまったことです．これは楽しかったですね．Maculay2 の精神というか，ちょっとでも理解できたかなというか，こういうふうなシステムを作りたかったのだなというのがわかったし．とりあえずは小さくても，結構頭からしっぽまでパッケージから書いてみると何か親しみも湧くし，これから何か別のこともやってみようかなという気もやはり起きますしね．そういう点でよかったなという気はしています．果たしてこの章を誰か読んで使ってくれているのか，全然わかりませんが，自分としては書いてよかったなと思います．

日比　でも，学生にはとにかく「そのチャプターを読んで，とにかくそれの計算の仕方を覚えろよ」とやると，学生は結構やれるようになりますよ．

野呂　まあ，そういうつもりでももちろん書いていますけど，証明はほとんど書かなかったから，証明をこれに付けようと思ったら，大きさは膨らむでしょうね．他の本を読まなければいけないだろうし．でも，ぎゅっとエッセンスだけ取り出して一通り最低限のことは全部書けたかなとは思っています．D の話[49]はこ

---

[45] [15],[13],[14]
[46] 一般的なプログラム言語全般については，http://rosettacode.org が読み応えがあり．
[47] [16]
[48] [12]
[49] 第6, 7章で扱われている微分作用素環に関する話題のこと．

こには全然出てきていないけれど，D の話も書くべきだったのですかね．

高山　どうだったのでしょうね．

野呂　要するに，ベースになっているのは，スクールのときの話ですから，あそこに出てきた話をちょっと含まらせて書いたというぐらいですから，こんなものになっていますけど．D の話は後ろにお任せと．

高山　7章の演習に結構懇切丁寧に書いてありますよね．

野呂　3章はそんな感じです．

日比　例えば個別のソフトだと，もっと大きなものがあります．CoCoA とか大きな．そういうのと比べて，位置付けはどうなのですか．

野呂　その骨だけという感じでしょうね．でも，例えば SINGULAR の本[50] がありますが，かなり理論のベースの部分からゆったりと書いてあって，例は全部 SINGULAR で実行できる例が載っています．そういうのに比べたら本当にすかすかではありますけれど，かえっていいという面もあるかもしれないと思います．あの本は厚さを見ただけでびびりますよね．

高山　あれだね．最初三つ並べて書けば，と気楽に言ったのは私で，嫌がっていたのは自分だというのを忘れていますね．今や便利だとか言って．（笑）

濱田　SINGULAR も GeoGebra と連携しています．ウェブベースで SINGULAR を呼び出している形らしいのですけど，さすがに同梱はできないのですけど，そういうふうな発想はあるみたいで．

野呂　そもそも SINGULAR というシステムも，いかにもドイツ人がやっているという感じがします．頑固というか．Windows 版というのはないですよね．あるのだけれど，Cygwin しかないですね．Cygwin 版を用意して Windows 版を用意したと言われてもどうなんでしょう．

濱田　SAGE よりはましだと思いますけど．

野呂　そうか．SAGE の方がもっとすごいか．

濱田　Linux 版を用意して Windows 版だと言っていますから．バーチャルマシンを用意してユーザー側からつなげるようにしているのが SAGE の Windows 版ですから．

高山　それはなかなかいい設計なのではないですか．

濱田　トラブルが少ないと思います．

---

[50] [11]

野呂　SAGE だけを動かすための仮想マシンが必要になるわけ？
濱田　ええ．ちなみに MathLibre も対応しています．
野呂　そうなのですか．
濱田　最近の MathLibre は，仮想マシンで動かすと，Windows のウェブブラウザから SAGE に接続できます．結構増えているのではないですかね．阪大の代数の若い方で賞を取られた方，誰でしたか，彼は，首都大の集中講義で Macaulay2 を教えたと言っていました．
日比　そうですか．
濱田　この本を使ったかどうかわからないですが，少なくとも MathLibre は使ってくれたそうで．
野呂　Macaulay2 をまともに勉強するというのは，どの本でやるのだろう．
高山　黄色い本があるではない？　『Macaulay2 book』．
日比　市販本なのですか．
高山　いや．Algorithms and Computation という Springer の本[51]で．
野呂　あれは結構高級な．

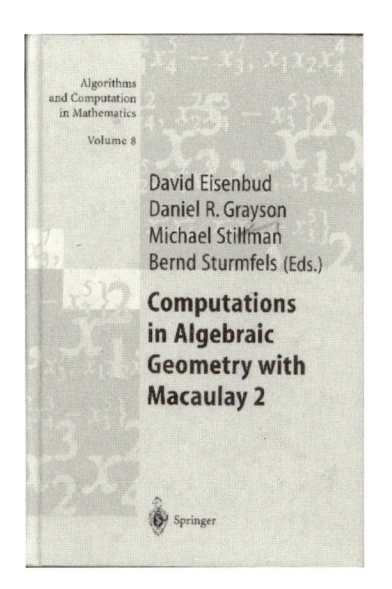

図 1.26　Macaulay2 book.

図 1.27　野呂（第 3 章著者）

---

[51] [10], 図 1.26.

高山　高級ですよ．

野呂　高級な例題ばかり．一応，一番最初に Sturmfels のチュートリアルみたいなのがあったのですが．

高山　ダン・グレイソンが Macaulay の言語設計についていろいろチュートリアルしていて．あとは，いきなりヒルベルトスキームだとかが，がんがん出てきて，ちょっと環論を知らないと一体何をやっているの？という感じですよね．

野呂　初心者向けではないのだろうけど．そもそも Macaulay2 というのは設計的に初心者向けではないですよね．数学者用ですよね．

高山　多分可換環論を勉強した人向けでしょう．

野呂　そういう意味では，初心者ではあるけれど，数学の初心者向けではないということですね．SINGULAR も似たようなところがありますけれど，CoCoA もそうかな．だから，あの辺のシステムはやはりどうしてもターゲットは数学者という気はしますね．書かなかった話と言えば，F4[52] とか，F5 はちょっと書きにくいのですが F4 の話．F4 ってありますよね．Buchberger アルゴリズムの変種だと思っているんですが，書いた方が良かったかなとは思ったんですけど，あえて書きませんでした．それに近い話だけは一応ちょっとだけ入れてあって，斉次化に関係して，全次数ごとに計算するというところでかなり近い話は入れてあるんだけど．入れれば良かったという話としてはその辺かな．

日比　また折りがあったらこれの大幅改訂版を出すということを考えたらいいと思いますけどね．

高山　実際，Knuth みたいに Asir のソースコード解説の方がいいかも知れない．

野呂　誰でも読める状態で置いてあって，読んだ人はみんな汚いとか変だとか言うから，そんなもん解説してもしょうがないと思います．

1.4　第 4 章

日比　じゃあ第 4 章行きましょうか．

青木[53]　僕は大学院のゼミで利用しているのですが，一番うまくいった年は，4 年のゼミで推定・検定をやるつもりが，検定の途中までしか行かなくて，修士の初めの半年くらいまで検定の勉強をしたんです．その中で分割表の話も多少勉

---

[52] [17]
[53] この人（図 1.28）．

強して[54]，それから道場の4章に入るという感じで何とか読めました．統計をやりたいと言って僕のところにくる学生は，それまでの統計の講義もある程度履修していて比較的知識もあるわけですが，やっぱり1章なんかはなかなか難しくて．

日比　うん．

青木　4章を読んでいても，イデアルとかが出てくるとちょっとひっかかる．そこは仕方がないからお茶を濁すのですけども，KNOPPIX[55]のインストールをして，実際に一緒に4ti2[56]を使って基底を計算してMCMC[57]してとか，実際にそういう演習を手取り足取りやって，だんだんわかってくる．そういう感じで一応，1年半で4章を読んで，それなりにMCMCなどができるようになった，計算できるようになったという感じでした．その年の大学院生は，相当頑張ってやっていましたね．

青木　4章単独だと統計の入門書とは言いにくいですよね．

竹村[58]　そうですね．

日比　統計の何を読んでいたら4章には都合がいいですか．

大杉　それはぜひ聞きたい．

青木　やはり検定論をある程度知っていた方がいいかと．

竹村　4章については，推定論よりは検定論ですね．

青木　はい．検定と，基本的な分割表の解析とか．それを一冊の本で，というのは難しいですか．

竹村　難しいけれど，一応，4章はそれだけ独立してまあ読めるじゃないですか．

青木　はい．だからある意味この4章が，この分野の入門書といってもよいのかなと．

竹村　前提知識はあまりなくても，ある程度感じがつかめるのかな．

青木　そのつもりで書いたんですよね．でも，わかりにくいとよく言われます．

一同　（笑）

---

[54] 後述の宮川雅巳著『統計技法』[19] を読んだ．分割表の話はその第6章，第7章．
[55] グレブナー道場の第2章で紹介している，数学ソフトウェア実行環境 KNOPPIX/Math のこと．
[56] [18]．KNOPPIX に入っている代数計算ソフト．例えば，配置行列からマルコフ基底やグレブナー基底が計算できる．
[57] マルコフ連鎖モンテカルロ法．4ti2 で求めたマルコフ基底を利用したマルコフ連鎖で p 値を数値計算する．
[58] この人（図 1.29）．

図 1.28 青木(第 4 章筆者)

図 1.29 竹村(第 4 章筆者)

高山　私は，1 章を読んだ後，4 章に飛ばすというやり方でセミナーで使ってます．3 章の方はどうせ隣のゼミでやっているからいいやと思って，4 章に飛ぶんですけど，最近コツがわかってきて，要するに p 値がわかってくると 4 章はすらすら読めるんですよ．

青木　なるほど．

高山　だからとにかく p 値がポイントで，その p 値がわかるようにいろいろちょっと，こっちも細かい演習問題を用意したりすると，結構その後は順調です．

竹村　p 値だけでも難しいんです．p 値だけを扱った解説本があるくらいですから[59]．

青木　ありますね．

竹村　そう，特に医学統計の人たちが必要とする概念なので．p 値もいったん検定統計量を決めてしまえばそれでいいんですけど，一般的に考えると難しい概念なので，とにかくそのあたりの説明を改善する必要があります．例えば並び替え検定みたいな例を使って．

青木　統計の研究室の大学院生くらいでも，全員が p 値をちゃんと理解しているというわけでは決してないと思います．

日比　そうなんですか．

---

[59] [20], 図 1.30. 訳本は [21], 図 1.31.

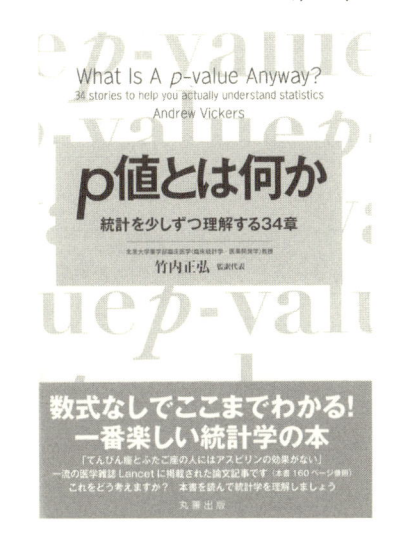

図 1.30 What is a p value anyway.

図 1.31 What is a p value anyway の訳本

高山　そこまで高級なこと言わなくても，やさしい入門の数理統計の本に載っている p 値のことをいくつかやれば．

竹村　そうですね．私は検定を教えるときに p 値を中心に教えるんですが，昔みたいに正規分布表などの分布表と単に比べるんじゃなくて，実際に観測された統計量の値より極端な値の確率を計算する方がいいから．しかし，どうしても検定の論理が入るので，難しくなる．やはり検定も練習問題をやるといいです．

青木　確かに p 値に注目するのはなるほどですね．もう一つキーワードを挙げるとすれば，十分統計量でしょうか．

大杉　それが難しいんだ．

青木　それがきちんとわかりやすく書いてある日本語の教科書はありますか．

竹村　ないと思います．

日比　やたら統計の本がたくさん出ているじゃないですか．漫画で覚えるとか．

一同　（笑）

日比　ああいうのにはちゃんと書いてないんですか．

竹村　書いてないです．

竹村　十分統計量の説明だと数式が避けて通れないので，書いてないです．

青木　僕の個人的な意見ですけど，日本語でわかりやすいのは東工大の宮川先生の

図 1.32　『統計技法』宮川雅巳著　　図 1.33　『現代数理統計学』竹村彰通著

『統計技法』という本[60]で，本格的に勉強したかったら竹村先生の『現代数理統計学』を読むと[61]．十分統計量のことを分かりやすくきちんと書いている本は少ないかもしれません．

大杉　4章を読ませるには，先生も結構慣れていないと大変だと思いますけど．ようやくコツがわかってきたような気が．僕の場合は最初に英語の方を読んじゃうので時間が押せ押せになっちゃって．2〜3カ月で4章を読まなくちゃいけなくて，当然最後まで行かなくて，何とかトーリックイデアルが出るところまで歯を食いしばってがんばるという感じなのですが，なかなかやっぱり十分統計量と検定統計量，帰無分布，三つの概念が頭の中でごっちゃごっちゃになってしまうみたいで．

竹村　そらそうです．

大杉　実は，卒研発表の準備を昨日の夜中までやったんですけど，学生は「なるほどそういうことを我々はやっていたのか」という感じでした．本に書いてあるアルゴリズムが一体何を計算し，どういう原理で p 値が計算できているか，一所懸命私が補足説明して，ようやくなんとかなる感じです．

---

[60] [19]. 図 1.32.
[61] [25]. 図 1.33.

竹村　先生が解説する必要ありますよね．

大杉　先生もそれなりになれていると，結構いけますよ，あの4章は．

竹村　さらに，マルコフ連鎖モンテカルロ法 (MCMC) を使わなくても p 値が直接計算できればマルコフ基底は要らないし．でも，MCMC 使わないといけない状況があるし，さらにメトロポリス・ヘイスティングス法で推移確率の調整するなどのステップあるので，いろんなことが重なっちゃうと確かにちょっとわかりづらいですからね．

高山　MCMC は，7章にプログラム付の例題があります．この4章は演習も付いているので7章もセミナーで紹介してくださいと，学生さんに言って，いつもちょっと詰まったところが出たら常に7章にとばしますね．

青木　7章の4章に対応する演習の問題には非常に感謝してます．院生が自習で勉強するときには必須というか．

竹村　それもあるから道場本が使われているところがある．

青木　計算機を使わないとできないような例だけではなくて，手計算でもできるような例も演習に載せてくれてるじゃないですか．それが非常に理解の助けになっているかと思うんです．

大杉　テーマをいくつかあげて，グループに分かれてとするとやっぱり統計が一番人気がある．

日比　それはあるね．

大杉　数学科の学生なんて，統計をろくに学部の授業で取っていないけど，やっぱり統計が一番人気がある．

高山　時代ですか．

大杉　必ず1番人気が統計．今年は6人のうち5人が統計をやりたいと．

青木　うち，そうでもないんですけど．

一同　（笑）

大杉　大学院生なんてほぼ 100 % 統計に行っちゃうんで．

青木　就職しやすいとか？

大杉　多分関係ない．単に興味だと．

青木　意外な感じがします．

濱田　中央大なんかだと統計学が昔から人気があるというのは聞いている．

竹村　統計の先生がいますからね．

竹村　鹿児島大学の漫画に統計は関係あるんですか．

36　第 1 章　グレブナー道場への道

図 1.34　『数学女子』安田まさえ著

図 1.35　『マンガでわかる統計学』高橋信著

青木　『数学女子』という漫画[62]は鹿児島大学を，うちの学科の卒業生が書いていて，あれに出てくるカーネルサンダースみたいな丸顔の先生が，統計の先生ですね[63]．

濱田　全巻持っています．

竹村　漫画があるらしくて．自分も読んでないのだけど．

濱田　飯高茂先生が書評を書いています．

青木　うちの学校の卒業生が書いていて，確か安田まさえさんです．

高山　（コンピューターで検索中）数学女子学園というのと数学女子というのがありますね．漫画で検索….

日比　数学女子学園というのがあるのですか．

竹村　数学女子というちょっとローカルな．鹿児島大の数学科のことを書いていますね．

濱田　主人公が進学するという雰囲気になっていましたね．

竹村　でも数学科は全国どこでも相変わらず女性が少ないですよね．

高山　K 大学[64]をモデルに，とアマゾンには紹介してありますね．

---

[62] 図 1.34．
[63] 稲田浩一教授．2013 年 3 月に鹿児島大学を退官．
[64] 鹿児島大学．

一同　（しばらく数学女子の話）

竹村　全然脱線しました．

日比　何冊も出てるんですか．

青木　4冊くらい単行本が．

日比　どのくらい売れてるんですか．

青木　部数まではちょっと．

日比　グレブナー道場という漫画の本を書いたら売れますか．

濱田　漫画でわかるグレブナーとか．

竹村　売れるかも知れない．

濱田　統計に関しては，最近 TeX の国際会議に行ってびっくりしたんですけど．

日比　TeX の国際会議？

濱田　あったんですよ．東大で．中国，韓国，あとどこだっけな．とにかく英語だけではなくて，世界的にベストセラーみたいです[65]．漫画でわかる統計学．

竹村　あれが訳されているの？

濱田　訳されてます．なんでそんな話になったかというと索引をどう付けるかという話で，台湾とか中国とか韓国は，全然索引の付け方が日本語と違うんだ．それが大変だったという話を．

高山　（コンピューターで検索中）これですね．高橋信さんという人の本？『マンガでわかる統計学』[66]．

高山　アマゾンのレビューには「最終章での検定の項では棄却域や p 値の解説がされています」と書いてありますね．

竹村　じゃ，いいんじゃないですか．

一同　（笑）

濱田　グレブナー道場推薦．

高山　「特にラストの2ページは少女漫画のクライマックスの一コマに出会えたと思えるほど出色で，統計に興味を持てなかったという読者も満足されるのではないかと思います．ちなみと本章と因子分析編は漫画としてはストーリーはつながっていますが，それぞれ独立しており，後者を先に読んでも問題ありません」と書いていますね．

---

[65] 現在，韓国，ドイツ，英語，繁体字（台湾語），簡体字（中国語），ポルトガル語，ロシア語，タイ語版が刊行されているそうです．
[66] 図 1.35．

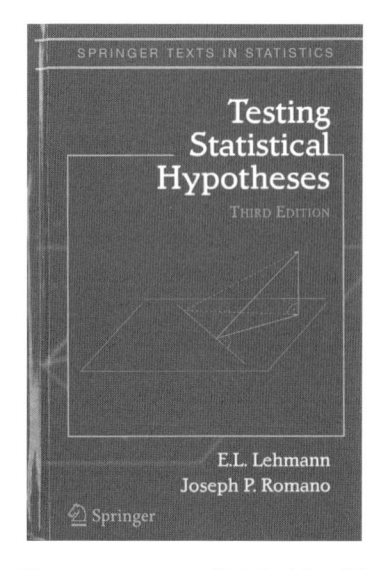

図 **1.36** Lehman 検定論（第 3 版） 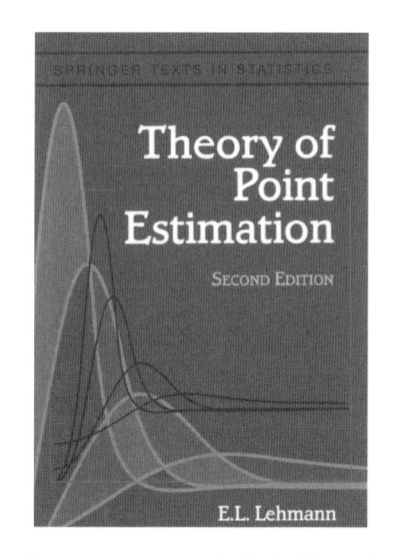　　図 **1.37** Lehman 推定論（第 2 版）

青木　先生は検定論とかを教えますか．
竹村　教えますね．
青木　レーマン[67]でやっているわけですか．
竹村　学部でですか？　そんなのしないよ．そんなのできっこない．
青木　そうですよね．僕，大学院のとき，先生の講義でレーマンの推定論[68]….
竹村　それは昔の大学院でしょ．今は大学院でも推定論真面目にやんないですよ．
青木　学部生にはどうやって教えるのですか．例えば教科書とか．
竹村　どうかな．だって一応 t 検定みたいのはさ，初級でまずやるじゃないですか．
　　　その後自分だとフィッシャーの正確検定とか並び替え検定とか，p 値とか．
青木　教科書の指定とかはされていますか．
竹村　自分のだから，あの．
青木　現代数理統計学？
竹村　じゃないです．そこまでやんないじゃないですか．計数[69]だと．
青木　『統計』という….

---

[67] [24]，図 1.36.
[68] [23]，図 1.37.
[69] 東京大学工学部計数工学科．

図 1.38 『統計』竹村彰通著　　図 1.39 『数理統計学』竹内啓著

竹村　そうです[70].
大杉　あれか，あの統計というあれですか．
竹村　そうですよ．触りしかできないじゃないですか，時間的に．
大杉　そうですね．
日比　大杉君，統計の本を書くか．素人が書く統計学．
大杉　いえ，それは．誰が買うんですかそれ．
一同　（笑）
日比　そんなことないですよ．素人が一生懸命勉強して書いた本だから素人にもわかるというふうにして．専門家が書く統計の本は分からない．
大杉　誰かに見てもらわないととても心配で出せない．統計の人に見てもらわないと．嘘を書いちゃまずいですよ．僕が質問されて学生に説明してやるけど，これが本当に正しいのかと．大体，こんな感じでとイメージでみたいなことを言っても，学生はそれを厳密に捉えて説明しようとするから．
濱田　卒研の発表ってそんな感じですよね．話したことをそのまま発表したり．
日比　ところで，何で統計の本ってそんな売れるんですか．
大杉　いや，やっぱみんな興味があるから．

---
[70] 図 1.38.

高山　ユーザーは多いですよ．だって理系の人の実験の処理というと，最初は 2 群検定とか．それは膨大なユーザーが．

濱田　統計の本は，なんかすごく読みにくいような気がする…．去年，前期に統計を教えたんですけど．

竹村　どういう本がですか．いろいろな種類の本があるじゃないですか．

濱田　それは薄い本ですよ．

青木　数学科なら，数理統計のかちっとした本を読めばいいわけで，竹内啓先生の本[71]とかを読めばいいのでは？

竹村　竹内先生の本はちょっと難しい．でも，数理統計の標準的な教科書は数学の観点から見るとつまらないと思いますよ．そういうので教えると学生もそんなに面白くないと思うよ．

濱田　最近，東大の出版会から出ているのはどうですか．

竹村　最近？

濱田　最近じゃないか．なんか理系向けと文系向けと．

竹村　昔からですよ．30 年来のベストセラーですよ．

青木　あれはいい本ですよ．

竹村　数十万部出ていますよ．

濱田　まだ買ってないんですけど．

竹村　そういうのを超える教科書はなかなか出ないのも困ったもんです．それで何十年．

青木　あれは本当にいい本です．

高山　（コンピューターで検索中）東大出版会…．『統計学入門』[72]てやつですか．

青木　青い方．自然科学の…

竹村　…ための統計学かな．もう一つ．

高山　『自然科学のための統計学』[73]，ですか．

青木　それがいいのじゃないかと．

竹村　統計だけに閉じていないようなことも，やっぱり大事ですよね．

高山　教養の統計の授業の本ですね．

濱田　うちにコンピュータービジョンの人がいるんですけど，とにかく統計を使い

---

[71] [27]．図 1.39．
[72] [28]．図 1.40．
[73] [29]．図 1.41．

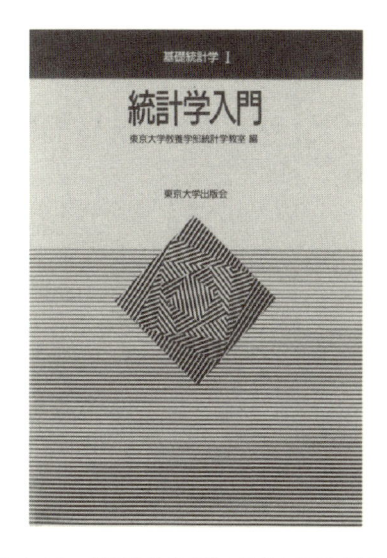

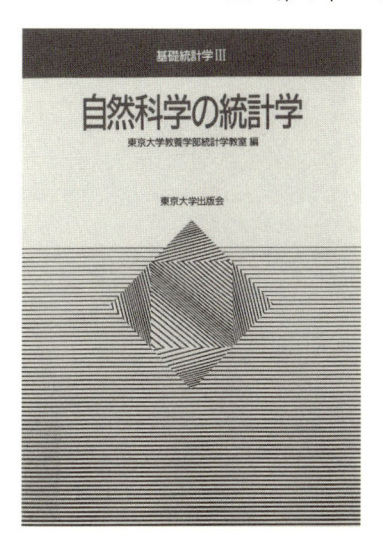

図 1.40　『統計学入門』東京大学出版会　　図 1.41　『自然科学の統計学』東京大学出版会

　　　まくるみたいで．例えば画像認識だったり顔認識だったりに，かなり統計的にデータをとって．
竹村　それはそうですね．そして，モデル化ももちろん．
濱田　その辺は本当に使っているから．
竹村　そう．
濱田　何かね，もうちょっとうまく回せるといいんだけど．
竹村　世の中どんどん変わってるしね．ちょっと機械学習系の人たちも，統計とはちょっと見方が違ったりするし．でも基本は本当は同じだと思うんですけどね．
大杉　あの，読んでいてわからない，例えばマルコフ連鎖という，そんなにしっかり厳密に書いてあるわけじゃないから，そういうのに出会ったら違う本を見て調べてくれればいいんですけど，今の学生はなかなかそれができないんですよ．
青木　4 章にはそういうリファレンスがなかったですね．マルコフ連鎖について何を読めばというのは確かに．不親切でした．
大杉　ちょこちょこ指示があると良かったなと．最近の学生はそれがあまりできないから．本来それができなければいけないのだけど．
青木　個人的なお薦めは，伏見先生の『確率と確率過程』という理工学の…
大杉　学生は私に聞いてきますよ．マルコフ連鎖ってなんですかって．

42　第 1 章　グレブナー道場への道

図 1.42　『確率と確率過程』伏見正則著

図 1.43　『計算統計 II—マルコフ連鎖モンテカルロ法とその周辺』伊庭幸人他著

高山　書名は何ですか.
青木　伏見先生の『確率と確率過程』という本です．絶版じゃないですか．
竹村　復活していますよ[74]．
高山　（コンピューターで検索中）あ，これか．またカスタマーレビューを言うと怒られますが，これも星五つですね．
青木　伏見先生の本はわかりやすいと思います．
竹村　それはそうだけど．だけどちょっと確率過程の説明が工学的過ぎるのでは．確率過程ならば，ブラウン運動くらいまでは真面目に．確率過程という数学の感じがもう少しわかるところまで書いた方がいいんだけど．テーマの選び方とは思うけどね．
青木　そうか．
竹村　まあいいです．いい本だけど，ちょっと確率過程と言われるとちょっと工学的過ぎるかなと．でも，他の本がやたらと難しいから．
青木　僕にはあれくらいが．
竹村　確率過程を数学者が書くとまた難しくなってしまう．そりゃそうだ．
大杉　（苦笑）

---
[74] [30]．図 1.42．

青木　僕もはじめ，いくつかの本を見てもよくわからなくて苦労したのですが，Biometrika の論文がわかりやすくて助かりました．ヘイスティングスの初めの，1970 年の[75]．僕はあの論文で理解したようなものですね.

中山　プログラムを書く分には，計算統計とかの日本語の本で，マルコフ連鎖とモンテカルロ法とその周辺，それを読めば何とか大体わかります.

竹村　岩波のシリーズ.

高山　あれ，読みやすいですよね．伊庭先生の書いたやつでしょ[76].

中山　そうです.

高山　ヘイスティングスの論文は 1970 年ですか.

竹村　4 章もちょっと最初のところはこだわり過ぎて書いているところもあるけど，いいんじゃないですか．それなりに取っ付きやすい感じでまあまあだとは思うのですけど.

高山　でも 4 章の実験計画法のところは私もめろめろだし，学生もめろめろですよ.

青木　そこまでは読まなくてもいいと思う.

一同　（笑）

青木　4.2 まででひとくくりで，4.3 は適当に書いていて．実験計画法と言いながら，計画イデアルとかそちらの話題は触れなかった．そこは自分が入れるつもりはなかったわけですが，そこを書こうとするとまた全然違う構成になるなと思って書かなかった．あの辺はわれわれの研究の内容と近づけて.

竹村　まあそうですね.

高山　なるほどね．3 章の後半みたいな感じか．もう研究に直結しているから.

青木　ええ，そうなんです.

高山　3 章の後半もそうなんですよね.

青木　もう一つ挙げれば，実験計画の方で，4.3 に書いたようなことはあまり考えられてないので．ああいう解析の仕方があるというのは，ちょっと実験計画の人達にやっぱり宣伝したかったんですよね.

日比　そう言えば，国際会議の報告集[77]の表紙の分子モデルのようなマルコフ基底は青木さんの作品ですね.

青木　随分昔に描いたものですけど.

---

[75] 文献 [22]
[76] 文献 [31]．図 1.43.
[77] 図 1.44.

図 1.44　国際会議報告集

日比　ところで，統計学会というのはものすごい大きい規模なのでしょう．
竹村　いえいえ，1500人ですよ．
日比　1500人て，数学会は何人ですか．
竹村　5000人じゃないですか．全然違いますよ．数学会は．
青木　数学会の分科会の一つという感じです．
濱田　だけど5000人は来てないはずだ．
竹村　会員数5000人．数学会とは全然比べものにならないですよ，統計学会．
日比　統計学会は中でいろいろ分かれてるんでしょ？
竹村　ああ，関連学会[78]が．関連学会をあわせると3000とかかな．
青木　全部合わせると．
竹村　まあそんな感じ．
青木　品質管理学会[79]が入ってないですよね．
竹村　入れないで考えてますね．品質管理も入れれば5000より多いですね．

1.5　第5章

日比　じゃあ次は5章．
大杉　5章はSturmfelsの本[80]に書いていることが割とベースになっていますけれ

---

[78] 統計関連学会連合ウェブサイト：www.jfssa.jp. 応用統計学会，日本計算機統計学会，日本計量生物学会，日本行動計量学会，日本統計学会，日本分類学会により構成．
[79] 日本品質管理学会ウェブサイト：www.jsqc.org.
[80] [36]

図 1.45 大杉（第 5 章著者）

ども，Sturmfels の本のあまり証明をちゃんと書いてないところをちゃんと書いたという感じです．先ほどもちらほら話が出ましたが，自分のゼミのときに，学生にどれか選びなさいという感じでいつも出すのは，整数計画か凸多面体か統計か，あと，符号理論とかグラフ理論とかなのですが，どれがいいですかと聞くと，人気があるのはまず統計で，他だと，整数計画とグラフ，いまだかつて凸多面体を選ぶ人は誰もいなかった．原因が何なのかはわからないのですが，本が難しそうだからなのか，統計と違って，凸多面体と言われたときにイメージが，もちろん立方体とかのイメージは湧くんでしょうけど，何をするのかのイメージが湧かないのか…ちょっとわからないですね．使っていないからわからないんですけど，他大学ではちらほら 5 章を読んでいる人がいます．ただ，みんな院生ですね．難しいのかも知れない．ちらっとしか話をしていないんでよく分からないですが，例えば，ある大学の M 1 の人が 5 章を読んで，一応読めているということで，春休みの間に計算機とか使って勉強したいので，どのソフトを勉強したら一番いいですかとか質問を受けたのですが，すでに Macaulay と何かは使っているんですけど，多分 3 章を読んだんじゃないですかね．そういう話でしたけど．

日比　これも後ろに丁寧な演習問題があるから，いろいろなことがやれるんだよね．

大杉　ええ．もうちょっと何か，興味を持ってもらえるように出だしの方を工夫したら良かったかなと思うんですけど．

図 1.46　Ziegler の本

図 1.47　Ziegler の本（訳本）

青木　凸多面体を学部生が勉強するとしたら，これから読むのが一番なんですかね．

大杉　多面体の基本的なところは Ziegler の本[81]に投げちゃってるんですよ．

高山　うちの院生が読んだときも Ziegler を副読本にしながらやってました．

大杉　あそこまで踏み込んで書こうと思うと，もう完全に 1 冊の本になっちゃうんで．

日比　多面体の定義レベルのところでページ数がかかっちゃうもんね．

大杉　多面体，結構大変ですよね．

竹村　厳密にやると大変なんですよね．

大杉　そこをちょっと感覚的にごまかしてやるんだけど，数学の院生とかが読むと，やっぱり証明がぼーっとするからそれで潰れるという感じになっちゃって．

竹村　英語で見ても（多面体の参考書は）Ziegler とかそういう感じなんですか．

大杉　Ziegler は訳本[82]が出ています．

竹村　それでやるんですか．

大杉　八森さん達の訳です．

竹村　どうしても時間がかかってしまう．

大杉　そうですね．やっぱり三次元とかで考えると当たり前のことも，なかなか高次元では．

日比　結構大変ですね．

大杉　僕自身も最後の方締め切りに追われて折れて，もうごまかそうとしたら，神

---

[81] [38]
[82] [38]

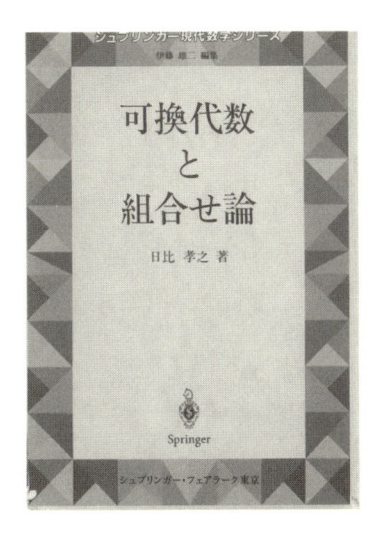

図 1.48　可換代数と組合せ論

　　戸大の院生が….
高山　西谷君がね．
大杉　この命題が必要なはずですが，とか言われて．
竹村　多面体の早わかりとかはあるんですか．30 ページとか 40 ページとか．
大杉　日比先生の本とか．
日比　僕も『可換代数と組合せ論[83]』を書いたときには，結構，第 1 章に多面体の話は必要なことは書きましたけどね．
野呂　CLO の 2 冊目の本[84]にも一応はあるんですよね．あれで十分かどうかは分からないですけど．グレブナーファンとかを理解するには十分なくらいの話は書いてあるとは思いますけど．
日比　ただ CLO は問題集に問題を振ってますからね．
野呂　必要な理論は一応書いてあります．
大杉　そういう意味では Sturmfels の本は面白かった．
高山　あれはでも証明を補うのが辛いところもあります．
大杉　最先端の話題ばかりだったので．
日比　あれは特に出た当時に読めたからラッキーだったよね．

---
[83] [35]（図 1.48）
[84] [34]

大杉　そこから苦労はしましたよ．

日比　あの頃，外国でも，大杉君のことを，Sturmfels の本しか読んでいないのに，あんなにたくさん論文を書けるなぁ，と誰かが言ってたね．

大杉　違いますよ．日比先生が，大杉はあの本しか読んでいない，と言いふらしたからですよ．

高山　ただグレブナーファンのところの証明なんて，本当にスケッチだから．大変ですよね，あれね．

大杉　しかも当時はあれを毎週1章ずつ読まなきゃいけなかったから．

野呂　あの本もそうだったかわからないけど，Sturmfels の別の･･･．

高山　Solving Algebraic Equation[85] ?

野呂　あれはどこかでやった講義だと書いてあって，あの1章を何時間でやったのか知らないけど，そういう講義って向こうの人って平気でやるんですかね？

高山　いや，聞いている人もわかっているのは専門家だけだと思う．

野呂　だよね．これを一コマずつやられて，15回聞いたら最先端を突き抜けているみたいな本がよくあるからね．それにさらに演習も付けたとか，SINGULAR の人たちが書いた Decker and 何とか[86]という本があるんですけど，あの本もどっかインドかどこかでやった講義録だとか書いてあって，どうも一日中，一晩中やっているんじゃないか，スクールを一晩中やっているんじゃないかという･･･．

高山　ああ，トーマス・ベッカーの本[87]ね．

野呂　いや，違う．黄色い本で．Decker and Lossen とかいうような．

高山　ふうん．

大杉　いずれにせよ，5章は学部生が読むには難しいのかなという気はしますけども．

野呂　読むと何がどこまで出てくるのかということがわかれば，読もうという意欲も．統計みたいにターゲットがわからないのかもしれない．

大杉　そうなんですよね，やっぱり．食いついてもらえないという．もうちょっと工夫があればと思いますけども．講義とかだったら，使うことはあるのですけど．一応3年生以上の人が取れる講義でしたが，それはそれなりに人が集まっ

---

[85] [37], 図 1.52.
[86] [33], 図 1.49.
[87] [32]

図 1.49 Decker and Lossen.　　図 1.50 トーマス・ベッカーの本

ていましたけど.
野呂　(神戸大学の) 集中講義でもこういう話をしてもらったのです.
高山　集中講義はそうでした. これでした.
野呂　この本ができる前だったか, 作っているときだったか忘れましたけど.
日比　集中講義ではここに書いてあること全部やった？
野呂　一通りやっていたような気がしない？
中山　多分, 確かこれと同じような内容を.
野呂　最後まで行ったかどうかはわかんないけど, 結構やっていたような気がします.
日比　なるほどね. これを次書くとしたら何がもっと書けるんですか.
大杉　えっ？！ 誰をターゲットに？
日比　誰でもいいけどさ.
大杉　書くのであればもうちょっとわかりやすく, 証明とかもわかりやすく書けたと…. どうでしょうね.
野呂　例えば, 何か斉次を仮定すべきかどうか迷ったといってましたが結局どうなったんですか. この本では斉次を仮定して, でも仮定しなくても成り立つも

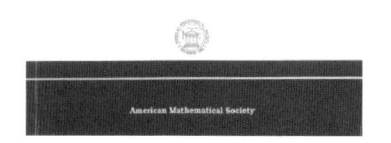

図 1.51　Sturmfels の本 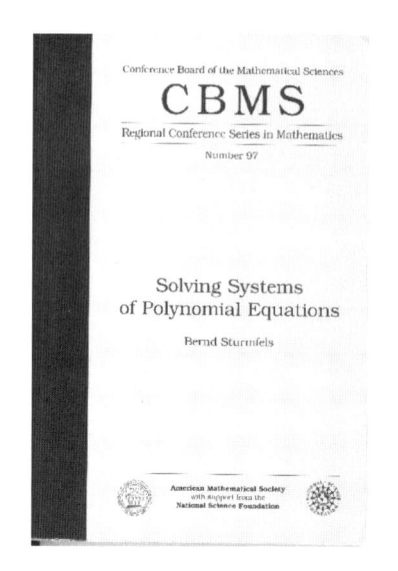　　　　図 1.52　Sturmfels の別の本

のなんですか．
大杉　基本的にはそうです．
野呂　Sturmfels の本はその辺は適当に書いてあるんですか．
大杉　適当です．
高山　適当です．斉次じゃないと，要するにウエイトベクトルがポジティブなところじゃないから．
野呂　そういう制限が付けば大丈夫？
大杉　ただあまり本質的な問題ではなくて，単に微妙な問題で．どこで仮定されててどこで仮定されていないかがあやふやだったんですよ．読む人にはすごく大変です．制限すると端っこの方で変な問題が起こったりして，非常に面倒くさいことになるんで．
高山　そうそう．本質的なのはウエイトベクトルでグルを取った環[88]の構造が変わるということが非常に本質的で，それでいろいろ変なことが起きるのですよ．
日比　でも Sturmfels の本よりは大分読みやすくなっているでしょ．
大杉　いやあ，どうでしょう．
中山　大分，読みやすくはなっています．僕も Sturmfels の本を読もうとして挫折

---

[88] $\mathrm{gr}_w R$

した口ですけど，こちらの方は証明をきっちり追っていけばわかるので．

大杉 （Sturmfels の本は）ときどき整数計画に証明を投げちゃうんですよ．例えば三角形分割なんかも整数計画の双対性からドンみたいな感じで．それだと，感覚的なものが全然身に付かなくて．

日比 ああ，それはあるね．

大杉 なんで三角形分割とかが関係あるのかというところが，この線とこの線が交わるとそこで関係式ができて，どちらかがイニシャルになって，禁止されるからそういうことが起こらないとかそういう何というか，整数計画の双対性を使って証明すると非常に鮮やかなんですが，感覚的に，では何なんかがわからないからと僕は思う．それでも必ずウエイトが存在するというところではファーカスの補題を使っていますけれども．

日比 あれ使わなくてできないの？

大杉 さあ．

高山 ファーカスの補題は大変ですよね．

日比 あれは欠くわけにいかんからね．あんまり投げ出したくないんだけど，そこどうしようもなくてさ．絶対にあれは要るし．

野呂 グレブナーファンもここで定義されていて，後ろの方では計算例とかで出しているんだっけ．

日比 いろいろな例がたくさん出てますね．

中山 gfan 使って計算しているんで．

野呂 gfan ってどんな入力を受け付けるんですか．最近，またちょっと学生の修論でグレブナーウォーク関係をやり始めて，思い出しながらやっているんだけど，実際にああいうときに出てくるグレブナーファンってグレブナーファン自体を計算していないんだけど，あるコーンから次のコーンに入ってと，何百も出てきたりするけど，何百も出てきたりする例というのは，載っていたりすると面白そうなんだけど，そういう類いのものも計算できるのかな．

中山 計算はできます．グレブナー基底をどんどん出し続けるんで．

野呂 止まらないってことか．

中山 ええ．止まらないというか，グレブナー基底の計算にきたら…．

野呂 実際のところどれくらいあるのか，結構個人的に興味深いんだけど，どういう例でどれくらいあるのかという．

高山　青木さんが CASTA2014 [89] で話していたやつも巨大なんじゃないですか．普遍グレブナー基底を出すとか言っていて．どれくらい巨大だったんですか，あれは？

青木　計算が終わらなかったんですよ．

高山　何日くらいで？

青木　何日….

野呂　基底の個数自体が膨大になるということ？

高山　そうそう．

青木　4ti2 で走らせていてフェイズ 4 とかで止まって，それでずっと待って．1 時間くらいたつとカウンターがガチャッと．

竹村　そうなると駄目だ．

青木　半日くらい動かしていて止まらなくて，そのうち KNOPPIX のファンが変な音を…怖くなってやめました．

高山　256 ギガのやつに 4ti2 を今入れてますけど．竹村先生の科研費の分担金で買ったものです．1 回使ってみてください．

竹村　そうですね．使ってみます．

高山　256 ギガ，あれはすごいですよね．

野呂　32 コアで 256 ギガってやつなんで．単純な仕事を手分けしてやるという計算でも，32 倍速くなるとやっぱりね．いろいろ実験するスピードも上がって．まともにやったら 1 年掛かるんじゃないのというやつが本当に何日とかでできるわけですから．神戸のポーアイとかでやってる並列計算に比べたら全然規模は小さいんですけど，それでもやはりいろんなことが早く分かるのはいいことです．

高山　ああいう計算機は生ものですから．今のうちにおもしろいアイデアがあったらどんどん使ってくださいという感じですね．

1.6　第 6 章

日比　じゃあ，6 章に行きましょうか．

高山 [90]　6 章は 10 年以上前に Saito, Sturmfels, Takayama [91] という 3 人共著の超

---

[89] http://webpark1091.sakura.ne.jp/kakenhi/h25s/casta2014/
[90] この人（図 1.54）．
[91] [43] のこと．よく SST と略称される．図 1.53.

幾何の本を書いたのですが，そのときに書けなかったことがいろいろあって，特にPfaffian[92]の基礎的な話題は本もあまりなくて，論文のはしごするしかなかったのですが，それをまず前半は書きたいと思って書いたのです．解の存在証明や解析のことも基礎をいろいろ書きました．Pfaffianのところは完全に初等的なはずで，実際修士の学生に解説しながら，解説プリントを作って，それが基になっています．またホロノミック勾配法 (holonomic gradient method, HGM) の解説を Pfaffian 方程式の理論の応用という形で書いています．HGMは正規化定数[93]を微分方程式を援用して求める方法としてこの本を書いた後もどんどん研究が進んでいますので一番特徴のある部分かもしれません．後半というか，途中からギアが完全に変わって，そこからは多分ハードだと思います．D加群のところは大阿久さんのすごくいい入門書[94]があるんですが，ホロノミックDモジュールの積分モジュールがまだホロノミックだとか[95]一番基本的な定理の証明が書いてなくて，その証明を勉強しようと思うとBjörk[96]の本とか難しい本を読まなければいけないので，一応分かるように書いたつもりではあります．堀田先生の『代数入門』[97]が読めるくらいならわかるように書いたつもりなんですが．この間も大学院生向けの超幾何学校で説明したけど，証明を1時間で終わらすと「よくわからない」と言われてしまうので，まあ仕方がないかなという感じですね．でもじっくり読めばわかると思います．後半の超幾何のところは何というか，私は書いたときどういうつもりだったのかな？SSTはすごく長い本だからその一部分のアブストラクトを書くという感じで書いたんですが，短くてわからないものは書かない方が良かったのかなという気もするし，アブストラクトになってるからいいのかなという気もするし．自分じゃよくわからないですね．野呂先生のところの学生さんが読んだら大変なことになったんでしょ．

野呂　大変なことというか，どうかな．あまり記憶にないんだけど．

---

[92] Pfaffianについては道場の6.2, 6.3節を参照．
[93] $f(\theta, x)$ に対して，$Z(\theta) = \int_\Omega f(\theta, x) dx$ を f の正規化定数と呼ぶ．$\frac{f(\theta, x)}{Z(\theta)}$ が Ω 上の確率分布となるので，きわめて基本的な量である．図1.57も参照．
[94] 『D加群と計算数学』[42], 図1.56.
[95] "M をホロノミック D_n 加群とするとき $M/\partial_n M$ はホロノミック D_{n-1} 加群" なる定理．パラメータ付き積分の広いクラスがパラメータについての連立線形偏微分方程式系を満たすことを示すための基礎．
[96] [40]
[97] [41], 図1.55.

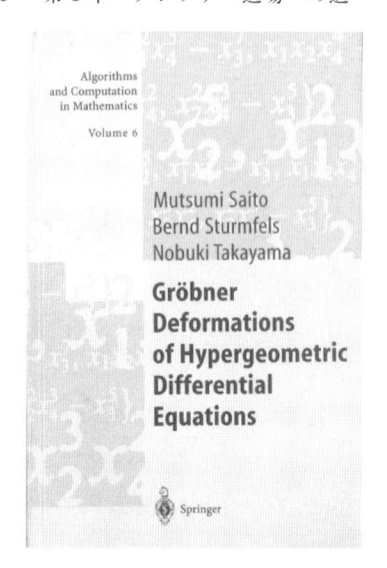

図 1.54　高山（第 6 章著者，約 10 年前の写真）

図 1.53　Saito-Sturmfels-Takayama の本，通称 SST.

高山　毎日のように私の所のところにきて超幾何に入ったらこれはきついとか言ってたけど（笑）．

野呂　あのときは高山先生に何か問題をもらいにいったらいろいろ問題集が届いて，問題を解くには最初は青本喜多[98]の真ん中をいきなり読めとか言われて，あんなもん[99]真ん中から読めるかと（笑）．でも実際に読んでみると確かに読める本なんだなと．最初の方を読むとあまりにも訳がわからなくて，何回か諦めたことがあったんだけど，真ん中だけは読めた．これを使って何をすればいいんだろうと言っているうちに，こないだ言った問題はもうできちゃったからと言われて．それで道場の方をいろいろ読み始めて，確かに最初の方はすんなり入っていけますね，Pfaffian のあたりは．せっかくだからと言って，後ろの方も読んだと思うんだけど，理論がどこかに書いてあるけどここには書かないよみたいな話が出てきたあたりから，そういうのまで全部理解して読もうとするとつらいことになってしまったのだろうなという気はする．でもそんなにぶつぶつ言っていましたっけ（笑）？　困った，困ったって．きっと困ったんで

---

[98] [39], 図 1.58
[99] あんな難しい本という意味．

図 1.55　堀田の本　　　　　図 1.56　大阿久の本

しょうね．
高山　（笑）私は聞いて反省したんです．
野呂　取りあえず最後の方まで追っかけてみたような気がしますけどね．ところどころ知っている話が出てくるからね．これを読んで計算できるのかなという．級数を計算するような話とか，出てきますよね，最後の方に．なんかちゃんとものにできそうにないなという気はしたという記憶もおぼろげにあるんですけど．こういうのって実装されているんでしたっけ？
高山　いや，実装は難しいから，されてない．
野呂　難しそうですよね．
高山　多面体とかいろいろなものが必要なんで．
野呂　結局，Wishart[100]のやつは一番取っつきやすそうだったのであっちへ行ってしまったので．道場の6章の方はとりあえず追っかけたという経験くらいしかないと，難しいと思います．
日比　この章を読むと修論のネタにはちゃんとなるんですか．
高山　例えば演習のところがまたすごく詳しく書いてあって，この間も超幾何方程

---

[100] Wishart 分布に従う対称行列の最大固有値の分布を holonomic gradient method で考察した論文 [44] のこと．

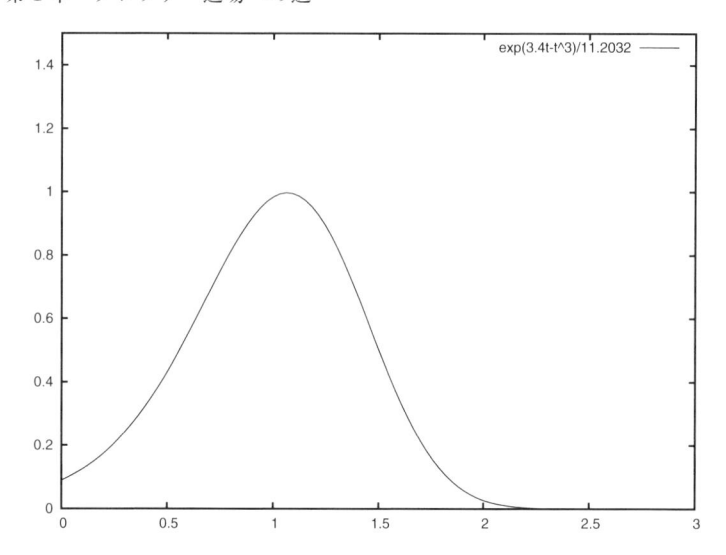

図 1.57　$\exp(3.4x - x^3)$, $\Omega = (0, +\infty)$ を正規化定数 $Z(3.4) \simeq 11.2032$ で割って確率分布にしたもの.

　式の研究集会で研究発表していた大学院生の人が，質問者から「それはどこの論文に書いてあったんですか」と聞かれて「グレブナー道場の演習問題でした」と答えて研究の基礎になっていましたから，良かったなと思って.

野呂　それ，すごいな.

日比　これは第 7 章が充実しているからね. そうですか. それはすごいな.

日比　ところで解析の知識がある程度要るんですか. 第 6 章は.

高山　6 章は要りますよ. 解析接続を知らなくても雰囲気だけわかるようにと書いていますが，きちんとわかるには関数論や解析接続を知らないとすごくつらいと思います.

日比　でも 7 章があるからさ，何もわからなくても計算機でできるようになるから非常にいいんですよね，これやっぱり，7 章があることが. とにかく計算できて何かやれるようになるから. 後ろの演習問題はよくこれだけのことを集めてくれたと感心しています.

竹村　そうですよね.

日比　西山君と 2 人で.

中山　集めたというか，作ったというか. 僕らが勉強を，その 4・5・6 を勉強したときの勉強ノートみたいなものですね.

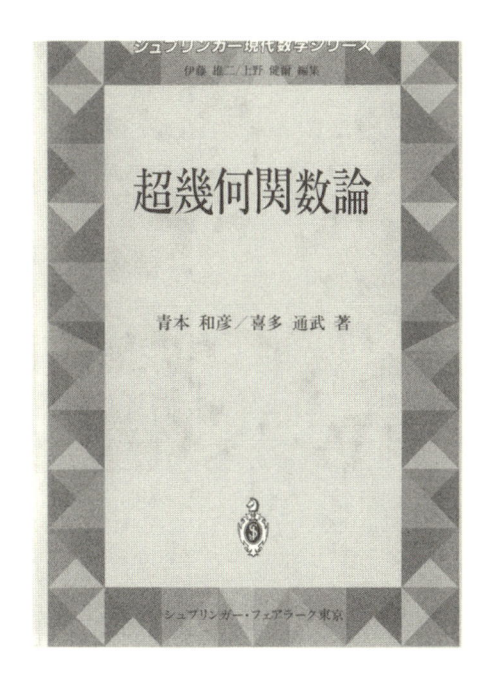

図 1.58　青本，喜多の本

日比　それがいいんだ．
大杉　作者自身が作ったりすると…得てして難し過ぎたりとか．
日比　それはあるかも知れないな．
野呂　やりとりはしたわけ？
中山　そうですね．
青木　4 章についていえば鹿児島まで来ていただきました．
日比　そうそう，鹿児島まで行ったんだよね．
中山　統計のとこはやっぱり，言葉遣いとかも全然違うし，自分で普通に書いてあっても，専門家からするとまずいことを書いてあったらまずいかなとか．
日比　とりあえず学生も 7 章を読んで計算機は大分使えるようになってくれてはいるんでね．非常にありがたいと思いますね．やっぱりね．
中山　そのまま打ってできるようには作ったつもりなんで．はい．
野呂　手で入れなきゃいけないというのがいいよね．

中山　プログラムのソースはウェブには上がっていますけど[101].

高山　今，そういえば英語版のところも本に掲載したプログラムをダウンロードできるようにしたんだけど，コメントが全部日本語なんですよね．あれはちょっとつらいかな．

中山　本文にはプログラムを書いてあって，英語に直してあるんで，それを差し替えないと駄目ですね．

日比　英語版も売れるといいですよね．

大杉　売れますかね．

高山　セミナーで使うときは学生にとにかく7章を適宜見なさいと口酸っぱく言わないと順番に読もうとするんですよ．

日比　それは確かにそうです．7章の問題をとにかく．

日比　だって，演習問題だけで莫大なページを使ってますからね．第7章だけで本1冊分あるでしょう．よく売れましたね．値段が高い割には．共立出版が驚いてましたからね．

青木　統計と数学と両方買ってくれるからじゃないですかね．

大杉　なるほど．

青木　ところで，今さらですが，4章とか，大杉さんにも時々使ってもらっている，5×5の二元分割表の幾何と推測の成績[102]．あれは出典とか何も書いてないんですけど，一応実データなんです．

竹村　実データですか．

青木　僕が助手をやっている当時に．

竹村　学生の実際のデータですね．

青木　当時の3年生に対して，僕がやっていた推測数理工学の演習の成績に，となりの研究室の助手さんがやっていた幾何数理工学の演習の成績を借りて，集計したものです．

大杉　最初は勝手に流用していてこれはまずいと思って，これは青木先生の実データですと言うようにしたのです．

青木　当時の3年生に正式に許可を取ったわけではないのですが…

竹村　個人データじゃないから大丈夫ですよ．個人名が入っていないから．

大杉　幾何と統計が正しいのですね．代数統計が面白いかなと思って，勝手に代数

---

[101] http://www.math.kobe-u.ac.jp/OpenXM/Math/dojo
[102] 道場 [1], 4.1.4 項参照．

と統計とか言ってしまいました．

日比　初期のころから使ってましたよね，あのデータ．最初にここら辺の話をやり出したときから．

日比　著作権はあるの？

青木　その辺がもう聞けなくて．

竹村　そんなものないですよ．だって個人情報じゃないから．問題ないです．

青木　よかった．このデータはたまたま p 値が 0.06 くらいで，22万[103]くらいで，すごい手頃なデータがたまたま見つかったんです．

日比　あれは実データなんですか？　Sturmfels の本[104]の髪の色と目の色の話．

青木　それは有名なデータです．

日比　有名なデータなんですか．

日比　ああ．やっぱりああいう話からやると．でも，統計と付けると談話会なんか人が集まるんですよね．やっぱり．

竹村　そうなんですか．

日比　不思議なことに．

1.7　第 7 章

図 1.59　中山（第 7 章，著者の一人）

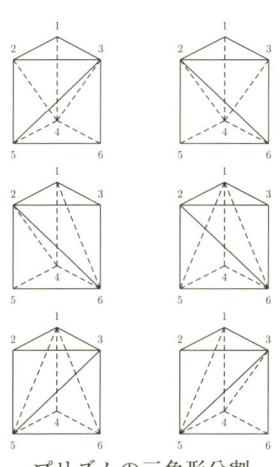

プリズムの三角形分割

---

[103] 道場の例 4.1.19 参照．観測値と行和，列和が等しい分割表が 229,174 個ある．
[104] [2, Chapter 5]

日比　7章がさっきから話題になってますが,いろいろ苦労話もあると思いますが,どうですか.

中山　さっき言ったとおり,7章は,われわれが4, 5, 6章を勉強するために作ったプログラムが書いてあります.計算機を使えば,いろいろ例を作れて,理屈は分からなくても計算はできるから,具体的に計算できるようになってから理論を勉強するという,普通の勉強とは逆をやっています.

日比　それはそうですね.その方がいいと思います.まず計算できて.

中山　そうですね.5章とかは例が少なめに書いてあったような気がするんで,余計 polymake[105] を使って多面体を計算したり,4ti2[106] でトーリックイデアルを計算させたりとか,gfan[107] でグレブナーファンを計算したりすると,具体的にわかるんで,一緒に勉強してもらうといいかなという感じですね.三角形分割の結構大きい例などを具体的に例題で計算させたりしてるんですが,これなどは理論的にも計算できるんですが,計算機で力技でも計算できる例です.これなどは研究に近い問題です.私事ですが,ここで載せた例題を発展させたような問題を考えて,微分作用素環のイデアルのグレブナー基底についての論文を書いたという,そういうこともありました.

日比　修士論文なんかを書く時に,土壇場になったら,ここの例題をもうちょっと変えて修士論文にしろとできますね.今年もやってんですけどね.いろんなソフトを学生が使えるようになるからね,非常にありがたいですよね,7章は.

中山　あとは野呂先生と一緒で,自分たちもソフトの使い方を忘れてしまうんで,メモ代わりに使っているところもありますね.

竹村　やっぱ売れている原因じゃないかと思う.

日比　そうかも知れませんね.

竹村　全然,普通の数学の本と違うじゃないですか.数学の本でよく例がまずい本があって,全く自明な例かすごく難しい例しか示してなくて,著者が考えるのをサボっていると思うんです.ありがたみのある例を出すのをサボっていて,それが読む方からするとがっかりするというか,そこがつまんない物が多いと思うんですよ.

青木　空集合だとこれで,全集合だとこうだと.それしかない.

---

[105] [49]
[106] [47]
[107] [48]

竹村　数学の本には，そういうのが多くて．やっぱりちょうどおもしろい例を見せるのが大事だと思います．そこが数学書として異色なんじゃない？

日比　そうかも知れないね．

竹村　どうしても理論だけ書かれちゃうと読み通せないと分かんないことになっちゃうけど，計算もできるとそこから逆に戻れるというか，そういうところはすごく大事かなというか．

中山　私自身も実はアルゴリズムが分かっていなくて使っているやつもあるんです．4ti2 は計算をどう内部でやっているかを知らないけど使っています[108]．

日比　4ti2 は完全に信用できるんですか．

中山　4ti2 でしたらソースコードがあるんで．

野呂　ソースコードが出ているやつはインチキしていたとしても誰かが気が付きますし，完全に本人が勘違いして，アルゴリズムを間違えて，全然正しい結果が出ないけど出たぞ，速いぞと言っている場合を除いて問題ないと思いますけども．

日比　なるほどね．

野呂　最低限，出てきているメンバーはそれぞれもとのイデアルの元になっているくらいのことは，誰でもチェックはできますし，それが確保されていたら，多少間違っていても，実は小さいイデアルになってしまっていたとしても大抵問題はない．

大杉　もう一個同じくらい有力なソフトがあって，二つで試して OK だったらいいんだけど，同じくらい有力なソフトがないんでそれはちょっと問題なんですけども．

竹村　それはそうですね．他の追随を許さない感じですね．

日比　そうだね，あれはね．

高山　多面体と言えば，polymake がなかなかくせが強いけど，日本語版を書き終わってから，Sage[109] の多面体のライブラリがすごく良くなってきたんですよね．十分使えるようになってきた．

日比　どうもあれは学生にと思ったけど，結構かなりいろんなことができるんですね．あの polymake って．

中山　全然知られていない割には，すごく役に立つ．

---

[108] 4ti2 で使われているアルゴリズムについては，[46] が参考になる．
[109] [50]

日比　とにかくあれをまず覚えろって学生に言って．こっちは何も分からないんだけど．とにかくやれって言ってやらせるとやれるんですね．結構あれはすごいなと思って．

野呂　独特のインターフェース．後ろに付け加わっていく．

中山　マニュアルがあんまりないんで．ちょっと取っつきにくいんですけど，使えるようになるとすごい便利です．

野呂　がんこだよね．ああいうのを作ってる人たちはね．

高山　polymake は Michael Joswig が polytope の一流の研究者だから，十分信用はおけますね．

大杉　7章ってそういう，それぞれのソフトにはそれなりにマニュアルがあったりするんですけど，当然英語なんで，学生はなかなか読めないんですよね．こういうふうに日本語で丁寧な説明があると．

日比　学生，使えるもんね．

大杉　ほっておいても，こっちが教えなくても学生が使えるんで．非常にありがたい．

日比　そこらへんまでできると，修士論文のネタが何とかなるんですよ．

高山　残念ながら英語版のポピュラーチャプターの所には7章入ってないですよね．ランキングがいろいろ変わるんだけど．

大杉　どういうランキングですか．

高山　今はね，日比先生がトップでね，2位が濱田さん，3位が野呂さんでね，次が，青木先生，竹村先生．

日比　どういう？

高山　Spinger の英語版のページで，ポピュラーコンテンツ．

竹村　章の順番じゃないですか．

高山　今は章の順番になったんだけど，一時期は入れ替わってましたよ．例えば warm-up drills and tips of mathematical software が大分長いこと首位をキープしていて．

日比　章ごとのあれがあるんですか．

高山　そうですよ．

日比　本当？

野呂　誰が決めているの？

高山　ダウンロード販売だから，販売のランキングですよ．チャプターごとに買え

るんですよ．

日比　えー．

濱田　知らなかった．

大杉　多面体は人気がないんだ．

高山　もっと人気がないのが微分作用素….

青木　後ろだからですよ．最初からいかないと．1回ダウンロードしたら2回はしないわけですから．1章から順にダウンロードするんですから．

高山　いや，最初しばらくは mathematical software がずっとトップをキープしていて，すごいなと思って見ていたんです．最近は日比先生がトップにずっと．

日比　章ごとにダウンロードするとどれくらいなんですか，1章当たり．

高山　知りません．まだ自分でダウンロードして買ってませんから．

日比　結構分割してるんでしょうね．

高山　でしょうね．

野呂　バラで買うんだ．

日比　そんなことできるんですか．知らなかった．

青木　そのうち全部読み終わったら，全部横一線になるんじゃないですか．

大杉　途中で脱落する．

日比　うちらの訳本[110]でも1巻だけ売れるんですよ．断然売れてるんだから．一緒に買ってくれないんですよね．二つに分けちゃ駄目ですよ．分厚くても一緒にしないと．

大杉　あれは2を読んでもらわないと．1はほとんど終結式の話しか出てこないので．

日比　そういう話だったけど．やっぱり全然売り上げが違っているみたいですよ．印税がみんな大杉君と北村君に入るからどれくらい売れているのか知らないけど．

大杉　もう最近気にしてないんですよ．

参考文献

[1] JST CREST 日比チーム（編），『グレブナー道場』，共立出版，2011.
[2] Bernd Sturmfels, *Gröbner Bases and Convex Polytopes*, American Mathematical Society, 1996.

---

[110] [45]．訳本では，1, 2巻に分かれている．

[3] D. Cox, J. Little and D. O'Shea, *Ideals, Varieties, and Algorithms*, Springer-Verlag, 1992. ［邦訳：落合啓之，示野信一，西山享，室政和，山本敦子（訳），『グレブナ基底と代数多様体入門（上・下）』，シュプリンガー・フェアラーク東京，2000.］

[4] D. Cox, J. Little and D. O'Shea, *Using Algebraic Geometry*, GTM, Vol. 185, Springer-Verlag, 1998. ［邦訳：大杉英史，北村知徳，日比孝之（訳），『グレブナー基底（1・2）』，シュプリンガー・フェアラーク東京，2000.］

[5] 日比孝之，『グレブナー基底』，朝倉書店，2003.

[6] 山口和紀，古瀬一隆，『新 The UNIX Super Text』上 改訂増補版，技術評論社，2003.

[7] Eben Upton, Gareth Halfacree（著），株式会社クイープ（訳），『Raspberry Pi ユーザーガイド』，インプレスジャパン，2013.

[8] Eric W. Weisstein, Enneper's Minimal Surface — Wolfram MathWorld, 2008, http://mathworld.wolfram.com/EnnepersMinimalSurface.html.

[9] 『学研大人の科学』magazine vol.24, ふろく：4 ビットマイコン (GMC-4), 2009, http://otonanokagaku.net/magazine/vol24/.

[10] D. Eisenbud, D. Grayson, M. Stillman, B. Sturmfels (Eds.), *Computations in Algebraic Geometry with Macaulay 2*. Algorithms and Computation in Mathematics **8**, Springer-Verlag, 2000.

[11] G.-M. Greuel, G. Pfister, *A Singular Introduction to Commutative Algebra*. Springer-Verlag, 2002.

[12] T. Kawazoe, M. Noro, Algorithms for computing a primary ideal decomposition without producing intermediate redundant components, *Journal of Symbolic Computation*, **46**, 1158–1172, 2011.

[13] D.R. Grayson, M.E. Stillman, Macaulay2, a software system for research in algebraic geometry, http://www.math.uiuc.edu/Macaulay2/.

[14] W. Decker, G.-M. Greuel, G. Pfister, H. Schönemann, Singular 3-1-2 — A computer algebra system for polynomial computations, http://www.singular.uni-kl.de/.

[15] CoCoA Team, a system for doing Computations in Commutative Algebra, http://cocoa.dima.unige.it.

[16] M. Noro, N. Takayama, H. Nakayama, K. Nishiyama, K. Ohara, Risa/Asir : A computer algebra system, http://www.math.kobe-u.ac.jp/Asir/asir.html.

[17] Jean-Charles Faugère, A new efficient algorithm for computing Groebner bases (F_4), *Journal of Pure and Applied Algebra*, **139**(1–3), 61–88, 1999.

[18] 4ti2 team. 4ti2 — A software package for algebraic, geometric and combinatorial problems on linear spaces. Available at www.4ti2.de.

[19] 宮川雅巳，『統計技法』，共立出版，1998.

[20] J. V. Andrew, *What is a p-value anyway? 34 Stories to Help You Actually Understand Statistics*, Addison Wesley, 2009.

[21] J. V. Andrew（著），竹内正弘（監修，訳），『P 値とは何か．統計を少しずつ理

解する34章』, 丸善, 2013.
[22] W. K. Hastings, Monte Carlo sampling methods using Markov chains and their applications, *Biometrika*, **57**, 97–109, 1970.
[23] E. L. Lehman and G. Casella, *Theory of Point Estimation*, 2nd ed., Springer Texts in Statistics, Springer, 2003.
[24] E. L. Lehman and J. P. Romano, *Testing Statistical Hypotheses*, 3rd ed., Springer Texts in Statistics, Springer, 2005.
[25] 竹村彰通, 『現代数理統計学』, 創文社, 1991.
[26] 竹村彰通, 『統計』, 第2版, 共立出版, 2007.
[27] 竹内啓, 『数理統計学—データ解析の方法』, 東洋経済新報社, 1963.
[28] 東京大学教養学部統計学教室（編）, 『統計学入門』, 東京大学出版会, 1991.
[29] 東京大学教養学部統計学教室（編）, 『自然科学の統計学』, 東京大学出版会, 1992.
[30] 伏見正則, 『確率と確率過程』, 朝倉書店, 2004.
[31] 伊庭幸人, 種村正美, 大森裕浩, 和合肇, 佐藤整尚, 高橋明彦, 『計算統計 II—マルコフ連鎖モンテカルロ法とその周辺』, 岩波書店, 2005.
[32] Thomas Becker and Volker Weispfenning, *Gröbner Bases: A Computational Approach to Commutative Algebra*, Graduate Texts in Mathematics **141**, Springer-Verlag, 1993.
[33] Wolfram Decker and Christoph Lossen, *Computing in Algebraic Geometry: A Quick Start using SINGULAR*, Algorithms and Computation in Mathematics **16**, Springer-Verlag; Hindustan Book Agency, 2006.
[34] D. Cox, J. Little and D. O'Shea, *Using Algebraic Geometry*, Graduate Texts in Mathematics **185**, Springer-Verlag, 1998.［邦訳：大杉英史, 北村知徳, 日比孝之（訳）, 『グレブナー基底（1・2）』, シュプリンガー・フェアラーク東京, 2000.］
[35] 日比孝之, 『可換代数と組合せ論』, シュプリンガー・フェアラーク東京, 1995.
[36] B. Sturmfels, *Gröbner bases and convex polytopes*, University Lecture Series **8**, American Mathematical Society, 1996.
[37] B. Sturmfels, *Solving Systems of Polynomial Equations*, CBMS Regional Conference Series in Mathematics **97**, Published for the Conference Board of the Mathematical Sciences, Washington, DC; by the American Mathematical Society, 2002.
[38] G. Ziegler, *Lectures on Polytopes*, Graduate Texts in Mathematics **152** Springer-Verlag, 1995.［邦訳：八森正泰, 岡本吉央（訳）, 『凸多面体の数学』, シュプリンガー・フェアラーク東京, 2003.］
[39] 青本和彦, 喜多通武, 『超幾何関数論』, シュプリンガー・フェアラーク東京, 1994.
[40] J. E. Björk, *Rings of Differential Operators*, North-Holland, 1979.
[41] 堀田良之, 『代数入門』, 朝倉書店, 1987.
[42] 大阿久俊則, 『D加群と計算数学』, 朝倉書店, 2002.
[43] M. Saito, B. Sturmfels, N. Takayama, *Gröbner Deformations of Hypergeometric Differential Equations*, Springer, 2000.
[44] Hiroki Hashiguchi, Yasuhide Numata, Nobuki Takayama, Akimichi Takemura, Holonomic Gradient Method for the Distribution Function of the Largest

Root of a Wishart Matrix, *Journal of Multivariate Analysis*, **117**, 296–312, 2013.
[45] D. Cox, J. Little and D. O'Shea, *Using Algebraic Geometry*, GTM, Vol. 185, Springer-Verlag, 1998.［邦訳：大杉英史，北村知徳，日比孝之（訳），『グレブナー基底 (1・2)』，シュプリンガー・フェアラーク東京，2000.］
[46] R. Hemmeck, P.N. Malkin, Computing generating sets of lattice ideals and Markov bases of lattices, *Journal of Symbolic Computation* **44**, 1463–1476, 2009.
[47] 4ti2 team, 4ti2—A software package for algebraic, geometric and combinatorial problems on linear spaces,
http://www.4ti2.de/
[48] A.N. Jensen, Gfan, a software system for Gröbner fans and tropical varieties,
http://www.math.tu-berlin.de/~jensen/software/gfan/gfan.html
[49] E. Gawrilow, M. Joswig, polymake: a Framework for Analyzing Convex Polytopes, Polytopes — Combinatorics and Computation, 43–74, 2000,
http://polymake.org/
[50] W.A. Stein et al. Sage Mathematics Software,
http://www.sagemath.org/

第2章 統計学の最短道案内

竹村彰通

世の中には数学無しでわかる統計学の入門書がたくさん売られている.この章の主旨は逆である.$\exp(x), \log(x), \sum_{i=1}^n x_i$ 程度の数式やギリシャ文字や写像の概念が出て来ても驚かないくらいの数学の知識を前提とした上で,代数統計研究のための統計学の必要最小限の事項を最短で理解してもらうことを目標とする.ただし,安心して代数統計の研究ができる程度には丁寧に説明する.本章の副題は「数学者なら2日でわかる統計学」である.

『グレブナー道場』の4.1節にすでに一定の統計学の解説はあるが,統計学への入門としてはやはり短く,まだなかなかわかりにくいという評判なので,ここでは「『グレブナー道場』の1章はわかりやすいが4章はわかりにくい」と感じるタイプの読者にとってわかりやすい解説を目指す.記法や定義なども,『グレブナー道場』の4.1節とほぼ同じにしてあるが,同じ説明を繰り返しても仕方ないので,新しい試みも兼ねて説明はかなり違う形にしている.これらの違いについては,文中の「注意」で示している.

代数統計の応用範囲は今後もますます広がって行く勢いなので,必要とされる統計学の知識もまた増えると思われるが,ここでは基本的に『グレブナー道場』の4.1節で扱われている事項に限ることとしよう[1].それでも,十分統計量,指数型分布族,p値,マルコフ連鎖,などが難所であろう.さらに,『グレブナー道場』の第6章に関連して,最近の展開であるホロノミック勾配法については2.9節で,その他のいくつかの話題については2.10節でふれる.

---

[1] 『グレブナー道場』第4章の他の節については,4.2節のマルコフ基底の部分は統計学の通常の予備知識とはあまり関係がないので,ここであらためて説明はしない.4.3節についても,実験計画の考え方は実例を含めて丁寧に説明されており,違った観点からの説明はできそうもないので省略するが,4.3節の具体例で扱っている階層モデルの考え方や記法については2.6.4項で説明する.2.6.4項は「2日でわかる統計学」の趣旨にやや反して,他の教科書ではさらっと書いてあることについて詳しく説明している.

2.1 統計モデル

代数統計にとっては有限集合上の離散確率分布が基本となるので,しばらくは離散分布を用いて統計モデルを説明する.

$\Omega = \{\omega_1, \ldots, \omega_M\}$ を有限集合とする.Ω を**標本空間**とよぶ.サイコロの例では $\Omega = \{1, 2, \ldots, 6\}$ である.Ω から点 ω_i を観測する確率を $p(\omega_i)$ と表す[2]).このとき

$$p(\omega) \geq 0, \ \forall \omega \in \Omega, \ \sum_{\omega \in \Omega} p(\omega) = 1 \tag{2.1}$$

である.この性質を満たす $p : \Omega \to [0, 1]$ を**確率関数**とよぶ.Ω の部分集合を**事象**とよぶ.事象 $E \subset \Omega$ の確率は

$$p(E) = \sum_{\omega \in E} p(\omega)$$

と表せるが,このようにして p を集合を引数とする関数 $p : 2^\Omega \to [0, 1]$ と見たときに Ω 上の**確率分布**とよぶ.歪みのないサイコロの例では

$$p(偶数) = p(\{2, 4, 6\}) = \frac{3}{6} = \frac{1}{2}$$

である.

いま (2.1) 式の $p(\omega)$ をベクトルに並べて

$$\boldsymbol{p} = (p(\omega_1), \ldots, p(\omega_M))$$

とおくと,(2.1) 式を満たす**確率ベクトル $\boldsymbol{p}$** の全体は M 次元空間 $\mathbb{R}^M$ の第 1 象限の $M-1$ 次元の単体となる.この単体を**確率単体**と言う.標準 $(M-1)$-単体とよばれることもある.確率単体の記法としては Δ^{M-1} を用いることにする.Δ^{M-1} の部分集合 $\mathcal{M} \subset \Delta^{M-1}$ を**統計モデル**という.Δ^{M-1} 自体を**飽和モデル**とよぶ.例えば,Ω 上の**一様分布**

$$p(\omega) \equiv \frac{1}{M}, \qquad M = |\Omega| \tag{2.2}$$

を考えると,これは 1 点からなる統計モデルをなす.

確率関数の対数 $\log p(\omega), \omega \in \Omega$,を考えるために,確率単体の内部のみを考える場合もある.こうすると,対象となる確率分布の集合が開集合となり扱いやすい.

---

[2]) Ω の要素は,場面によっていろいろな用語でよばれる.標本空間の点であるから「標本点」とよぶこともある.サイコロの例を使うときは「目」とよぼう.2.7 章で扱う分割表の場合には「セル」とよび,$p(\omega)$ を「セル確率」あるいはセル ω の「生起確率」とよぶ.

$p(\omega) = 0$ となる点は観測されないから，確率がゼロであることが既知ならば標本空間から取り除いてもよい．ただしネス湖の怪物や雪男のように，いるかいないかわからない場合には簡単には取り除けない[3]．

以上で，確率単体や飽和モデルの定義は，Ω として有限集合を考えているために容易になっていることに注意しよう．Ω が無限集合のときには，確率単体としては関数空間を考える必要がある．有限集合は概念的には容易であるが，有限集合とは言ってもそのサイズが $|\Omega| = M$ が 10^{15} くらいに大きくなると，(2.1) 式で和をとることが実際には困難となる．また M がそれほど大きくなくても，観測を n 回繰り返すと Ω の n 回の直積を考えることとなり，$|\Omega^n| = M^n$ は指数的に大きくなる．有限だからと言ってばかにしてはいけない．

注意 2.1.1 ここで考えている Ω 上の確率分布は，Ω から 1 回観測をおこなったときに，どの点が観測されるかの確率分布である．2.2 節では Ω から独立に n 回観測をおこなったときの各点の頻度の分布を考える．『グレブナー道場』の第 4 章ではこの区別をせず，最初から頻度の分布を考えている．1 回の観測と n 回観測に基づく頻度分布の区別はやや衒学的であるが，数学的には異なるものであるし，また多項係数がどのように現れるかが明確になると思われる．

確率単体の部分集合が統計モデルであるが，どんな部分集合でもよいというわけではなく，やはり滑らかな多様体がよい．部分集合 $\mathcal{M}$ にとがった点や自己交差などの特異性があると，統計分析が困難となる．このようなモデルは**特異モデル**とよばれる．特異モデルは研究対象としては興味深いものである．特異性のない部分多様体となっている統計モデルは**正則モデル**である．特異モデルがデータ解析上必要とされることも多いが，正則モデルで済むならば数値的な挙動なども安定するし扱いやすい．正則なモデルの次元

$$d = \dim \mathcal{M}$$

をモデルの**自由度**という．(2.2) 式の一様分布の自由度は 0 である．ただし統計的検定問題などでは，(Δ^{M-1} の中での)$\mathcal{M}$ の余次元

$$M - 1 - \dim \mathcal{M}$$

---

[3] $p(\omega) = 0$ が既知である点 ω を「構造的ゼロ」とよぶ．構造的ゼロには例えば「10 歳の自動車ドライバー」などがある．まだ観測されたことのない点 ω を「観測ゼロ」とよぶ．構造的ゼロは必ず観測ゼロとなるが，観測ゼロは構造的ゼロとは限らない．雪男は観測ゼロである．

を自由度ということもある．さらには，包含関係にある二つの正則な統計モデル $\mathcal{M}_1 \subset \mathcal{M}_2$ を考える場合には，$\dim \mathcal{M}_1$ を自由度とよぶこともあるし，$\dim \mathcal{M}_2 - \dim \mathcal{M}_1$ を自由度とよぶこともあるので，注意が必要である．

サイコロの例では，サイコロに歪みのある場合，ある正のパラメータ θ を用いて例えば目 i の出る確率を

$$p(i) \propto \theta^i, \quad i = 1, \ldots, 6, \tag{2.3}$$

とモデル化することが考えられる．$\propto$ は比例的であることを示す．θ が 1 より大ならば，大きな目のほうが出やすいことになる．実はこのモデルは，ポアソン回帰分析の文脈で現れるモデルである．確率の和が 1 でなければならないことから，$\theta \neq 1$ ならば

$$\theta + \theta^2 + \cdots + \theta^6 = \theta \frac{\theta^6 - 1}{\theta - 1} \tag{2.4}$$

となることに注意すると，確率ベクトルは

$$\begin{aligned}\boldsymbol{p}(\theta) = (p(1;\theta), \ldots, p(6;\theta)) &= \frac{\theta - 1}{\theta^6 - 1}(1, \theta, \ldots, \theta^5) \\ &= \frac{1}{1 + \theta + \cdots + \theta^5}(1, \theta, \ldots, \theta^5), \quad \theta > 0, \end{aligned} \tag{2.5}$$

となる．このモデルは自由度が 1 のモデルである．θ をこのモデルの**パラメータ**あるいは**母数**という．(2.3) 式のように，和が 1 となる条件を気にせずに比例的に統計モデルを与えた場合には，(2.4) 式にあるように，標本空間上での和をとって全体を割る必要がある．(2.4) 式の和（場合によってはその逆数）を**基準化定数**あるいは**正規化定数**とよぶ．統計力学では**分配関数**とよばれる．一般に基準化定数の計算は Ω 全体の和をとるから，$M = |\Omega|$ が大きいときには困難となる．本章では (2.3) 式のように基準化定数（比例定数）を無視して確率関数の形を定めたものを**基準化前の確率関数**という．これに対して，和が 1 となっている確率関数を**基準化された確率関数**という．

統計学では，まずは統計モデルを (2.5) 式のようにパラメータ表示することが基本である．パラメータの値は未知でデータから推定することが多いので**未知パラメータ**とよぶ．可微分多様体では，多様体全体をカバーするパラメータがとれない（すなわち単一の局所座標系で全体を覆えない）ことを想定することが多いが，統計モデルにおいてはパラメータの解釈の容易さから，モデル全体を覆うパラメータがとれることを想定することが多い．パラメータの動く範囲を**パラメータ空間**あるいは**母数空間**とよび Θ で表す．この時統計モデル $\mathcal{M}$ は

$$\mathcal{M} = \{\boldsymbol{p}(\theta) \mid \theta \in \Theta\} \tag{2.6}$$

と表される．ここでは θ は太文字としていないが，モデルの自由度を $d = \dim \mathcal{M}$ とするとき，θ は d 次元のパラメータであり，Θ は $\mathbb{R}^d$ 全体あるいは $\mathbb{R}^d$ の d 次元の部分集合である．確率関数を $p(\cdot)$ を $\omega \in \Omega$ と $\theta \in \Theta$ の両方の引数を持つ関数 $p(\omega; \theta)$ と見て

$$\mathcal{M} = \{p(\omega; \theta) \mid \theta \in \Theta\} \tag{2.7}$$

とも表す．

他方で，モデルを陰関数表示して方程式の解として表すことも有用である．モデルの余次元を $k = M - 1 - \dim \mathcal{M}$ とし，$g = (g_1, \ldots, g_k) : \mathbb{R}^M \to \mathbb{R}^k$ を k 個の関数の組として

$$\mathcal{M} = \{\boldsymbol{p} \in \Delta^{M-1} \mid g(\boldsymbol{p}) = 0\} \tag{2.8}$$

と表す．このように表すと，Δ^{M-1} において確率分布に単純化のための制約をおいたものが統計モデルであることが自然と理解される．例えば (2.4) 式のモデルは

$$\frac{p(2)}{p(1)} = \frac{p(3)}{p(2)} = \cdots = \frac{p(6)}{p(5)} \ (= \theta)$$

と表すことができる．分母を順次払うと

$$p(i)^2 - p(i+1)p(i-1) = 0, \ i = 2, 3, 4, 5, \tag{2.9}$$

のように 4 個の方程式が得られる．この例でわかるように，陰関数表示をすると基準化定数が現れなくなることが多い．すなわち (2.8) 式で，$g(\boldsymbol{p}) = 0$ の条件は基準化定数は定めず，モデル $\mathcal{M}$ は

$$g(\boldsymbol{p}) = 0, \quad \sum_{\omega \in \Omega} p(\omega) = 1,$$

のように，「和が 1」という制約を加えた連立方程式によって定まることが多い．

さて，代数統計の一つの重要な研究対象は $\mathcal{M}$ が代数多様体をなすような統計モデルである．すなわち，(2.8) 式の g の要素が多項式となっているモデルである．(2.9) 式はこの例となっている．すでに述べたように，統計学ではモデル全体を覆うパラメータ表示を持つ多様体を扱うことが多く，代数統計では (2.3) 式のように，基準化前の確率が単項式で表される場合が特に重要である．これについては 2.3 節で述べる．

2.2 標本からの最尤推定

前節では確率分布の族（集合）としての統計モデルについて述べて来た．ここでは確率分布からの観測を考える．教科書的には，表の出る確率が未知のコインを使って説明するのが簡単であるが，例としてはややつまらない．そこで田中勝人『統計学』[4] にならって将棋の駒で考えてみよう．王将の駒には 7 つの面がある．この駒をなげたときに，どの面が下になって止まるかの確率を考える．サイコロと違い，将棋の駒には対称性がないので，7 つの面は等確率ではない．それでも左右と裏表の対称性を認めると，7 つの面のうち 3 対の確率は等しいとしてもよいように思われるので，統計モデルしては自由度が $7-1-3=3$ のモデルを考えることができる．しかし，3 対の対称性以上には，各面を下にして止まる確率がどう定まるかは，実はさっぱりわからない．駒を何回か振ってみて確率を推定するしかないように思われる．しかし，各面の真の確率は何かしら定まっているものと考えるのが自然に思われる．

このように統計学では，想定した確率モデルの中に一つ真の確率分布があると考える．その分布を $p(\theta)$ とする．θ がパラメータの真値であることを強調するために，θ_0 のように添字をつけることもある．そして観測値を得ることによって θ を推定したり，あるいは θ に関する仮説検定をおこなう．

ここではまず推定について説明しよう．検定については 2.7 節で説明する．推定方法もいくつもあるが，最も重要なのは最尤推定法である．いま Ω から n 回観測をおこなうことによって θ を推定することを考える．ここでは壺からの復元無作為抽出と同様に，n 回の観測はすべて独立で，確率分布 $p(\omega;\theta)$ に従うと仮定する．各回の観測の結果を $y_i \in \Omega, i=1,\ldots,n,$ と表すと，**標本（サンプル，データ）** $\boldsymbol{y}=(y_1,\ldots,y_n)$ を得る確率は

$$p(\boldsymbol{y};\theta) = \prod_{i=1}^{n} p(y_i;\theta) \tag{2.10}$$

で与えられる．統計学では n を**標本の大きさ**，**標本サイズ**あるいは**サンプルサイズ**とよぶ[4]．標本 $\boldsymbol{y}$ は Ω の n 回直積 Ω^n の元であり，(2.10) 式は Ω^n 上の確率分布

---

[4] しばしば標本の大きさを「標本数」ということがあるが誤用である．統計学における標本は集合概念であり，「標本数が 2」と言った場合には大きさ n_1 と大きさ n_2 の二つの標本があることを意味する．ちなみに英語では sample size であり，sample number という語は無い．しかしながら，この誤用はあまりにも広く使われているために，誤用だと指摘すると，「理論ばかりやっている統計学者がまたうるさい事を言う」と思われるためつい遠慮してしまう．

を与える.

統計学では n をほとんど常に標本の大きさの意味に用いる. 一方, 数学では引数の数や空間の次元に n を用いることが多いので, このちょっとした記法の違いが混乱を引き起こすことも多い.

次に標本 $(y_1, \ldots, y_n)$ の**度数分布**を考える. 度数あるいは**頻度**は小学校でも習う概念である. n 回の観測のうち ω_j が観測された回数を数えて

$$x_j = \#\{i \mid y_i = \omega_j\}, \quad j = 1, \ldots, M$$

とおく. コインの場合は $M = 2$ であり, n 回コインを投げて表の数と裏の数を数えたものが度数分布である. 度数分布に対応して, **頻度ベクトル** (あるいは度数ベクトル) $\boldsymbol{x}$ を

$$\boldsymbol{x} = (x_1, \ldots, x_M)$$

とおく[5]. 頻度ベクトル $\boldsymbol{x}$ は標本 $\boldsymbol{y} = (y_1, \ldots, y_n)$ において, どの観測値を何番目に得たかという順番の情報を無視することによって得られる. (2.10) 式から $\boldsymbol{x}$ の確率分布を得るには, 度数分布が $\boldsymbol{x} = \boldsymbol{x}(\boldsymbol{y})$ に一致する標本 $\boldsymbol{y}$ の個数を数えればよいが, その個数は多項係数で与えられるから, $\boldsymbol{x}$ を得る確率は

$$p(\boldsymbol{x}; \theta) = \frac{n!}{x_1! \ldots x_M!} \prod_{i=1}^{n} p(y_i; \theta) = \frac{n!}{x_1! \ldots x_M!} \prod_{j=1}^{M} p(\omega_j; \theta)^{x_j} \qquad (2.11)$$

となる. $\prod_{j=1}^{M} p(\omega_j; \theta)^{x_j}$ は単項式の形をしており, $\boldsymbol{p}(\theta)^{\boldsymbol{x}}$ と略記されることが多い. また $\boldsymbol{x} = x_1! \ldots x_M!$ の記法もよく使われる. これらの記法を用いれば

$$p(\boldsymbol{x}; \theta) = \frac{n!}{\boldsymbol{x}!} p(\boldsymbol{y}; \theta) = \frac{n!}{\boldsymbol{x}!} \boldsymbol{p}(\theta)^{\boldsymbol{x}} \qquad (2.12)$$

と表すことができる. 多項係数を除けば, (2.10) 式と (2.11) 式は θ の関数としては比例的である. 頻度ベクトル $\boldsymbol{x}$ の要素は非負整数で, 要素の和は n である. したがって

$$\boldsymbol{x} \in n\Delta^{M-1} \cap \mathbb{Z}^M$$

であり, 頻度を数える操作は Ω^n から $n\Delta^{M-1} \cap \mathbb{Z}^M$ への写像である. (2.11) 式は頻度ベクトルの確率分布, すなわち $n\Delta^{M-1} \cap \mathbb{Z}^M$ 上の確率分布を与える. このよ

---
[5] ここでは頻度ベクトル $\boldsymbol{x}$ を行ベクトルとして表しているが, あとで配置行列 A との積をとるには列ベクトルと考える.

うに n 回の観測をおこない,さらに頻度を数えることによって,Ω 上の確率分布から Ω^n 上の確率分布,さらに $n\Delta^{M-1} \cap \mathbb{Z}^M$ 上の確率分布が導かれる.

さて,$\boldsymbol{x}$ を n で割ると,その要素 x_j/n は n 回の観測のうち ω_j が観測された割合を表し,**相対頻度**とよばれる.相対頻度ベクトル $\boldsymbol{x}/n$ の要素は非負でその和は 1 であるから,$\boldsymbol{x}/n \in \Delta^{M-1}$ である.

注意 2.2.1 『グレブナー道場』の第 4 章では,2×2 分割表の頻度ベクトルの現れ方として,1) 独立な 2 項分布の場合,2) 多項分布の場合,3) ポアソン分布の場合,に分けて説明している.この区別は,応用の場面でのデータの得られ方の区別に対応するものである.ここでの説明は数学的には一番理解のしやすい 2) の多項分布の場合に限っている.

以上では標本 $\boldsymbol{y}$ と頻度分布 $\boldsymbol{x}$ を区別した.標本は各回の観測をそのまま記録したもの,頻度分布は頻度を整理したもの,というイメージがある.しかしあまり厳密に区別しないことも多い.以下でもあまり区別を気にしないこととし,$\boldsymbol{x}$ をデータとよぶ.さてデータ $\boldsymbol{x}$ を得た後で,$\boldsymbol{p}(\theta)^{\boldsymbol{x}}$ を θ の関数と見たものを尤度関数 (likelihood function) とよび

$$L(\theta) = \boldsymbol{p}(\theta)^{\boldsymbol{x}}$$

と表す[6].尤度の解釈は次のようになる.尤度が高いということは,そのパラメータのもとでは $\boldsymbol{x}$ が観測されやすい「普通」のデータであったことを意味する.したがって尤度関数は,所与のデータ $\boldsymbol{x}$ に対してパラメータ θ がフィットしているかどうかを示す尺度になっている.このことから θ の推定法としては,尤度の最大値を与える θ の値を用いることが考えられる.そこで**最尤推定値** (MLE, Maximum Likelihood Estimate) $\hat{\theta}^{MLE}$ を尤度を最大化する引数の値

$$\hat{\theta}^{MLE} = \operatorname{argmax} L(\theta) \tag{2.13}$$

と定義する.ここで ˆ は統計学における慣用的な記法で,推定値あるいは推定量を表す.また argmax は関数が最大値をとる引数の値を表す.(2.13) 式の最大値が存在しない場合や,存在しても複数の点で達成される場合も考えられるが,モデルに関する何らかの正則条件の仮定のもとで,最大値が一意に存在する場合を考えることとする.最尤推定値の定義はやや頭ごなしであるが,漸近的に,すなわち標本サ

---

[6] ここでは多項係数 $n!/\boldsymbol{x}!$ を無視しているが,無視しないこともある.ただし尤度関数の場合は,確率を θ の関数として考えるため,θ を含まない多項係数は無視することが多い.

イズ n が無限に大きくなるとき $(n \to \infty)$,推定法として最適性を有することが証明されているので,ともかくまずは最尤法を用いるとよい.最尤法は「確率関数をパラメータについて最大化する」と覚えればよい.他の汎用的な方法としてはベイズ法がある.これについては 2.10 節で簡単に触れる.

尤度関数の対数をとったもの

$$\ell(\theta) = \log L(\theta) \tag{2.14}$$

を**対数尤度関数**とよぶ.尤度関数を最大にする値と,対数尤度関数を最大にする値は同じであるから,最尤推定値は対数尤度を最大にする値として定義してもよい.実際の数値計算においても,また統計モデルの性質の解明においても,尤度そのものよりは対数尤度を用いることが多い.また最尤推定値を求める際には,対数尤度の微分を 0 とおいて解を数値的に求めることが多い.そこで

$$\frac{\partial}{\partial \theta} \ell(\theta) = 0 \tag{2.15}$$

を**尤度方程式**とよぶ.θ がベクトルの場合には,(2.15) 式はすべての偏微分をゼロとおくことを意味している.

相対頻度ベクトルを用いると,推定問題を次のように考えることもできる.大数法則により,$n \to \infty$ のときに,各 j について相対頻度 x_j/n は真の確率 $p(\omega_j; \theta)$ に収束する.これより,直観的には,θ を推定するには,Δ^{M-1} において x/n に「近い」$\mathcal{M}$ の点を探せばよいことがわかる.すなわち x/n を何らかの意味で $\mathcal{M}$ に射影すればよい.この観点からは,最尤推定では,

$$-\ell(\theta) = -\log \boldsymbol{p}(\theta)^{\boldsymbol{x}} = -\sum_{j=1}^{M} x_j \log p(\omega_j; \theta)$$

が x/n と $p(\theta) \in \mathcal{M}$ の間の距離に対応している.これは実はカルバック・ライブラー情報量の定義につながるものである.また,2.7 節で扱う離散分布の仮説検定では,ピアソンのカイ 2 乗適合度検定統計量が相対頻度ベクトルとモデルの間の距離の 2 乗の意味で用いられることが多い.

2.3 指数型分布族とトーリックモデル

標本空間 Ω が有限集合のときには,どの点も同様に確からしい一様分布がまず考えやすい.分布が一様でない場合に,どのように統計モデルを構成したらよいであろうか.そのために各 $\omega \in \Omega$ の何らかの特徴,特性値あるいは「統計量」$T(\omega)$ に

注目しよう．$T(\omega)$ の大きい点ほど確率が大きい，あるいは小さいというようなモデル化を考える．

以下では Ω の例として対称群 S_N を考えよう．S_N は $\{1, 2, \ldots, N\}$ の並べ替え（置換）の全体である．これは統計的にはやや人工的な例であるが，数学科の学生や数学者には考えやすい例と思われる．特に N が大きくなると $|S_N| = N!$ が急速に増えるので，有限集合としてもサイズが大きいことが納得しやすい．$\omega \in S_N$ を置換として，ω の特徴としてまず置換の偶奇に注目しよう．そこで

$$T_1(\omega) = \mathrm{sgn}(\omega)$$

と表す．前節の例と同様に $\theta > 0$ をパラメータとして

$$p(\omega) \propto \theta^{T_1(\omega)} = \begin{cases} \theta, & \omega: \text{偶置換} \\ 1/\theta, & \omega: \text{奇置換} \end{cases} \tag{2.16}$$

としてみよう．このモデルでは，偶置換のほうが奇置換より θ^2 倍出やすい（$\theta < 1$ なら出にくい）ことになる．偶置換の集合，あるいは奇置換の集合に限ると，それらの中ではどの置換も同様に確からしい．

次に ω をサイクル（巡回置換）の積で表示した時のサイクルの数を $T_2(\omega)$ と表す．サイクル数の多い置換ほど出やすい（あるいは出にくい）確率分布として次のモデルを考えることができる．

$$p(\omega) \propto \theta^{T_2(\omega)}$$

このモデルの基準化定数を求めるには，サイクル数が一定の置換の数を必要とするため，それほど容易ではないことが理解される．さらに (2.16) 式と組みあわせて，θ_1, θ_2 をパラメータとする自由度 2 のモデルとして

$$p(\omega) \propto \theta_1^{T_1(\omega)} \theta_2^{T_2(\omega)}$$

を考えることもできる．さらに一般に d 個の特性値に注目すると $\theta_1, \ldots, \theta_d > 0$ をパラメータとして

$$p(\omega) \propto \theta_1^{T_1(\omega)} \ldots \theta_d^{T_d(\omega)} \tag{2.17}$$

の形のモデルを考えることができる．ここで $T_1, \ldots, T_d$ が線形独立であれば d は基本的にモデルの自由度を表すが，以下の注意 2.5.3 にあるように，基準化定数で割ることに伴い $d - 1$ がモデルの自由度となることもある．

2.3 指数型分布族とトーリックモデル

対称群 S_N について N 個の特性値に注目する例として, $\omega \in S_N$ を線形代数の教科書のように

$$\begin{pmatrix} 1 & 2 & \dots & N \\ \omega(1) & \omega(2) & \dots & \omega(N) \end{pmatrix}$$

と表し, $T_j(\omega) = \omega(j), j = 1, \dots, N$ として

$$p(\omega) \propto \theta_1^{\omega(1)} \dots \theta_N^{\omega(N)} \tag{2.18}$$

となるモデルを考えることができる. このモデルは Mallows-Bradley-Terry モデルとよばれることがある ([2]). このモデルのもとでは, どのような置換 ω が出やすいだろうか. それを見るには $\phi_k = \log \theta_k$, $k = 1, \dots, N$, とおいて (2.18) 式の対数をとるとわかりやすい.

$$p(\omega) \propto \exp(\phi_1 \omega(1) + \dots + \phi_N \omega(N)) \tag{2.19}$$

であり, $\exp()$ の中身は内積の形になっている.

$$\|\omega\|^2 = \omega(1)^2 + \dots + \omega(N)^2 = 1^2 + 2^2 + \dots + N^2$$

は ω によらず一定だから, (2.19) 式が大きくなるのは $(\omega(1), \dots, \omega(N))$ と $(\phi_1, \dots, \phi_N)$ がほぼ同じ方向を向いているときであり, これはラフに言えば $\omega(1), \dots, \omega(N)$ の大きさの順と $\phi_1, \dots, \phi_N$ の大きさの順が一致していることにあたる.

$\Omega = S_N$ の場合にいくつかのモデルの例を見てきたが, どんなモデルを考えるのも自由である. 統計学で実際によく使われていて名前のついたモデルを一つ一つ勉強して, それらの性質を覚える必要はなく, 実際に役に立ちそうだったらモデルは自由に作ってよい. 純粋に数学的な研究のためならば役に立つ必要もない. この自由さは数学の一つの本質であるが, 一方で実際によく用いられているモデルは, やはりいろいろと良い性質を持っていることが多い.

ここまでは Ω として置換群の例を考えて来たが, (2.17) 式の形のモデルは任意の有限の標本空間 Ω について定義できることに注意しよう. 特に $T_1, \dots, T_d$ が整数値の場合, (2.17) 式のモデルを Ω 上の**トーリックモデル** (toric model) とよぶ[7]. $T_1, \dots, T_d$ が非負の場合, トーリックモデルとはセル確率 $p(\omega)$ が各 $\omega \in \Omega$ で「項」の形で表されるモデルである.

---

[7] トーリックモデルの用語は代数統計では用いられているが, まだ一般的ではない.

トーリックモデルでは $T_1, \ldots, T_d$ を整数値としていたが，実はこの整数性を外せばトーリックモデルは，統計学で伝統的に指数型分布族とよばれる分布族の特殊な形である．

$$\phi_k = \log \theta_k, \quad k = 1, \ldots, d \tag{2.20}$$

とおく．さらに未知母数を含まない ω の既知の非負関数 $h(\omega)$ を許すと，(2.17) 式は

$$p(\omega; \phi_1, \ldots, \phi_d) \propto h(\omega) \exp(\phi_1 T_1(\omega) + \cdots + \phi_d T_d(\omega)) \tag{2.21}$$

と書くことができる．この形の確率分布族を**指数型分布族**とよぶ．確率関数を (2.21) 式のように表した時に，$\phi_1, \ldots, \phi_d$ を**自然パラメータ**とよぶ．自然パラメータという用語は指数型分布族に限ったものであり，必ずしも解釈が容易なパラメータという意味ではない．

注意 2.3.1 『グレブナー道場』の第 4 章定義 4.1.4 では，$\phi_1, \ldots, \phi_d$ を一般にもとのパラメータベクトル $\boldsymbol{\theta}$ 関数として $\phi_1(\boldsymbol{\theta}), \ldots, \phi_d(\boldsymbol{\theta})$ としたものを指数型分布族としている．これは (2.21) 式の自然パラメータにさらに制約を置いたモデルである．制約をおいたことを強調するために，曲指数型分布族とよばれることもある．本章では簡単のため (2.20), (2.21) 式の形の指数型分布族を考える．

さて (2.21) 式の基準化定数を考えると，$\phi = (\phi_1, \ldots, \phi_d)$ として

$$Z(\phi) = \sum_{\omega \in \Omega} h(\omega) \exp(\phi_1 T_1(\omega) + \cdots + \phi_d T_d(\omega)) \tag{2.22}$$

および

$$c(\phi) = \log Z(\phi), \tag{2.23}$$

とおくと

$$p(\omega; \phi) = h(\omega) \exp(\phi_1 T_1(\omega) + \cdots + \phi_d T_d(\omega) - c(\phi)) \tag{2.24}$$

と表される．

指数型分布族の重要な性質として，(2.22) 式の $Z(\phi)$ および $c(\phi) = \log Z(\phi)$ が下に凸な関数であることがあげられる．(2.22) 式の右辺の和において，指数関数が下に凸な関数であることにより，各項

$$h(\omega) \exp(\phi_1 T_1(\omega) + \cdots + \phi_d T_d(\omega))$$

は ϕ について下に凸であるから，それらの非負結合である $Z(\phi)$ も下に凸である．次に $c(\phi) = \log Z(\phi)$ については 2 階微分を確認することによって凸性を示す．こ

2.3 指数型分布族とトーリックモデル

のことは，$c(\phi)$ が指数型分布族のキュムラント母関数であり，その 2 階微分が分散共分散行列に対応することを知っていれば自明であるが，本章は「これを読めばわかる統計学」を標榜しているから，ヘッセ行列の非負定値性を確認しよう．なお指数型分布族においては $-c(\phi)$ のヘッセ行列は**フィッシャー情報量**行列とよばれる推定精度を表す行列である．

(2.22) 式を ϕ_j で微分すると

$$\partial_j Z(\phi) = \frac{\partial}{\partial \phi_j} Z(\phi) = \sum_{\omega \in \Omega} T_j(\omega) h(\omega) \exp(\phi_1 T_1(\omega) + \cdots + \phi_d T_d(\omega))$$

を得る．これを $Z(\phi)$ で割ると，確率分布に基準化されることから，

$$\partial_j c(\phi) = \frac{\partial_j Z(\phi)}{Z(\phi)} = \sum_{\omega \in \Omega} T_j(\omega) p(\omega; \phi)$$

となる．右辺は，観測値 × 確率の和の形をしているから期待値である．確率論では期待値を求める操作を $E_\phi(\cdot)$ で表すことが多い．この記法を用いれば

$$\partial_j c(\phi) = E_\phi(T_j) \qquad (\eta_j \text{ とおく}) \tag{2.25}$$

である．指数型分布族では，$(\eta_1, \ldots, \eta_d) = (\partial_1 c(\phi), \ldots, \partial_d c(\phi))$ を**期待値母数**とよぶ．さて

$$Z(\phi) \partial_j c(\phi) = \sum_{\omega \in \Omega} T_j(\omega) h(\omega) \exp(\phi_1 T_1(\omega) + \cdots + \phi_d T_d(\omega))$$

を再度 ϕ_k で微分すると

$$\partial_k Z(\phi) \times \partial_j c(\phi) + Z(\phi) \partial_j \partial_k c(\phi)$$
$$= \sum_{\omega \in \Omega} T_j(\omega) T_k(\omega) h(\omega) \exp(\phi_1 T_1(\omega) + \cdots + \phi_d T_d(\omega))$$

となり，これを $Z(\phi)$ で割ると

$$\partial_j c(\phi) \times \partial_k c(\phi) + \partial_j \partial_k c(\phi) = \sum_{\omega \in \Omega} T_j(\omega) T_k(\omega) p(\omega; \phi)$$

あるいは

$$\partial_j \partial_k c(\phi) = \sum_{\omega \in \Omega} T_j(\omega) T_k(\omega) p(\omega; \phi) - \partial_j c(\phi) \times \partial_k c(\phi)$$
$$= E_\phi(T_j T_k) - \eta_j \eta_k$$

を得る．右辺はさらに

$$E_\phi[(T_j - \eta_j)(T_k - \eta_k)] = E_\phi(T_j T_k) - \eta_j E_\phi(T_k) - E_\phi(T_j)\eta_k + \eta_j \eta_k$$
$$= E_\phi(T_j T_k) - \eta_j \eta_k$$

より，共分散の形に書け，$a_1, \ldots, a_d$ を実数として 2 次形式を作ると

$$\sum_{j,k} a_j a_k \partial_j \partial_k c(\phi) = E_\phi[\sum_{j,k} a_j a_k (T_j - \eta_j)(T_k - \eta_k)]$$
$$= E_\phi[\bigl(\sum_j a_j(T_j - \eta_j)\bigr)^2] \geq 0$$

となるから，ヘッセ行列は非負定値である．したがって $c(\theta)$ は下に凸である．

2.4 十分統計量

　本節では十分統計量について説明するのだが，いろいろと考えた末，主にトーリックモデルに限って，形式的にさらっと説明することとした．それは「2 日でわかる」という標語を堅持するためでもあるし，また実際のところ，標本サイズが変化することを考えれば，十分統計量が有用なのはほぼ指数型分布族のときに限られるからである．以下で見るように，指数型分布族の場合には，標本サイズにかかわらず一定の次元の十分統計量が存在するが，指数型分布族でない場合には一般にはそのようなことはない．

　2.3 節の指数型分布族の説明では，各 $\omega \in \Omega$ の出やすさが「統計量」$T_1(\omega), \ldots, T_d(\omega)$ に応じて定まるようなモデルを考えた．$T(\omega) = (T_1(\omega), \ldots, T_d(\omega))$ とおいて，指数関数の部分を $g(T(\omega); \phi)$ と表すと，指数型分布族の確率関数 (2.21) 式は

$$p(\omega; \phi) \propto h(\omega) g(T(\omega); \phi) \tag{2.26}$$

の形に書けていることがわかる．確率関数がこの形に書ける時 $T(\omega)$ を**十分統計量**と言う．

注意 2.4.1 この定義は十分統計量の本来の定義ではないが，『グレブナー道場』第 4 章の定理 4.1.3 にある分解定理により，この定義を用いてもよい．

注意 2.4.2 十分統計量の本来の定義とは，「十分統計量の値を固定したときに，もともとの観測値の条件つき分布が母数 ϕ に依存しない」というものである．いま Ω

の 2 つの元 $\omega, \omega' \in \Omega$ について十分統計量の値が等しい（つまり $T(\omega) = T(\omega')$）と しよう．このときこれらの値の出る確率の比を考えると，(2.26) 式のもとでは

$$\frac{p(\omega'; \phi)}{p(\omega; \phi)} = \frac{h(\omega')}{h(\omega)}$$

となり，未知母数 ϕ の値に依存しない．このことを条件つき確率の形で定式化すると次のようになる．いま写像 $T: \Omega \to \mathbb{R}^d$ の逆像を考えて

$$T^{-1}(t) = \{\omega \in \Omega \mid T(\omega) = t\} \tag{2.27}$$

とおく．$t = T(\omega)$ という条件のもとでの $\omega \in T^{-1}(t)$ の条件つき確率は

$$p(\omega \mid T(\omega) = t) = \frac{h(\omega)}{\sum_{\omega' \in T^{-1}(t)} h(\omega')} \tag{2.28}$$

となるから，これは ϕ に依存しない．(2.27) 式の $T^{-1}(t)$ はマルコフ基底の文脈では t-ファイバーとよぶ．

十分統計量と言う気持ちは，パラメータ ϕ の推定や検定に関しては ω 自体は忘れてしまって $T(\omega)$ のみを記録しておけば十分というものである．この説明は標本サイズ n が大きいときを考えるとわかりやすい．いま将棋の王将の駒の面に $1, 2, \ldots, 7$ の番号をつけ，この駒を $n = 1000$ 回なげて目の番号を $\boldsymbol{y} = (3, 5, 2, 7, \ldots, 4)$ のように記録したとしよう．また各面の頻度を数えた頻度ベクトルを $\boldsymbol{x}$ としよう．$\boldsymbol{y}$ は 1000 次元のベクトルであるのに対して $\boldsymbol{x} = (x_1, \ldots, x_7)$ は 7 次元のベクトルである．そして王将の各面の確率について考えるには，頻度 $\boldsymbol{x}$ のみを記録しておけばよいことは明らかであろう．これは (2.11) 式および (2.12) 式において，$p(\boldsymbol{y}; \theta)$ が $\boldsymbol{x}(\boldsymbol{y})$ を通じてのみ $\boldsymbol{y}$ に依存していることに対応している．このように頻度ベクトル $\boldsymbol{x}$ は十分統計量をなしている．(2.28) 式に照らして考えると，$h \equiv 1$ であり (2.28) 式の分母は多項係数 $n!/(x_1! \ldots x_7!)$ となるが，このことは頻度ベクトルを与えたもとで，各面の出方の順序はどれも同様に確からしいことに対応している．

王将の駒の場合 $|\Omega| = 7$ は小さいので，それぞれの頻度を記録しておけばよいが，2.3 節の対称群の例では $|\Omega| = |S_N| = N!$ そのものが大きいため，頻度ベクトル $\boldsymbol{x}$ の次元 ($N!$) 自体が大きくなってしまう．そこで統計モデルとしては，$\omega \in S_N$ の出やすさを定めるようなさらに次元の低い統計量を考えたのであった．

ここで (2.24) 式の指数型分布族から，n 回の独立な観測 $y_1, \ldots, y_n$ をおこなった時の十分統計量について見てみよう．$\boldsymbol{y}$ の確率関数は

$$\prod_{i=1}^{n} p(y_i;\phi) = \big(\prod_{i=1}^{n} h(y_i)\big) \exp(\phi_1 \sum_{i=1}^{n} T_1(y_i) + \cdots + \sum_{i=1}^{n} \phi_d T_d(y_i) - nc(\phi))$$

$$= \big(\prod_{i=1}^{n} h(y_i)\big) \exp\big(n\{\phi_1 \bar{T}_1(\boldsymbol{y}) + \cdots + \phi_d \bar{T}_d(\boldsymbol{y}) - c(\phi)\}\big) \quad (2.29)$$

と書ける.ただし

$$\bar{T}_j(\boldsymbol{y}) = \frac{1}{n} \sum_{i=1}^{n} T_j(y_i), \qquad j = 1, \ldots, d \quad (2.30)$$

である.これより標本の大きさ n にかかわらず,d 次元のベクトル $(\bar{T}_1(\boldsymbol{y}), \ldots, \bar{T}_d(\boldsymbol{y}))$ が十分統計量をなすことがわかる.なお,頻度ベクトル $\boldsymbol{x} = (x_1, \ldots, x_M)$ の確率関数で考えても多項係数 $n!/\boldsymbol{x}!$ がかかるだけであるから,十分統計量は変わらない.(2.30) 式の $\bar{T}_j(\boldsymbol{y})$ が $\boldsymbol{x}$ のみにしか依存しないことも明らかである.

さて,以上のように指数型分布族,特にトーリックモデルの場合には,大きさ n の標本の確率も比較的簡単に書けることがわかった.そこで指数型分布族における 2.2 節の最尤推定を考えてみよう.(2.29) 式の右辺においてパラメータを含まない $\prod_{i=1}^{n} h(y_i)$ の部分を無視して対数をとると,対数尤度の n 分の 1 は

$$\frac{1}{n}\ell(\phi) = \phi_1 \bar{T}_1(\boldsymbol{y}) + \cdots + \phi_d \bar{T}_d(\boldsymbol{y}) - c(\phi)$$

である.これを $\phi = (\phi_1, \ldots, \phi_d)$ の要素で 2 階微分すると,線形の部分 $\phi_1 \bar{T}_1(\boldsymbol{y}) + \cdots + \phi_d \bar{T}_d(\boldsymbol{y})$ は消えるから,$\ell(\phi)/n$ のヘッセ行列は $-c(\phi)$ のヘッセ行列と同じとなり,$\ell(\phi)/n$ は上に凸な関数である.したがって指数型分布族の場合には,もし $\ell(\phi)/n$ が母数空間の内点で最大値を達成する場合には[8],最尤推定値は尤度方程式を解くことによって一意に定まる.また ϕ の最尤推定値を求めるための尤度方程式は,$\ell(\phi)/n$ を ϕ_j で微分して 0 とおくことにより

$$\bar{T}_j = \partial_j c(\phi) = E_\phi(T_j) \quad (2.31)$$

と表される.ただし 2 番目の等式は (2.25) 式による.このことから,指数型分布族においては尤度方程式は「十分統計量の標本での平均値を,分布のもとでの十分統計量の期待値と等値する」形をしていることがわかる.

---

[8] 母数空間の端点に向かって尤度が単調に増加し,勾配が 0 となる点が存在しない場合もあり得る.

2.5 トーリックモデル，配置行列，超幾何分布

代数統計で重要なトーリックモデルを，統計学の伝統的な指数型分布族の形で説明して来たが，ここで再び単項式の形でモデルを記述してみよう．以下の記述は対数をとるかどうかの違いだけで，本質的には前節と同様であるが，配置行列の定義などを導入している．

トーリックモデルとは，$T_1, \ldots, T_d$ が整数値をとるものとして，セル確率 $p(\omega)$ が (2.17) 式の形に書けるモデルであった．ここではこのモデルから n 回観測をおこなった時の頻度ベクトル $\boldsymbol{x}$ の分布を考える．2.1 節の最初と同様に有限な標本空間を $\Omega = \{\omega_1, \ldots, \omega_M\}$ とおく．各 $\omega_k \in \Omega$ に次の d 次元の列ベクトルを対応させる．

$$T(\omega_k) = (T_1(\omega_k), \ldots, T_d(\omega_k))^T$$

さらに，これらの列ベクトルを並べた行列 $d \times M$ 整数行列 A を次のように定義し **配置行列**とよぶ:

$$A = \begin{pmatrix} T_1(\omega_1) & T_1(\omega_2) & \ldots & T_1(\omega_M) \\ \vdots & \vdots & \ldots & \vdots \\ T_d(\omega_1) & T_d(\omega_2) & \ldots & T_d(\omega_M) \end{pmatrix}. \tag{2.32}$$

ただし配置行列というときには次の仮定をおく．

仮定 2.5.1 (2.32) 式の A の行の実 1 次結合で 1 のみからなる行ベクトル $(1, 1, \ldots, 1)$ を作ることができる．

この仮定は多くの統計モデルの場合に成り立っている．

注意 2.5.2 (2.32) 式の A が仮定 2.5.1 を満たさないときには A に 1 のみからなる行を追加する．例えば (2.3) 式のサイコロのモデルでは 1 のみからなる行を追加して，配置行列を

$$A = \begin{pmatrix} 1 & 1 & 1 & 1 & 1 & 1 \\ 1 & 2 & 3 & 4 & 5 & 6 \end{pmatrix}$$

とする．1 のみからなる行は基準化定数に対応するものである．つまり，基準化定数の逆数を $\theta_0 = 1/Z(\theta)$ と表すと $T_0(\omega) \equiv 1$ とおくことにより

$$p(\omega) = \theta_0^{T_0(\omega)} \theta_1^{T_1(\omega)} \ldots \theta_d^{T_d(\omega)} = \theta_0 \theta_1^{T_1(\omega)} \ldots \theta_d^{T_d(\omega)}$$

と書ける．今後は仮定 2.5.1 を満たす配置行列を考える．

注意 2.5.3 次節の分割表のモデルで見るように,A の行が一次独立でない場合も多い.A の行が一次独立でない場合には,A から一次独立な行のみを残してもモデルとしては同じものになる.ただし A の行に一次従属な行を許したほうが A の形に対称性が出て見やすい形となることが多い.仮定 2.5.1 を満たす A を配置行列とするトーリックモデルの自由度は,基準化定数の部分を除くと考えて,$\mathrm{rank}\, A - 1$ である(2.11 節も参照).仮定 2.5.1 を満たさない場合は $\mathrm{rank}\, A$ である[9].

トーリックモデルのもとでは (2.17) 式を,θ をベクトルとして,簡潔に

$$p(\omega) = \frac{1}{Z(\theta)} \theta^{T(\omega)}$$

と表せば,(2.12) 式より頻度ベクトル $\boldsymbol{x}$ を観測する確率も

$$p(\boldsymbol{x};\theta) = \frac{n!}{\boldsymbol{x}!}\frac{1}{Z(\theta)^n}\prod_{k=1}^{M}\left(\theta^{T(\omega_k)}\right)^{x_k} = \frac{n!}{\boldsymbol{x}!}\frac{1}{Z(\theta)^n}\theta^{\sum_{k=1}^{M}T(\omega_k)x_k}$$
$$= \frac{n!}{\boldsymbol{x}!}\frac{1}{Z(\theta)^n}\theta^{A\boldsymbol{x}}$$

と簡潔に書ける.したがって十分統計量は $T(\boldsymbol{x}) = A\boldsymbol{x}$ である.ただしここでは $\boldsymbol{x}$ を列ベクトルとみている.

頻度ベクトルについて (2.27) 式にある十分統計量の逆像を考えると頻度ベクトル $\boldsymbol{x}$ の要素は非負整数であるから,$\mathbb{N}^M = \{0, 1, 2, \dots\}^M$ を M 次元の非負整数ベクトルの集合として

$$\mathcal{F}_t = T^{-1}(t) = \{\boldsymbol{x} \in \mathbb{N}^M \mid t = A\boldsymbol{x}\} \tag{2.33}$$

となる.これをマルコフ基底に関する議論では t-**ファイバー**とよぶ.

十分統計量 $t = A\boldsymbol{x}$ を与えた時の $\mathcal{F}_t$ 上の $\boldsymbol{x}$ の条件つき分布は (2.28) 式と同様に考えると

$$p(\boldsymbol{x} \mid t = A\boldsymbol{x}) = \frac{1}{Z(t)}\frac{n!}{\boldsymbol{x}!}, \qquad Z(t) = \sum_{\boldsymbol{x} \in \mathcal{F}_t}\frac{n!}{\boldsymbol{x}!} \tag{2.34}$$

である.この分布を t-ファイバー $\mathcal{F}_t$ 上の**超幾何分布**という.一般化超幾何分布とよばれることもあるが,2.9 節で述べるように,本章では (2.66) 式の分布を一般化超幾何分布とよぶ.

---

[9] 自由度の計算は意外と混乱することが多く,歴史的にも自由度を間違えていたケースもある.

2.6 分割表と分割表のモデル

標本空間 Ω が有限集合の直積集合となっている場合，特にその場合の頻度ベクトルを**分割表**という．数学的には単にこれだけのことであるが，一般の個数の直積を考えると記法が複雑となる．

実際のデータ解析においては，分割表は基本的な重要性を持つものである．分割表という用語がややわかりにくいために**クロス集計表**とよぶこともある．分割表は，例えば個人を性別や職業といった複数の特性で分類する場合に生じるため，そのような操作をクロス分類，多重分類とよぶこともある．「特性」は一般的な用語であるが，統計学の用語としては**変数**あるいは**要因**ともよぶ．実験計画の文脈では**因子**ということが多い．ただしこれらの用語は，特性の性格（例えば実験の際に実験者が自由に変更が可能かなど）に応じても使い分けられる．

2.6.1 2元分割表の例と記法

表 2.1 下宿と恋人

	恋人あり	恋人なし	行和
自宅	59	117	176
下宿	61	87	148
列和	120	204	324

分割表で最も基本的な場合は 2×2 の場合，すなわち $\Omega = \{1,2\} \times \{1,2\}$ の場合である．表2.1は拙著「統計」共立出版，でも紹介したデータの例だが，$n = 324$ 人の男子学生に，自宅か下宿か，恋人がいるかいないか，の2つの質問をして，この2つの要因について 2×2 に分類したものである．この形の表を 2×2 **分割表**とよぶ．表の左上の 2×2 の部分が Ω 上の頻度ベクトルであるが，分割表では行和や列和などの**周辺和**あるいは**周辺頻度**が自然に定義されることに注意しよう．例えば行和が176となっているのは，$n = 324$ 人のうち176名が自宅生であったことを意味している．周辺頻度と区別するために，分割表のもともとの頻度を**同時頻度**とよぶ．このデータを見ると自宅生の中で恋人ありと答えたのは $59/176 = 33.5\%$，下宿生の中で恋人ありと答えたのは $61/148 = 41.2\%$ で下宿生のほうが恋人獲得成功率が高いように見える．しかしそれは本当なのだろうか，ということが疑問になってくる．

表2.2は，『グレブナー道場』の第4章にも載せたデータの例であるが，あるクラスの $n = 26$ 人の学生に対し幾何数理工学と推測数理工学の試験を行い，それぞれ5段階の評価をおこない分類したものである．この表は 5×5 分割表である．表2.2

で興味が持たれるのは，幾何で成績がいい学生が推測でも成績がよい傾向にあるかどうかという点である．

表 2.2 幾何数理工学と推測数理工学の試験成績

幾何 \ 推測	5	4	3	2	1-	行和
5	2	1	1	0	0	4
4	8	3	3	0	0	14
3	0	2	1	1	1	5
2	0	0	0	1	1	2
1-	0	0	0	0	1	1
列和	10	6	5	2	3	26

以上は個人を二つの特性で分類した例で，**2元分割表**とよばれる．2元分割表の一般形は I 行 J 列の $I \times J$ 分割表で，同時頻度を $x_{ij}, i=1,\ldots,I, j=1,\ldots,J$ とすると，表2.3のように表される．行和の周辺頻度を表す記法は $x_{i\cdot}$ としているが，これは "·" の部分の添字について和をとっていることを示している．すなわち $x_{i\cdot} = \sum_{j=1}^{J} x_{ij}$ である．"·" のかわりに "+" を用いて x_{i+} と書くこともある．I, J はそれぞれの変数の**水準数**とよばれる．i, j の値はそれぞれの変数の**水準**とよばれる．

表 2.3 $I \times J$ 分割表

	1	…	J	行和
1	x_{11}	…	x_{1J}	$x_{1\cdot}$
⋮	⋮		⋮	⋮
I	x_{I1}	…	x_{IJ}	$x_{I\cdot}$
列和	$x_{\cdot 1}$	…	$x_{\cdot J}$	n

2.6.2 多元分割表の例と記法

以上では2元分割表，すなわち Ω としては2つの集合の直積を考えたが，3個以上の集合の直積を考えると**多元分割表**が得られる．表2.1のデータに女子学生のデータを加えて表示したものが表2.4であり，これは $2 \times 2 \times 2$ の3元分割表の例となる．女子学生のサンプルサイズが小さいので，女子学生についてはあまり正確なことは言えない．表2.4では，2次元の表を2枚横に並べて表示しているが，8個のセルは本来は3次元空間に立方体の位置におかれているものであることに注意しよう．

3元分割表の一般形は水準数がそれぞれ I, J, K の $I \times J \times K$ 分割表であり同時頻度を

2.6 分割表と分割表のモデル

表 2.4 下宿と恋人: 男子学生と女子学生

	男子学生		女子学生	
	恋人あり	恋人なし	恋人あり	恋人なし
自宅	59	117	9	17
下宿	61	87	4	2

$$x_{ijk}, \quad i \in [I], j \in [J], k \in [K]$$

と表す. ただし $[I] = \{1, \ldots, I\}$ である. 周辺和をとる時には1個ないし2個の添字について和をとることができ, 記法としては $x_{i\cdot\cdot}, x_{ij\cdot}$ (あるいは x_{i++}, x_{ij+}) などを定義して, それぞれ1次元周辺, 2次元周辺と言う.

一般に Ω として m 個の集合の直積を考えると m 元の分割表となる. それぞれの変数の水準数を $I_1, \ldots, I_m$ とすると

$$\Omega = [I_1] \times \cdots \times [I_m]$$

である. 水準数が1の変数は考える必要がないので, 各 I_j は2以上としてよい. m 元の分割表の記法は面倒となり, 標準的な記法も存在しないが, ここでは [1] での記法を示す. 要因の数を決めないと, 添字として $i, j, k, \ldots$ などと違う文字を割り当てていくことができないので, 2重添字を用いることとなる. まず m 個の添字をまとめて太文字で表して

$$\boldsymbol{i} = (i_1, \ldots, i_m), \qquad i_1 \in [I_1], \ldots, i_m \in [I_m]$$

とする. また添字を下つきにするのをやめて, 同時頻度を

$$x(\boldsymbol{i}) = x(i_1, \ldots, i_m)$$

と表す. D を $[m]$ の部分集合としその補集合を $D^C = [m] \setminus D$ とおく. 添字 i_j, $j \in [m]$, について $j \in D$ となるものと $j \notin D$ となるものを分けて

$$\boldsymbol{i} = (\boldsymbol{i}_D, \boldsymbol{i}_{D^C}), \qquad \boldsymbol{i}_D \in \Omega_D = \prod_{j \in D}[I_j], \ \boldsymbol{i}_{D^C} \in \Omega_{D^C} \tag{2.35}$$

と書く. ただし $(\boldsymbol{i}_D, \boldsymbol{i}_{D^C})$ と書くとき, 記法の簡単のために, $j \in D$ となる添字 i_j を便宜的に左に集めて書いている. この記法を用いて, D-周辺頻度を

$$x_D(\boldsymbol{i}_D) = \sum_{\boldsymbol{i}_{D^C} \in \Omega_{D^C}} x((\boldsymbol{i}_D, \boldsymbol{i}_{D^C}))$$

と表す．この記法で $m=3$ のときの2次元周辺頻度を表すと例えば，かっこを一つ省略して，

$$x_{ij\cdot} = x_{\{1,2\}}(i,j)$$

である．

2.6.3　2元分割表の独立モデル

ここまでは分割表をなす頻度ベクトル $\boldsymbol{x}$ について，例を用いて示して来た．次に Ω 上の統計モデルを考えよう．もっとも基本的なモデルが 2×2 分割表の**独立モデル**である．再度表 2.1 を見てみよう．そこでは $n=324$ 人の男子学生を観測して4つのセルに分類した．確率的な比喩はいくつかのものがあるが，例えば4つの箱（セル）を用意しておき，上からボールを落としてどこかの箱に落ちるというように考えてみよう[10]．$n=324$ 個のボールを落とした結果が表 2.1 というわけである．各セルに落ちる確率を p_{ij} と表すと，表 2.1 に対応する確率は表 2.5 である．

表 2.5　下宿と恋人のセル確率

	恋人あり	恋人なし	行和
自宅	p_{11}	p_{12}	$p_{1\cdot}$
下宿	p_{21}	p_{22}	$p_{2\cdot}$
列和	$p_{\cdot 1}$	$p_{\cdot 2}$	1

ここで 2×2 の独立モデルは p_{ij} を次のようにモデル化する：

$$p_{ij} = p_{i\cdot} p_{\cdot j}, \qquad i=1,2,\ j=1,2. \tag{2.36}$$

つまり i 行 j 列のセルに落ちる確率が，i 行に落ちる確率と j 列に落ちる確率の積になっているというモデルである．(2.36) 式においては，$\alpha = p_{1\cdot},\ \beta = p_{\cdot 1}$ を独立なパラメータと見て，$p_{2\cdot} = 1-\alpha,\ p_{\cdot 2} = 1-\beta$ とおけば4個の同時確率が α, β で指定されるし，同時確率の和が1であることも保証されるので，モデルの自由度は2である．また $\alpha_1 = \alpha, \beta_1 = \beta$ とし，さらに $\alpha_2 = p_{2\cdot}, \beta_2 = p_{\cdot 2}$ も不定元と見て

$$p_{ij} \propto \alpha_i \beta_j \tag{2.37}$$

と表せば，右辺は単項式となるから独立モデルはトーリックモデルとなる．配置行

---

[10] 確率を考えるとき，コイン投げ，サイコロ，トランプ，壺からの無作為抽出，ボールを箱に落とす，などのさまざまな比喩で考える．数学を形式化して考えるとこのような比喩は無意味にも思われるが，一方で具体的なイメージがわくのがよい．また用語にもこのような比喩が反映される．分割表でも「セルに落ちる確率」，「セルの生起確率」などという．

列は

$$A = \begin{pmatrix} 1 & 1 & 0 & 0 \\ 0 & 0 & 1 & 1 \\ 1 & 0 & 1 & 0 \\ 0 & 1 & 0 & 1 \end{pmatrix} \qquad (2.38)$$

となる．1行目と2行目の和，および3行目と4行目の和がそれぞれ $(1,1,1,1)$ となるので仮定 2.5.1 が満たされている．また同じ理由で A の行は一次独立ではなく $\mathrm{rank}\, A = 3$ である．このことからもモデルの自由度が $\mathrm{rank}\, A - 1 = 2$ となることがわかる．(2.37) 式では c を正の定数として α_i を c 倍し，β_j を c で割っても，積は不変である．このように (2.37) 式のパラメータ表示にはムダがある．これが A の行の一次従属性に反映されている．

また，(2.36) 式の陰関数表示の方程式を考えると，$p_{11}p_{22}$ の積は

$$p_{11}p_{22} = \alpha_1\beta_1\alpha_2\beta_2 = \alpha_1\alpha_2\beta_1\beta_2$$

となるが，$p_{12}p_{21}$ を計算しても同じ値となるので

$$p_{11}p_{22} - p_{12}p_{21} = 0 \qquad (2.39)$$

を得る．式の対称性から他の i,j について考えても同様である．これより (2.39) 式がモデルを定める方程式である．(2.39) 式は2項式の形をしており，マルコフ基底の議論では "move" に対応するものである．さてセル確率 p_{ij} がいずれも正として，(2.39) 式を $p_{11}p_{22}$ で割って移項すると

$$1 = \frac{p_{12}p_{21}}{p_{11}p_{22}} \qquad (2.40)$$

を得る．右辺（あるいはその逆数）を**オッズ比**とよぶ．従って 2×2 分割表の独立モデルは，オッズ比を1とするモデルということができる．

ある事象が起きる確率を p とするとき，$p/(1-p)$ をその事象の**オッズ**という．これは確率の比になっているから，基準化定数は不要となっていることに注意する．表 2.5 において，p_{11}/p_{12} を求めると，これは自宅生について「恋人有りのオッズ」である．行和の $p_{1\cdot}$ で基準化する必要がないことに注意する．同様に p_{21}/p_{22} は下宿生についての恋人有りのオッズで，さらにこれらの二つのオッズの比を考えると，オッズ比が得られることがわかる．オッズそのものが比であるから，オッズ比は「比の比」である．表 2.1 にもどって，同時頻度から標本のオッズ比を求めてみると

$$\frac{117 \times 61}{59 \times 87} = 1.39$$

となっている．これが1より大きいことは，表2.1において対角より非対角部分に頻度が大きく，下宿生の恋人有りの頻度が相対的に大きいことに対応している．

(2.37) 式の独立モデルでは，α_i, β_j はそれぞれ単一の要因の水準のみに依存するパラメータである．このように単一の要因のみの影響を表すパラメータを**主効果**という．これに対して，オッズ比のように複数の要因の水準に依存するパラメータを**交互作用**という．これらもやや独特な統計学の用語であり，実際のデータ解析の経験がないと意味あいがわかりにくいが，主効果は単一の要因の効果，交互作用は複数の要因の組合せ効果，と理解すればよい．主効果及び交互作用について，より数学的な説明は 2.6.4 項で与えている．

2×2 分割表の場合，確率単体の次元は3で (p_{11}, p_{12}, p_{21}) の3次元空間で表示できる．独立モデルは2次元の曲面である．曲面を $p_{21} = p_{11}(1 - p_{11} - p_{12})/(p_{11} + p_{12})$ と表して R の persp コマンドを用いて図示すると図 2.1 のようになる．ただし図2.1 で確率単体は $p_{11} + p_{12} + p_{21} \leq 1, p_{11}, p_{12}, p_{21} \geq 0$, の4面体部分のみであるから，底面で対角線より右側 $p_{11} + p_{12} \geq 1$ は無視していただきたい．

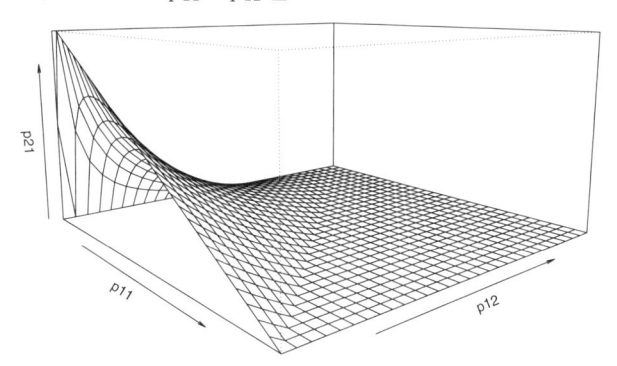

図 2.1 2×2 独立モデルの曲面

2×2 分割表の独立モデルのもとでは

$$\boldsymbol{p^x} = p_{1\cdot}^{x_{1\cdot}} p_{2\cdot}^{x_{2\cdot}} p_{\cdot 1}^{x_{\cdot 1}} p_{\cdot 2}^{x_{\cdot 2}}$$

と書けるから，行和および列和 $T(\boldsymbol{x}) = (x_{1\cdot}, x_{2\cdot}, x_{\cdot 1}, x_{\cdot 2})$ が十分統計量をなす．行和および列和を与えると，2×2 分割表は $x = x_{11}$ を決めると次のように全体が決まってしまう．

$$\begin{bmatrix} x & x_{1\cdot} - x \\ x_{\cdot 1} - x & x + n - x_{1\cdot} - x_{\cdot 1} \end{bmatrix} \tag{2.41}$$

これらの要素がすべて非負であるから，x のとり得る範囲は

$$\max(0, x_{1.} + x_{.1} - n) \leq x \leq \min(x_{1.}, x_{.1})$$

となる (2.11 節も参照). (2.33) 式の t-ファイバー $\mathcal{F}_t$ は，x がこの範囲を動く時の (2.41) 式の形の非負整数行列全体である. (2.34) 式と比較すると, このファイバー上の超幾何分布は

$$p(x) \propto \frac{1}{x!(x_{1.} - x)!(x_{.1} - x)!(x + n - x_{1.} - x_{.1})!} \tag{2.42}$$

となる．これは通常の超幾何分布である．

通常の**超幾何分布**は壺からの抽出の問題として, 次のように説明される. 壺に赤玉 M 個と白玉 $N - M$ 個の計 N 個の玉がはいっている. この中から k 個を無作為に抜き出した時に, 赤玉の個数が x となる確率は 2 項係数を用いて

$$\begin{aligned} p(x) &= \frac{\binom{M}{x}\binom{N-M}{k-x}}{\binom{N}{k}} \\ &= \frac{k!(N-k)!M!(N-M)!}{N!} \frac{1}{x!(M-x)!(k-x)!(x+N-k-M)!} \end{aligned} \tag{2.43}$$

と表される. (2.42) 式と (2.43) 式を比較すれば, (2.42) 式の $(n, x_{1.}, x_{.1})$ がそれぞれ (2.43) 式の (N, M, k) に対応していることがわかる. また (2.42) 式の基準化定数が

$$Z(t) = \frac{n!}{x_{1.}! \, x_{2.}! \, x_{.1}! \, x_{.2}!}$$

となることもわかる[11]．

一般の $I \times J$ 分割表の独立モデルも, 議論は 2×2 分割表の場合とほとんど同様である. モデルは (2.36) 式で, 単に添字の範囲を $i \in [I], j \in [J]$ とすればよい. 表 2.2 の成績データについて考えると, 独立モデルのもとでは幾何と推測の成績が独立であり, 例えばどちらかの科目で成績の良い学生が他の科目でも成績が良い (あるいはその逆の) ような傾向がないことを意味している. モデルの自由度は $I - 1 + J - 1 = I + J - 2$ である. モデルの陰関数表示については, 任意の $i \neq i'$, $j \neq j'$ について

$$p_{ij}p_{i'j'} - p_{ij'}p_{i'j} = 0 \quad \text{あるいは} \quad 1 = \frac{p_{ij}p_{i'j'}}{p_{i'j}p_{ij'}}$$

---

[11] この場合は $Z(t)$ がこのように明示的に求まったが, 一般には $Z(t)$ を明示的に求めることはできない.

となる.

十分統計量はすべての行和及び列和の値であり，ファイバーは行和および列和を共有する非負整数値行列の全体である．ファイバー上の超幾何分布は，基準化定数も評価できて

$$p(\boldsymbol{x} \mid \boldsymbol{x} \in \mathcal{F}_t) = \frac{\prod_{i=1}^{I} x_{i\cdot}! \prod_{j=1}^{J} x_{\cdot j}!}{n!} \prod_{i,j} \frac{1}{x_{ij}!} \tag{2.44}$$

となる．

2.6.4 多元分割表のさまざまなモデル

ここまでで2元分割表の独立モデルについて説明した．ここでは多元分割表の階層モデルについて説明する．「2日でわかる」という趣旨にやや反して，本項ではかなり細かいことまでを書いているので，本項はスキップして次節の検定に進んでいただいてもよい．本項はグレブナー道場の4.3節を読む際に参考にしていただければよい．グレブナー道場の4.3節とは記法をやや変えて，指数型分布族の形ではなくトーリックモデルの形で説明しているので，比較して読んでいただければ理解が進むと思う．

以下ではまず3元分割表について，独立モデル，条件つき独立モデル，さらに無3因子交互作用モデルを説明する．その後m元分割表の階層モデルについて説明する．これらはいずれもトーリックモデルである．

$I \times J \times K$の3元分割表のセル確率をp_{ijk}と表す．まず**独立モデル**，あるいは**完全独立モデル**はセル確率を$\alpha_i, i \in [I], \beta_j, j \in [J], \gamma_k, k \in [K]$をパラメータとして

$$p_{ijk} \propto \alpha_i \beta_j \gamma_k \tag{2.45}$$

の形にモデル化する．これは3個の変数が互いに独立であることに対応している．十分統計量は1次元周辺頻度$x_{i\cdot\cdot}, x_{\cdot j\cdot}, x_{\cdot\cdot k}$の全体である．モデルの自由度は$I + J + K - 3$である．陰関数表示は，3種類のオッズ比を考えて$i \neq i', j \neq j'$, $k \neq k'$を任意として

$$1 = \frac{p_{ijk} p_{i'j'k}}{p_{i'jk} p_{ij'k}} = \frac{p_{ijk} p_{i'jk'}}{p_{i'jk} p_{ijk'}} = \frac{p_{ijk} p_{ij'k'}}{p_{ij'k} p_{ijk'}}$$

とすればよい．

次に2番目の変数の水準を任意に固定した時に，1番目の変数と3番目の変数が条件つき独立になるモデルを考える．この3元分割表の**条件つき独立モデル**はα_{ij},

2.6 分割表と分割表のモデル

β_{jk} をパラメータとして

$$p_{ijk} \propto \alpha_{ij}\beta_{jk} \tag{2.46}$$

と表される．このモデルのもとでは

$$\frac{p_{ijk}}{p_{\cdot j \cdot}} = \frac{p_{ij\cdot}}{p_{\cdot j \cdot}}\frac{p_{\cdot jk}}{p_{\cdot j \cdot}}, \qquad \forall i,j,k \tag{2.47}$$

の形で条件つき独立性が成り立つ (2.11 節)．表 2.4 では 3 元分割表を 2 元分割表を 2 枚横に並べて表示したが，(2.47) 式は 2 番目の要因の水準 j ごとに $I \times K$ の 2 元分割表を考えたときに，各 2 元表において独立モデルが成り立つことを表している．(2.46) 式のパラメータ表示にはムダがあり，j に依存する任意の正定数の組 c_j に対して $\alpha_{ij} \mapsto c_j\alpha_{ij}, \beta_{jk} \mapsto \beta_{jk}/c_j$ と変換しても p_{ijk} は不変である．また a_i を i のみに依存するパラメータとして

$$p_{ijk} \propto a_i\alpha_{ij}\beta_{jk} \tag{2.48}$$

と書いた場合には $a_i\alpha_{ij}$ 自体を α_{ij} と思い直せば，(2.46) 式の形に帰着する．このように多重添字の一部となっている添字に依存する項は，数学的には大きな添字集合の項に吸収して考えればよい．一方で，a_i のように単一の添字を持つパラメータは要因 1 の「主効果」を表し，モデルの解釈上は重要である．このようなパラメータ表示の一意性やパラメータの解釈の問題については，本項の最後でまた詳しく説明する．(2.46) 式のモデルの十分統計量は ij 周辺 $x_{ij\cdot}$ および jk 周辺 $x_{\cdot jk}$ の全体である．陰関数表示については，完全独立モデルの条件から j のみを共通とした

$$1 = \frac{p_{ijk}p_{i'jk'}}{p_{i'jk}p_{ijk'}} \tag{2.49}$$

のみを残せばよい．

3 元分割表の最後のモデルは**無 3 因子交互作用モデル**であり，$\alpha_{ij}, \beta_{jk}, \gamma_{ik}$ をパラメータとし

$$p_{ijk} \propto \alpha_{ij}\beta_{jk}\gamma_{ik} \tag{2.50}$$

とモデル化する．十分統計量はすべての 2 次元周辺頻度 $x_{ij\cdot}, x_{i\cdot k}, x_{\cdot jk}$ である．実は前の二つのモデルと比較して，このモデルは数学的には圧倒的に難しいモデルとなる．特にファイバーの構造が難しい．モデルを陰関数表示するには $i \neq i', j \neq j'$, $k \neq k'$ を任意として「オッズ比の比を 1」とおけばよい:

$$1 = \frac{\frac{p_{i'jk'}p_{ij'k'}}{p_{ijk'}p_{i'j'k'}}}{\frac{p_{i'jk}p_{ij'k}}{p_{ijk}p_{i'j'k}}} \tag{2.51}$$

$$= \frac{p_{ijk}p_{ij'k'}p_{i'jk'}p_{i'j'k}}{p_{i'j'k'}p_{i'jk}p_{ij'k}p_{ijk'}} \tag{2.52}$$

(2.51)式は，表2.4のように3元分割表を第3要因の水準kごとに2元分割表に表示したときに，それぞれの2元分割表におけるオッズ比がkに依存しないことを表している．

ここまで3元分割表について，独立モデル，条件つき独立モデル，無3因子交互作用モデルを説明した．パラメータの形を見ると，これらが

独立モデル $\subset$ 条件つき独立モデル $\subset$ 無3因子交互作用モデル

のように入れ子になっていることがわかる．入れ子の意味は，それぞれのモデルを確率単体の部分集合として表したときに，集合が入れ子となっているということである．二つのモデルが入れ子になっている場合，小さいモデルを大きいモデルの**部分モデル**という．上の例では独立モデルは条件つき独立モデルの部分モデルである．2.2節の最後に述べたように，各モデルの推定については，最尤法などを用いて，相対頻度ベクトル$\boldsymbol{x}/n$に「近い」点を各モデルより選べばよい．しかし複数のモデルの候補がある場合には，どのモデルを選ぶかという別の問題が生じる．統計学の基本的な考え方として，（データとの適合がある程度よければ）小さいモデルほど望ましいという考え方がある．「オッカムの剃刀」，「ケチの原理」などとよばれることもある．モデル選択は，赤池情報量などのモデル選択規準を用いておこなうことが一般的だが，2.7節の統計的検定による方法も重要である．

最後に(2.35)式で導入した記法を用いて，多元分割表の階層モデルの定義を与える．3元分割表のモデルについて見たように，添字の部分集合に対してパラメータを対応させ，単項式を作ることが考えられる．いま$D_1, \ldots, D_L$を$[m]$の部分集合で互いに包含関係にないものとする．そして各D_lに対してパラメータ$\alpha_{D_l}(\boldsymbol{i}_{D_l})$, $\boldsymbol{i}_{D_l} \in \Omega_{D_l}$, を与える．これらを用いて同時確率$p(\boldsymbol{i})$を

$$p(\boldsymbol{i}) \propto \alpha_{D_1}(\boldsymbol{i}_{D_1}) \times \cdots \times \alpha_{D_L}(\boldsymbol{i}_{D_L}) \tag{2.53}$$

とモデル化する．このモデルを$\{D_1, \ldots, D_L\}$を**生成集合**とする**階層モデル**とよぶ．階層モデルの十分統計量は生成集合に対応するすべての周辺頻度である：

$$T = (\{x_{D_1}(\boldsymbol{i}_{D_1})\}_{\boldsymbol{i}_{D_1} \in \Omega_{D_1}}, \ldots, \{x_{D_L}(\boldsymbol{i}_{D_L})\}_{\boldsymbol{i}_{D_L} \in \Omega_{D_L}})$$

このように (2.35) 式の記法を用いると多元分割表の階層モデルを簡潔に定義できる．しかしこの形だと，パラメータ表示のムダやモデルの自由度がわかりにくい．そこで一意性を持つパラメータ表示を考える．まずどれかの D_l の部分集合となっている集合の全体を

$$\Delta(D_1,\ldots,D_L) = \{A \subseteq [m] \mid A \subseteq D_l, \exists l\}$$

と定義する．$\Delta(D_1,\ldots,D_L)$ は $D_1,\ldots,D_L$ を facets（ここでは包含関係について極大な集合の意味）とする単体的複体である．(2.48) 式のように D_l の部分集合の添字を持つパラメータも導入し，一方でパラメータに制約をいれる形にすれば，パラメータ表示の一意性を保証することができる．パラメータ表示が一意ということは，モデルの自由度と自由に動けるパラメータの数が一致していることに対応している．いま $A \in \Delta(D_1,\ldots,D_L)$ に対してパラメータ $\alpha_A(\boldsymbol{i}_A)$ を導入し

$$p(\boldsymbol{i}) = \prod_{A \in \Delta(D_1,\ldots,D_L)} \alpha_A(\boldsymbol{i}_A) \tag{2.54}$$

と表す．例えば (2.48) 式をこの形にふくらませよう．$a_i, \alpha_{ij}, \beta_{jk}$ をそれぞれ $\alpha_{\{1\}}(i), \alpha_{\{1,2\}}(i,j), \alpha_{\{2,3\}}(j,k)$ と表し，

$$p_{ijk} = \alpha_\emptyset \alpha_{\{1\}}(i) \alpha_{\{2\}}(j) \alpha_{\{3\}}(k) \alpha_{\{1,2\}}(i,j) \alpha_{\{2,3\}}(j,k) \tag{2.55}$$

となる．A が空集合の場合の $\alpha_\emptyset$ が基準化定数にあたる．このようにパラメータを増やすともちろん "over parameterization" となり，パラメータのムダが増えるため，パラメータ間に何らかの制約をおく必要がある．しかしこのことには実はデータ解析の解釈上の利点があるのである．データ解析上は，添字数の少ないものから順に重要なパラメータと考え「主効果」，「2 変数交互作用」，「3 変数交互作用」というように解釈していく．この点については後で述べる．

さて，よく用いられる制約としては次の二つの方法がある．

1. 分散分析型の制約
2. 特定の水準をベースにとり，ベースのパラメータを 1 とする（すなわちベースとの比で考える）制約

分散分析型の制約では，空でないすべての $A \in \Delta(D_1,\ldots,D_l)$ とすべての $j \in A$ について，$\alpha_A(\boldsymbol{i}_A)$ を j 番目の添字について積をとると 1 という制約を入れる：

$$\forall A \in \Delta(D_1,\ldots,D_l), A \neq \emptyset, \forall j \in A, \quad \prod_{i_j=1}^{I_j} \alpha_A(\boldsymbol{i}_A) = 1. \tag{2.56}$$

この制約のもとでパラメータは一意に定まり，同時にモデル全体を表すことができる．例えば (2.55) 式では制約は以下となる．

$$1 = \prod_{i=1}^{I} \alpha_{\{1\}}(i) = \prod_{j=1}^{J} \alpha_{\{2\}}(j) = \prod_{k=1}^{K} \alpha_{\{3\}}(k)$$

$$1 = \prod_{i=1}^{I} \alpha_{\{1,2\}}(i,j), \ \forall j, \quad 1 = \prod_{j=1}^{J} \alpha_{\{1,2\}}(i,j), \ \forall i,$$

$$1 = \prod_{j=1}^{J} \alpha_{\{2,3\}}(j,k), \ \forall k, \quad 1 = \prod_{k=1}^{K} \alpha_{\{2,3\}}(j,k), \ \forall j.$$

次に，特定の水準をベースにとる方法を説明しよう．記法の簡単のためベースの水準を 1 とする．この時，$\boldsymbol{i}_A = (i_j)_{j \in A}$ の添字の中に一つでも $i_j = 1$ となるものがあるときには，$\alpha_A(\boldsymbol{i}_A) = 1$ とおいてパラメータから取り除く．つまり，この制約のもとでは，添字の動く範囲を $\{2, \ldots, I_1\} \times \cdots \times \{2, \ldots, I_m\}$ と考えることになる．この制約のもとでは，例えば (2.55) 式は

$$p_{111} = \alpha_{\emptyset},$$
$$p_{i11} = \alpha_{\emptyset} \alpha_{\{1\}}(i), \ i > 1, \quad (p_{1j1}, p_{11k} \text{ も同様})$$
$$p_{ij1} = \alpha_{\emptyset} \alpha_{\{1\}}(i) \alpha_{\{2\}}(j) \alpha_{\{1,2\}}(i,j), \ i,j > 1, \quad (p_{1jk}, p_{i1k} \text{ も同様})$$
$$p_{ijk} = \alpha_{\emptyset} \alpha_{\{1\}}(i) \alpha_{\{2\}}(j) \alpha_{\{3\}}(k) \alpha_{\{1,2\}}(i,j) \alpha_{\{2,3\}}(j,k), \ i,j,k > 1$$

と表される．パラメータが一意，かつこの形でモデル全体を表すことができることは，1 以外の添字の数が少ない順に帰納的に考えていけばわかる．この制約の入れ方は，水準 1 と他の水準を比較するオッズ比と関係がある．この例ではパラメータを同時確率により表すと

$$\alpha_{\{1\}}(i) = \frac{p_{i11}}{p_{111}}, \ \alpha_{\{1,2\}}(i,j) = \frac{p_{ij1}p_{111}}{p_{i11}p_{1j1}}, \ \alpha_{\{1,2,3\}}(i,j,k) = \frac{p_{ijk}p_{i11}p_{1j1}p_{11k}}{p_{111}p_{ij1}p_{1jk}p_{i1k}}$$

となり，オッズ比の形となっていることがわかる．

以上の二つの制約の入れ方には，それぞれ長所があるが，以下では分散分析型の制約のもとで議論する．分散分析型のほうが，すでに何回かふれている，主効果，2 変数交互作用，などの概念とあっているように思われるからである．いま分散分析型の制約のもとで (2.54) 式を考えよう．右辺の積の中で $|A| = 1$ の項 α_A を**主効果**という．より詳しく $A = \{j\}$ のとき第 j 変数の**主効果**という．次に $|A| = 2$ のとき

に2変数**交互作用**という．より詳しく $A = \{j, k\}$ のとき第 j 変数と第 k 変数の間の2変数交互作用という．同様に $|A| = k$ のとき k 変数交互作用という．

(2.55) 式の例では，$\alpha_{\{1\}}(i)$ が第1変数の（水準 i での）主効果，$\alpha_{\{1,2\}}(i,j)$ が第1変数と第2変数の（水準の組 (i,j) での）2変数交互作用である．$\alpha_{\{1\}}(i)$ は，第1変数の水準が i である時にセル確率がどの程度大きくなるかという第1変数の水準の効果を表している．同様に $\alpha_{\{1,2\}}(i,j)$ は，第1変数と第2変数の水準の組が (i,j) である時に，セル確率がどの程度大きくなるかという第1変数と第2変数の水準の組み合わせの効果を表している．このようにして，(2.54) 式の形に表すことによって，変数がセル確率に与える効果の解釈が容易になる．

また (2.54) 式はモデルの入れ子関係と整合的であることも重要である[12]．いま $\{D_1, \ldots, D_L\}$ を生成集合とする階層モデル $\mathcal{M}$ と $\{D'_1, \ldots, D'_{L'}\}$ を生成集合とする階層モデル $\mathcal{M}'$ を考える．$\mathcal{M}$ が $\mathcal{M}'$ の部分モデルとなるための必要十分条件は

$$\Delta(D_1, \ldots, D_L) \subseteq \Delta(D'_1, \ldots, D'_{L'})$$

となることである．またパラメータの構成法から，$A \in \Delta(D_1, \ldots, D_L)$ となる A については，$\alpha_A(i_A)$ は同じ形で二つのモデル $\mathcal{M}, \mathcal{M}'$ の確率関数に現れる．さらに $A \in \Delta(D'_1, \ldots, D'_{L'}) \setminus \Delta(D_1, \ldots, D_L)$ となる任意の A に対して $\alpha_A \equiv 1$ とおくことによって，$\mathcal{M}'$ の部分集合としての $\mathcal{M}$ を指定することができる．したがって，仮説検定については次節で説明するが，$H_0 : \alpha_A \equiv 1$ を帰無仮説とする仮説検定をおこなうことによって，モデルを選択することができる．

例えば 2.6.3 項の2元分割表の独立モデルは，まず飽和モデルを

$$p_{ij} \propto \alpha_i \beta_j \gamma_{ij}, \quad 1 = \prod_i \alpha_i = \prod_j \beta_j = \prod_i \gamma_{ij} = \prod_j \gamma_{ij}$$

と書いた上で，2変数交互作用が無い

$$H_0 : \gamma_{ij} = 1, \quad \forall i, j$$

とすることによって得られる．これはモデルの陰関数表示と同値である．同様に例えば3元分割表の無3因子交互作用モデルは，飽和モデルにおいて3変数交互作用項をすべて1とおくことによって得られる．

---

[12] (2.54) 式のモデルの書き方とパラメータの二つの制約の方法は，単体的複体同士の包含関係に合わせて，下から（つまり小さい単体的複体から順に）自然に定義されていると考えることができる．

以上のモデル選択の方法は『グレブナー道場』の 4.3 節の実験計画法の例（噴流式はんだ付け装置の不良品数のデータ）で詳しく説明されている．このはんだ付けの例では「A:予備焼成条件」から「G:はんだ温度」までの 7 つの因子を考えている．このように，実際の因子と因子数が与えられた問題では，各因子に異なる文字を用いたほうが考えやすい．具体的に文字を当てはめると，階層モデルの生成集合の記法として，例えば $(\{1,3\},\{2,4\},\{5\},\{6\},\{7\})$ の意味で

$$AC/BD/E/F/G$$

と表すことが多い．

このはんだ付けの例では，扱っているデータの性質から，統計モデルとしては分割表の多項分布のセル確率 $p(i)$ ではなく，セルごとに独立なポアソン分布に従う確率変数が観測される場合の期待値 $\mu(i)$ を扱っている．しかし，独立なポアソン分布の和を固定すると，条件つき分布が多項分布となるため，推定や検定の方法は分割表の階層モデルの場合と同じである．またこの例では，パラメータの対数をとって，伝統的な指数型分布族のパラメータでモデルを扱っている．すなわち (2.54) 式において $\log \alpha_A(\boldsymbol{i}_A) = \psi_A(\boldsymbol{i}_A)$ として，次の形のパラメータを用いている．

$$\log \mu(\boldsymbol{i}) = \sum_{A \in \Delta(D_1,\ldots,D_L)} \psi_A(\boldsymbol{i}_A)$$

このとき，(2.56) 式の制約は

$$\forall A \in \Delta(D_1,\ldots,D_l), A \neq \emptyset, \forall j \in A, \quad \sum_{i_j=1}^{I_j} \psi_A(\boldsymbol{i}_A) = 0$$

となるが，実はこの形が伝統的な分散分析型の制約である．はんだ付けの例では，モデル選択を $H_0 : \psi_A \equiv 0$ を帰無仮説とする仮説検定の形で扱っている．

2.7　統計的検定と p 値

統計的推測には推定と検定がある．推定については，2.2 節で説明した最尤推定法をまずおさえておけばよい．それに加えて，最近はベイズ法も理解しておいたほうがよい．いずれにしても，統計的推定は「統計的モデルの中からデータにあてはまる分布を選ぶ」と考えればよいので，概念的には比較的理解しやすい．

一方で，検定の考え方は「帰無仮説」などの概念が理解しにくい．そのため，伝統的な統計的検定の手法は用いるべきではないというような主張も見られるが，あ

いかわらず統計的検定が世の中で用いられているのは，統計的検定の手続きが，実際に「役に立つ」場面がかなりあるからと思われる．

　統計モデルを確率単体の部分集合（部分多様体）として幾何的にとらえれば，仮説検定は，データが帰無仮説で指定された統計モデルから出たものであるか否か，を判断する手法と考えればよい．推定がモデル中からデータに適合した点を選ぶ問題であるのに対して，仮説検定はデータあるいは頻度ベクトルが部分多様体の近くにあるとしてよいか，を判断するものである．このように説明すると，たとえばピアソンのカイ2乗適合度検定統計量は，データからモデルまでの距離に対応することが自然に理解される．検定は基本的にはこのように考えればよいが，判断の基準として用いる有意水準やp値については，いくつかの具体的な例を通じて理解するのがよい．

　以下では統計的検定を，主にp値の概念を用いて説明する．ここでの説明は拙著『統計』（共立出版）の第12章と少し重なる部分がある．まず次のような例を考えてみよう．

> ある高校のクラスで，ある日に風邪をひいている生徒が6人いた．担任の先生がそのうちの（無作為に選んだ）3人にある風邪薬を飲ませた．翌日にその風邪薬を飲んだ3人の生徒は回復していたが，残りの3人はまだ風邪を引いたままであった．この薬は効くと言えるだろうか？

　この例では，薬が効いたようにも思われるが，たまたまだったかも知れないということが問題である．6人のうち翌日3人が回復したとしても，もしそのうち2人が風邪薬を飲み残りの1人は飲まなかったとすれば，効いたとはとても考えにくいであろう．ちょうど3人中3人だったというところがミソである．ここで，統計的検定では，**帰無仮説**を設定する[13]．帰無仮説をH_0と表す．統計的検定は「確率的な背理法」のような形で使われることが多いので，帰無仮説も現象をとりあえず否定するように設定してみよう．そこで

$$H_0：その風邪薬には全く効果がない$$

と設定してみる．そして，6人のうち3人が回復したという事実を所与として，条件つきで考える．特定の3人が回復するということが何らかの理由で決まっていた

---

[13] 英語での用語は null hypothesis である．日本語の訳語では「無に帰する」であるから，本来は棄てられるべき仮説という意味あいが感じられる．ただし検定を用いる場面で，帰無仮説が常にこのように理解される仮説であるというわけではない．

り，あるいはもし他の要因の影響があったとしても，無作為に選んだ3名がその特定の3名に一致する確率は $1/\binom{6}{3} = 1/20$ である．すなわち，帰無仮説を仮定すると，たまたま選んだ3人が回復する確率は $1/20$ である．この確率は小さいので，H_0 を**棄却**して風邪薬に効果があると結論することが自然である．

以上の議論は説得的だろうか．ともかく統計的検定はこのようにおこなうものなので，必ずしも納得しなくても手続きとして認めて先に進むことにしよう．

さて，以上の例をやや一般化して，ある日に N 人が風邪をひいていたとして，そのうち無作為に k 人に風邪薬を飲ませたとする．そして，翌日に回復していた M 人のうち x 人が風邪薬を飲んでいた状況を考えよう．上の例では $N=6$ で $M=k=x=3$ である．風邪薬が効いたと考えられる状況は x が大きく $k-x$ が小さい状況である．さて，H_0 のもとでは，その風邪薬は砂糖水と同様に何も効果がないわけだから，k 人に風邪薬を飲ませるということは，回復するか否かと無関係に，N 人から無作為に k 人を抽出することと同じことである．したがって帰無仮説のもとでは x の確率分布は (2.43) 式の超幾何分布となることがわかる．そこで「確率が小さいから棄却する」ための確率は超幾何分布のもとで計算すればよい．

ここで，表 2.1 を再び考察しよう．この表については，下宿生の恋人獲得率が高いように見えるが本当だろうか，ということが疑問であった．帰無仮説として，自宅生と下宿生で真の恋人獲得率は違わないと想定すると，下宿生かどうかと，恋人を持っているかどうかとは独立となるから，帰無仮説としては独立モデルを仮定することとなる．

$$H_0: \text{「自宅か下宿か」と「恋人の有無」は独立}$$

そして独立モデルのもとで行和や列和を固定した条件つき分布は，(2.42) 式にあるように，超幾何分布となるのであった．つまり表 2.1 に関する問も，実は風邪薬の例と同じものであることがわかる．そこで，超幾何分布に基づいて確率計算をおこなえばよい．このように 2×2 分割表の独立性の検定のために超幾何分布を用いる検定法は**フィッシャーの正確検定**とよばれる[14]．

ここで，いくつかの問題が生じる．一つには，確率が小さいと言ってもどの程度小さければ帰無仮説を棄却するのか，という点である．これには絶対的な答はない

---

[14] 通常の統計学の教科書では，フィッシャーの正確検定は説明されておらず，ピアソンのカイ2乗適合度検定が説明されている．しかし本章では正確検定へのマルコフ基底の応用を念頭においているために，フィッシャーの正確検定を主に説明している．

が，通常は 5% あるいは 1% と設定する．すなわち帰無仮説のもので計算した確率が，5%（あるいは 1%）より小さい時帰無仮説を棄却する．この基準となる値を**有意水準**という．次にどのような事象の計算をするのか，ということが問題となる．表 2.1 において $x = x_{21} = 61$（下宿かつ恋人ありの頻度）に注目すると，超幾何分布の $x = 61$ の確率は

$$p(61) = \frac{176!148!120!204!}{324!} \frac{1}{59!117!61!87!} = 0.03328$$

である．しかし $x = 61$ という一点の確率だけ評価するのは，標本空間が大きくなると各点の確率は小さくなってしまうので，不適切である．「帰無仮説のもとで 61 ほども大きな値が観測される確率」を「帰無仮説のもとで 61 以上の大きな値が観測される確率」と解釈して

$$\Pr(x_{21} \geq 61) = \frac{176!148!120!204!}{324!} \sum_{x \geq 61} \frac{1}{(120-x)!(56+x)!x!(148-x)!}$$
$$= 0.09464$$

を用いるのがよい．有意水準 5% を用いると，表 2.1 のデータでは独立性の帰無仮説は棄却できないことになる．帰無仮説を棄却できない時，帰無仮説を**受容**するという．受容するという用語には，帰無仮説を積極的に認めるというよりは，とりあえず認めるというような意味合いがある．背景には，2.6.4 項でもふれたケチの原理，すなわち帰無仮説のもとでの小さいモデルが望ましいという考え方がある．

以上の例を念頭において，仮説検定の手続きを定式化しよう．

1. まず帰無仮説として統計モデル $\mathcal{M}$ を指定する．

$$H_0 : \boldsymbol{p} \in \mathcal{M}$$

2. 有意水準を指定する（通常は 5% あるいは 1%）．
3. 検定統計量 $\varphi(\boldsymbol{x})$ を指定する[15]．表 2.1 の例では $\varphi(\boldsymbol{x}) = x_{21}$ である．検定統計量は帰無仮説 $\mathcal{M}$ と頻度ベクトル $\boldsymbol{x}$ の何らかの距離を測るものと考える．$\varphi(\boldsymbol{x})$ の値が大きいほど帰無仮説から離れて「帰無仮説のもとでは珍しい」値になるものを指定する．

---

[15] 本来はデータを見る前に検定統計量を定める．データを見たあとで都合のよい検定統計量を選ぶと，後知恵効果（あと出しじゃんけん効果）が出てしまい，検定の手続きの客観性が失われる．数学的には，検定統計量をデータに合わせて選んでしまうと，検定統計量の選択自体が確率的となり，その効果を含めて確率を評価する必要が生じる．

4. 実際に観測された頻度ベクトルを $\boldsymbol{x}^o$ とする．o は observed のつもりである．
5. 帰無仮説 $\boldsymbol{p} \in \mathcal{M}$ のもとで，実際に観測された頻度ベクトルと同等かそれ以上に珍しいデータを観測する確率を求める．

$$\Pr_{\boldsymbol{p}}(\varphi(\boldsymbol{x}) \geq \varphi(\boldsymbol{x}^o)) = \sum_{\boldsymbol{x}:\varphi(\boldsymbol{x}) \geq \varphi(\boldsymbol{x}^o)} \frac{n!}{\boldsymbol{x}!} \boldsymbol{p}^{\boldsymbol{x}} \tag{2.57}$$

6. この値が所与の有意水準以下ならば帰無仮説を棄却する．さもなければ帰無仮説を受容する．

以上が統計的検定の手続きであるが，一つ第 5 段のところで問題がある．それは $\Pr_{\boldsymbol{p}}(\varphi(\boldsymbol{x}) \geq \varphi(\boldsymbol{x}^o))$ が一般には $\boldsymbol{p} \in \mathcal{M}$ に依存するということである．この場合を含めて，所与の検定統計量 $\varphi(\boldsymbol{x})$ と観測データ $\boldsymbol{x}^o$ に対する p 値を一般には次のように定義する．

$$p \,値 = \sup_{\boldsymbol{p} \in \mathcal{M}} \sum_{\boldsymbol{x}:\varphi(\boldsymbol{x}) \geq \varphi(\boldsymbol{x}^o)} \frac{n!}{\boldsymbol{x}!} \boldsymbol{p}^{\boldsymbol{x}} \tag{2.58}$$

そして p 値が有意水準以下ならば帰無仮説を棄却すればよい．

しかしながら，このように sup をとる手続きは面倒であり，実際にはほとんど行われない．通常は (2.57) 式の確率が漸近的に（すなわち標本サイズ n が無限大に発散する時に）$\boldsymbol{p}$ に依存しないような統計量を用い，(2.57) 式の確率を漸近的な確率で近似することが多い．例えばピアソンのカイ 2 乗適合度検定統計量に対して，カイ 2 乗分布を用いて確率の評価をおこなう方法がこれにあたる．しかし本章で強調する方法は，帰無仮説のもとでの十分統計量を与えた条件つき分布をもとに「条件つき p 値」を求める方法である．これがフィッシャーの正確検定にあたる．注意 2.4.2 で述べたように十分統計量の値を固定した条件つき分布は母数の値に依存しない．特に帰無仮説としてトーリックモデルを仮定すれば，$\boldsymbol{x}$ の条件つき分布は (2.34) 式の超幾何分布である．そこで**条件つき p 値**あるいは**条件つき分布のもとでの p 値**を

$$条件つき\,p\,値 = \frac{1}{Z(t)} \sum_{\boldsymbol{x} \in \mathcal{F}_t : \varphi(\boldsymbol{x}) \geq \varphi(\boldsymbol{x}^o)} \frac{1}{\boldsymbol{x}!} \tag{2.59}$$

と定義する．そして上記の第 5 段を，以下のように変更した手続きを改めて考える．

5.' 帰無仮説のもとでの条件つき p 値を求める

この手続きを，帰無仮説がトーリックモデルの場合の**条件つき検定**あるいは**正確検定**という．正確検定とよぶのは，漸近的な分布の近似を用いないからである．条

件つき p 値も，条件つき分布のもとでの p 値であるから，以下では単に p 値とよぶことにする．

以上で正確検定の手続きを述べたので，表 2.2 のデータについて独立モデルの検定をおこなってみよう．『グレブナー道場』4.1 節では検定統計量としてピアソンのカイ 2 乗適合度検定統計量を用いた計算が示されている．表 2.2 に与えられた頻度を x_{ij}^o とし，同時頻度を各行内の比および列内の比が周辺頻度の比と同じになるように決めた**当てはめ値**を $m_{ij} = x_{i\cdot} x_{\cdot j}/n$ とする．当てはめ値は次の表のようになる．

	5	4	3	2	1-	行和
5	1.54	0.92	0.77	0.31	0.46	4
4	5.38	3.23	2.69	1.08	1.62	14
3	1.92	1.15	0.96	0.38	0.58	5
2	0.77	0.46	0.38	0.15	0.23	2
1-	0.38	0.23	0.19	0.08	0.12	1
列和	10	6	5	2	3	26

これらの値をもとに，適合度カイ 2 乗検定統計量を計算すると，

$$\varphi(\boldsymbol{x}^o) = \sum_i \sum_j \frac{(x_{ij}^o - m_{ij})^2}{m_{ij}} = \frac{(2-1.54)^2}{1.54} + \cdots + \frac{(1-0.12)^2}{0.12} = 25.338$$

となる．観測された頻度を O ("Observed frequency")，当てはめ値を E ("Expected frequency") と表すと，適合度カイ 2 乗検定統計量は

$$\sum_{\text{セル}} \frac{(O-E)^2}{E}$$

と書くと覚えやすい．当てはめ値は独立モデルのもとでの最尤推定値に対応し，適合度カイ 2 乗検定統計量がデータとモデルの間の距離の 2 乗に対応していることは明らかであろう[16]．『グレブナー道場』の 7.2 節に示されているように，表 2.2 が属するファイバー $\mathcal{F}_t$ のサイズは 229,174 個で，(2.59) 式の条件つき p 値を求めると 0.0609007 となる．

以上では，検定統計量としてピアソンの適合度カイ 2 乗検定統計量を用いた．ただし p 値の評価は超幾何分布のもとの（条件つき）p 値であり，カイ 2 乗分布を用い

---

[16] 分母が m_{ij} となっていることがややわかりにくいが，これでうまい基準化になっているところがこの統計量のみそである．

たわけではないので，用語がやや混乱するかも知れない．ところで検定の第 3 段の検定統計量を指定するところは，基本的にはどんな統計量を指定してもよい．$\varphi(\boldsymbol{x})$ が大きいことが，帰無仮説のもとで珍しいと考えられるものならばよい．検定統計量の優劣を比較するには，帰無仮説からの乖離をより鋭敏に検知できるという観点で考え，そのために検定統計量の検出力（帰無仮説から乖離した時に帰無仮説を棄却する確率）を評価する．よく使われている統計量はもちろん優れた性質を持つから使われているわけであるが，別にそれらにこだわる必要はない．

表 2.2 のデータを見ると幾何でよい成績をとった者は推測でもよい成績をとっているように見える．そこで両方の科目で同じ成績をとった者の数，すなわち表 2.2 の対角要素の和

$$\varphi(\boldsymbol{x}) = x_{11} + x_{22} + x_{33} + x_{44} + x_{55} \tag{2.60}$$

を検定統計量として用いたらどうなるだろうか．表 2.2 のデータでは $\varphi(\boldsymbol{x}^o) = 2 + 3 + 1 + 1 + 1 = 8$ である．対角要素の和が大きいほど帰無仮説からは離れるように感じられる．実はこの統計量には一致度あるいはカッパ係数という名前がついているが，別に名前を知らなくてもよい．また，検定の第 3 段の脚注に述べたように，このようにデータを見てから都合のよさそうな検定統計量を用いるのは，後知恵ではないかという後ろめたさも少し感じるが，ともかく一致度を用いて検定をおこなってみよう．グレブナー道場の 7.2 節にあるようにファイバーの要素を列挙して (2.59) 式の p 値を求めてみると，その結果は 0.2172894 でカイ 2 乗適合度検定を用いた場合より大きくなり，帰無仮説はやはり棄却できなかった．後知恵でうまくいくかも知れないと思ったが，実際のデータはなかなか一筋縄ではいかない．

2.8 マルコフ連鎖モンテカルロ法

『グレブナー道場』の 4.1 節を読むのに，この節の最後に出てくる**マルコフ連鎖モンテカルロ法**（MCMC 法，Markov chain Monte Carlo method）も一つの関門であろう[17]．この部分を最初から詳しく説明することはできないが，ここでは Metropolis-Hastings アルゴリズムの考え方や，詳細釣り合い条件[18]の意味について追加的な説明をおこなう．

---

[17] マルコフ基底により各ファイバーが連結となること，ファイバーのサイズが列挙できないほど大きくなった場合にマルコフ連鎖が必要となること，などは比較的容易に理解できるとおもう．

[18] 『グレブナー道場』の定理 4.1.22 の証明に出て来る可逆性の条件のこと．

マルコフ連鎖を理解するには，各ファイバー $\mathcal{F}_t$ をグラフとして考えるとよい．ファイバーの各頻度ベクトル $x \in \mathcal{F}_t$ が頂点であり，マルコフ基底の move によって頻度ベクトル間を移動することを，グラフの辺を伝って頂点間を移動することと理解する．つまり，マルコフ基底 $\mathcal{B}$ の元 z によって $x \pm z = y$ と書ける時に，x と y の間に辺があるとする．例えば『グレブナー道場』の図 4.1 がマルコフ基底の部分集合によるグラフの様子を表している．

『グレブナー道場』4.1 節と同様に頂点集合を

$$\mathcal{F} = \{x_1, \ldots, x_s\}$$

とし，$\pi = (\pi_1, \ldots, \pi_s)$ を $\mathcal{F}$ 上の確率分布とする．

$$q_{ij} = \Pr(x_j \mid x_i)$$

を x_i から x_j に移る条件つき確率とし，$Q = (q_{ij})$ を推移確率行列とする．π を行ベクトルとし

$$\pi Q = \pi \tag{2.61}$$

となる時に π は定常分布とよばれる．グラフの連結性などのいくつかの正則条件のもとで，定常分布は一意に存在し，マルコフ連鎖を長いこと走らせると，各頂点を訪れる相対頻度が定常分布に収束する．このことにより，$\mathcal{F}$ をファイバーとし π をファイバー上の超幾何分布とするときに，π を定常分布とするマルコフ連鎖の推移確率行列を構成できれば，マルコフ連鎖により (2.59) 式の右辺の和を近似することができる．このような方法を**マルコフ連鎖モンテカルロ法**という．

ここで (2.61) 式の左辺 πQ の意味を考察してみる．いま時刻 t で確率分布 π に従って頂点 x_i を選び，q_{ij} の確率で x_j に移動することを考える．そうすると時刻 $t+1$ で頂点 x_j にいる確率は，$\sum_{i=1}^{s} \pi_i q_{ij}$ と表されるから，これは πQ の第 j 要素である．このことから，写像

$$\pi \mapsto \pi Q$$

はマルコフ連鎖の 1 ステップより $\mathcal{F}$ 上の確率分布がどのように変化するかを表している．

さて，マルコフ連鎖では，一つの "粒子" が条件つき確率 q_{ij} に従って次々と頂点を移動するようにイメージするが，別の見方として，大量の粒子が独立に同じマルコフ連鎖に従って動いたときの相対頻度の変化を考えることも有用である．いま s

個の地域からなる国を考える．そして，一年間に地域 i の住民のうち地域 j に引っ越す住民の割合を q_{ij} で表す．この国は N 人（例えば 1 億人）の人口を持ち，t 年に地域 i にいる人口の割合を $\pi_i^{(t)}$ とすると

$$\boldsymbol{\pi}^{(t)} = (\pi_1^{(t)}, \ldots, \pi_s^{(t)})$$

は t 年の各地域の人口の割合を表すベクトルとなる．このように考えると

$$\boldsymbol{\pi}^{(t)} \mapsto \boldsymbol{\pi}^{(t+1)} = \boldsymbol{\pi}^{(t)} Q \tag{2.62}$$

は，この国の各地域の人口の割合が t 年から $t+1$ 年にかけてどのように変化するか，を表すことがわかる．ここで

$$N \pi_i^{(t)} q_{ij}$$

は t 年に地域 i から地域 j に移動する人数を表す．そこでもし

$$\pi_i^{(t)} q_{ij} = \pi_j^{(t)} q_{ji}$$

が成り立つと，地域 i と j の間では流出と流入が釣り合って，この2地域間に限れば人口が変化しない．また

$$\pi_i^{(t)} q_{ij} > \pi_j^{(t)} q_{ji}$$

であれば，地域 i から j に移動する人数のほうが逆の人数より多くなるから，この2地域間に限れば $t+1$ 時点で j 地域の人口が増えて，より釣り合う状況になることがわかる．このような議論から $\boldsymbol{\pi}$ と Q の間に

$$\pi_i q_{ij} = \pi_j q_{ji}, \qquad \forall i, j \tag{2.63}$$

の関係があれば，$\boldsymbol{\pi}$ は定常分布であり，(2.62) 式の推移により $\lim_{t \to \infty} \boldsymbol{\pi}^{(t)} = \boldsymbol{\pi}$ となりそうなことが了解される．(2.63) 式は**詳細釣り合い条件**とよばれる．**可逆性条件**とよばれることもある．

簡単な例で詳細釣り合い条件を考えてみよう．$s = 3$ としグラフとしては3角形を考える．3角形の各頂点から時計回りに確率 p で推移し，反時計回りに確率 $q = 1 - p$ で推移することを考える．3角系の頂点に時計回りに 1,2,3 と番号をふると，推移確率行列は

$$Q = \begin{pmatrix} 0 & p & 1-p \\ 1-p & 0 & p \\ p & 1-p & 0 \end{pmatrix}$$

である．対称性から定常分布は $(1/3, 1/3, 1/3)$ である．$p=1/2$ のときは詳細釣り合い条件が満たされるが，$p > 1/2$ だと時計回りの人口移動のほうが反時計回りの人口移動よりも大きくなるから，各辺での詳細釣り合い条件は満たされない．しかし3角形全体では定常分布からは変化しない．

以上のように詳細釣り合い条件を理解すれば，Metropolis-Hastings アルゴリズムの考え方を理解するのは容易である．与えられた分布 π に対して，これを定常分布に持つような推移行列を設計するには，(2.63) 式より基本的には

$$\frac{q_{ji}}{q_{ij}} = \frac{\pi_i}{\pi_j}, \qquad \forall i,j \tag{2.64}$$

を満たすように Q を定めればよい．ただし $0 \leq q_{ij}, q_{ji} \leq 1$ という制約があるので，『グレブナー道場』定理 4.1.22 のように切り下げの処理が必要となる．

最後に強調すべき点として，マルコフ連鎖モンテカルロ法においては定常分布の基準化定数が不要であることがあげられる．(2.64) 式の右辺は確率の比のみに依存しているために，分布の基準化定数が不要であることに注意しよう．つまり Metropolis-Hastings アルゴリズムは，定常分布 π の基準化定数が求まっていない場合にも用いることができるのである．これがマルコフ連鎖モンテカルロ法の一つの大きな利点である．

2.9 ホロノミックな確率分布

ホロノミック勾配法は日比プロジェクトの中で生まれた新しい手法であり，正規分布など統計学に現れる多くの確率分布が，確率変数とパラメータの両方の関数としてホロノミック関数であることを用いて，確率分布の基準化定数が満たす微分方程式系を求め，それにより基準化定数の数値計算や最尤推定値の計算などをおこなう手法である．論文としては [3] で提案され，『グレブナー道場』の第 6 章で解説されている．また本書の第 6 章の研究の最前線でも扱われている．

ここでは『グレブナー道場』6.13 節 (6.42) 式で議論されている正規化定数

$$Z(\beta; x) = \sum_{k \in \mathbf{N}_0^n : Ak = \beta} \frac{|k|! x^k}{k_1! \ldots k_n!} \tag{2.65}$$

について，統計学の観点から説明してみよう．

いま有限集合 Ω 上の確率分布 p を考える．モデルとしては飽和モデルを考え，p は確率単体 Δ^{M-1} 全体を動くものとしよう．p から n 回の観測をおこなったとき

の頻度ベクトルの確率分布は (2.12) 式より

$$p(\bm{x};\bm{p}) = \frac{n!}{\bm{x}!}\bm{p}^{\bm{x}}$$

で与えられる．ここで，頻度ベクトルを特定のファイバー $\mathcal{F}_t$ に制限したときの条件つき確率を考えると，

$$p(\bm{x};\bm{p} \mid \bm{x} \in \mathcal{F}_t) = \frac{1}{Z(t;\bm{p})}\frac{n!}{\bm{x}!}\bm{p}^{\bm{x}}, \qquad Z(t;\bm{p}) = \sum_{\bm{x} \in \mathcal{F}_t} \frac{n!}{\bm{x}!}\bm{p}^{\bm{x}} \qquad (2.66)$$

となるから，(2.65) 式は飽和モデルをトーリックモデルのファイバーに制限したときの条件つき分布の基準化定数であることがわかる．(2.66) 式の分布は**一般化超幾何分布**とよばれることが多い．$Z(\beta;x)$ は『グレブナー道場』6.12 節で議論されている A-超幾何系を満たすことがわかっているので，ホロノミック勾配法を用いて数値計算をおこなうことができる．ただし，これは一般論であり，個々の問題についてはそれぞれ数値計算上の工夫が必要となる．これは，マルコフ基底の一般論と個々の問題におけるマルコフ基底の導出の関係と同様である．

一般化超幾何分布は条件つき分布として現れるために，(2.66) 式に基づいて確率ベクトル $\bm{p}$ の最尤推定をおこなうことを**条件つき最尤法**とよぶことが多い．条件つき最尤法は実用上も重要となるケースがある．例えば，多くの分割表においてオッズ比が共通であるようなモデルの推定には条件つき最尤法が有用である．

またマルコフ基底との関連で言えば，一般化超幾何分布は帰無仮説としてのトーリックモデル $\mathcal{M}$ が棄却された場合に考慮すべきモデルであり，その際には $\bm{p}$ を全く自由とするのではなく，$\mathcal{M}$ を含むがあまり大きくないモデル $\mathcal{M}'$ の当てはまりを検討することが必要となる．$\mathcal{M}'$ が A-超幾何系の特異点の集合と重なるような場合には，数値的な困難が予想される．

2.10 その他の話題

本章では，トーリックモデルを中心として代数統計について述べて来た．また推定法としては最尤法のみを扱ってきた．

対数をとるかとらないかの違いはあるものの，トーリックモデルは指数型分布族とほぼ同じものであり，指数型分布族の利点と欠点をそのまま引き継いでいる．指数型分布族の一つの欠点として，周辺分布をとることについて閉じていないことが上げられる．例えば m 元分割表のデータに階層型モデルを仮定したとき，一つの要因について周辺和をとって $m-1$ 元の分割表を考えると，一般には周辺化したモ

デルは階層型モデルにはならない．トーリックモデルではセル確率が単項式の形で表されるが，単項式の和は一般には単項式にならないから，このことは明らかである．また階層モデルが周辺化について閉じていないことはシンプソンのパラドックスとよばれる現象の背景となっている．つまり周辺化された分割表での交互作用の様子が，周辺化される前の交互作用の様子とかなり異なってしまうことがあり，これが解釈上の問題を引きおこすことがある．

このことは，代数統計におけるベイズ法の扱いにも関係している．ベイズ法では，分布のパラメータ θ に事前分布 $\pi(\theta)$ を仮定し，確率関数に事前分布をかけて

$$\pi(\theta)p(\boldsymbol{x};\theta) \tag{2.67}$$

を考察する．そして，所与のデータ $\boldsymbol{x}$ が与えられた時に事後分布

$$\pi(\theta\mid\boldsymbol{x}) = \frac{\pi(\theta)p(\boldsymbol{x};\theta)}{\int_\Theta \pi(\theta)p(\boldsymbol{x};\theta)d\theta} \tag{2.68}$$

に基づいて統計的推測をおこなう．ベイズ法によるパラメータの推定は，事後分布の期待値を用いたり，あるいは最尤法のかわりに (2.67) 式の最大値を求める方法（MAP 推定，maximum a posteriori probability estimate）が用いられる．

(2.68) 式の分母は事後分布の基準化定数であるが，この積分の評価が一般には困難である．2.8 節の最後に述べたように，マルコフ連鎖モンテカルロ法を用いると基準化定数の評価が不要となるために，ベイズ法の実際の利用においては，事後分布をマルコフ連鎖モンテカルロ法によって近似することが多い．ベイズ法が広く用いられるようになった背景として，汎用的なマルコフ連鎖モンテカルロ法の開発がある．

しかしながら，乱数に基づくマルコフ連鎖モンテカルロ法は，必要な精度を確保するために時間がかかるなどの問題点もある．ホロノミック勾配法の観点からは，ホロノミック関数が積分に対して閉じているという利点から，ホロノミック勾配法のベイズ法への応用も一つの重要な研究課題である．

2.11 練習問題

問1 (2.18) 式の自由度が $N-1$ であることを示せ．

問2 サイコロの目の出やすさについて (2.3) 式のモデルを考える．いま n 回サイコロをなげて，目の平均値が 4.5 であったとする．この時の θ の最尤推定値を求めよ．そのために (2.31) 式を用いよ．また，もし n 回なげてすべて 6 の目であった時の最尤推定値はどのように考えればよいか．

問 3 (2.18) 式の Mallows-Bradley-Terry モデルの基準化定数について，Vandermonde の行列式や，行列式に似た定義を持つ permanent，を用いて表せ．N が大きいときこの基準化定数を求めることがどの程度難しいかについて議論せよ．

問 4 (2.37) 式において $\alpha_1 = \beta_1 = 1$, $\alpha_2 = \alpha$, $\beta_2 = \beta$ とおき

$$(p_{11}, p_{12}, p_{21}, p_{22}) \propto (1, \beta, \alpha, \alpha\beta)$$

としてもよいことを示せ．この場合の配置行列は

$$A = \begin{pmatrix} 0 & 0 & 1 & 1 \\ 0 & 1 & 0 & 1 \end{pmatrix}$$

となるが，注意 2.5.2 を参考に (2.38) 式の配置行列との関係を述べよ．

問 5 図 2.1 の 2×2 独立モデルを表す曲面が線織面であることを示せ．また曲面を線分の和集合として表す時に，二つの表し方があることを示せ．これらの二つの表し方が，正四面体の頂点を共有しない二つの辺をどのように結んでいるかを説明せよ．

問 6 $I \times J$ 分割表の独立モデルの配置行列を示せ．またそのランクを示せ．

問 7 (2.44) 式を確認せよ．

問 8 $I \times J$ 分割表で行和および列和を与えたとき，x_{ij} の動ける範囲は

$$\max(0, x_{i\cdot} + x_{\cdot j} - n) \le x_{ij} \le \min(x_{i\cdot}, x_{\cdot j})$$

であることを示せ．

問 9 (2.46) 式のモデルのもとで (2.47) 式が成り立つことを確認せよ．

問 10 セル確率がすべて正の条件のもとで，(2.50) 式と (2.51) 式が同値であることを示せ．（逆の方向を示すには i', j', k' を特定の水準に固定して考えるとよい．）

略解

問 1 特性値の間に

$$\omega(1) + \omega(2) + \cdots + \omega(N) = 1 + 2 + \cdots + N = \frac{N(N+1)}{2}$$

いう線形な関係があり，配置行列で考えると $(1, 1, \ldots, 1)$ が配置行列の行和に比例している．配置行列のランクは N であるが，1 を引くこととなる．

問 2 このモデルのもとで，十分統計量が目の平均値（あるいは和）であることがわかる．一様分布の時は目の期待値は 3.5 なのでそれより大きい目が出た状況にあたる．指数型分布族の場合には，標本平均をモデルのもとでの期待値と等値すればよい．具体的には

$$4.5 = \frac{1 + 2\theta + 3\theta^2 + \cdots + 6\theta^5}{1 + \theta + \cdots + \theta^5}$$

を解いて $\hat{\theta} = 1.45$ の推定値を得る．すべての目が 6 だったときには尤度は θ について常に単調増加となり，最尤推定値としては $\hat{\theta} = \infty$ となる．確率単体で考えれば，最尤推定値は $(0, 0, 0, 0, 0, 1)$ であり，確率単体の端点が最尤推定値となる．

問 3 Vandermonde 行列式にあらわれる行列の permanent をとったものが基準化定数となる．permanent の計算は一般に計算量が多くなるとされているが，この場合特殊な形をしているので，計算の工夫の余地はあり得る．

問 4 基準化定数が $1 + \beta + \alpha + \alpha\beta = (1+\alpha)(1+\beta)$ となるから確率ベクトルは $(1, \alpha, \beta, \alpha\beta)/[(1+\alpha)(1+\beta)]$ である．$p_{1\cdot} = 1/(1+\alpha)$, $p_{2\cdot} = \alpha/(1+\alpha)$ のように対応させればよい．また問に与えられた A に $(1, 1, 1, 1)$ の行を加えると (2.38) 式の配置行列の行変形と一致する．

問 5 $0 \leq \alpha \leq 1$, $0 \leq \beta \leq 1$ によって独立モデルは

$$(p_{11}, p_{12}, p_{21}, p_{22}) = (\alpha\beta, \alpha(1-\beta), (1-\alpha)\beta, (1-\alpha)(1-\beta))$$
$$= (0, \alpha, 0, 1-\alpha) + \beta(\alpha, -\alpha, (1-\alpha), -(1-\alpha))$$

と表される．ここから p_{22} を省略すれば

$$(p_{11}, p_{12}, p_{21}) = (0, \alpha, 0) + \beta(\alpha, -\alpha, 1-\alpha)$$

となる．α を固定して $0 \leq \beta \leq 1$ を動かすと，これは $(0, \alpha, 0)$ から出発して $(\alpha, -\alpha, 1-\alpha)$ 方向の線分で $(\alpha, 0, 1-\alpha)$ に至る．したがって曲面はこれらの線分の和集合である．$\alpha = p_{11} + p_{12}$ であるから，これが一定の垂直な面と図 2.1 の曲面の交わりが線分となるはずである．図 2.1 を見ると，$p_{12} = 0$ の面と曲面が 45 度線で交わっており，そのように見える．ここまでの説明では α を固定して $0 \leq \beta \leq 1$ の範囲で動かした線分を考えたが，α と β の役割を交換すれば，別の線織面としての表し方が得られる．

図 2.1 を参考にすると，正四面体の頂点を A, B, C, D として辺 AB および辺 DC を考える．時刻 $t = 0$ に点 A から出発して時刻 $t = 1$ に点 B に到達する点

を P_t, $t=0$ に点 D から出発して $t=1$ に点 C に到達する点を Q_t とする．そうすると曲面は P_t と Q_t $(0 \leq t \leq 1)$ を結ぶ線分の和集合として表される．辺の組として BC, AD を考えると，別の表し方が得られる．濱田龍義氏にお願いして geogebra5 で以上の考え方で作図したものが次図である[19]．ここでは2つの視点から見た図を示しているが，geogebra5 ではマウスを使って図を3次元的に自由に回転することができるので，曲面の様子がよくわかる．

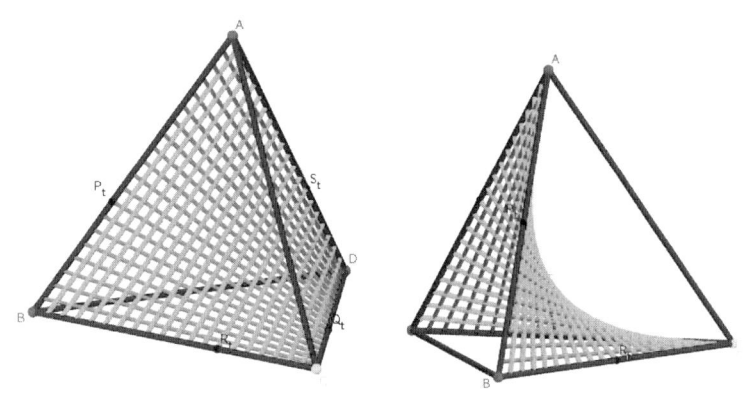

問6 e_i を第 i 標準座標ベクトルとし，$a \oplus b$ を列ベクトル a と b を縦に積んだベクトルとすると，配置行列の列（全部で IJ 列）は $e_i \oplus e_j, i \in [I], j \in [J]$ の形である．配置行列の最初の I 行の和と最後の J 行の和はいずれも $(1, 1, \ldots, 1)$ となり，これ以外の一次従属性は無いから，配置行列のランクは $I+J-1$ となり，モデルの自由度は $I+J-2$ である．

問7 基準化定数を確認すればよい．ここでは

$$\frac{n!}{\prod_{j=1}^J x_{\cdot j}!} = \sum_{\boldsymbol{x} \in \mathcal{F}_t} \prod_{i=1}^I \frac{x_{i\cdot}!}{x_{i1}! \ldots x_{iJ}!}$$

の形で示すことを考える．それには $a_1, \ldots, a_J$ を不定元として

$$(a_1 + \cdots + a_J)^n = (a_1 + \cdots + a_J)^{x_{1\cdot}} \ldots (a_1 + \cdots + a_J)^{x_{I\cdot}}$$

の等式において，$a_1^{x_{\cdot 1}} \ldots a_J^{x_{\cdot J}}$ の係数を考えて等値すればよい．

問8 添字に関する対称性より，$i=j=1$ の場合に示せばよい．いま $I \times J$ 分割表で，2行以降，2列以降の同時頻度の和をとって 2×2 分割表に縮めることを考

---
[19] ブラウザから http://tube.geogebra.org/student/m166609 にアクセスすると動的に線織面を描くことができる．

えると，x_{11} は 2×2 分割表についても条件を満たしていなければならないから，x_{11} は与えられた範囲になければならない．あとは，この範囲のすべての値をとり得ることを示す必要がある．まず次の事実が成り立つことは，行数に関する帰納法で容易に示される：「I 個の非負整数 $x_{1\cdot},\ldots,x_{I\cdot}$ と j 個の非負整数 $x_{\cdot 1},\ldots,x_{\cdot j}$ で和が等しい ($\sum_i x_{i\cdot} = \sum_j x_{\cdot j}$) ならば，これらを周辺和として持つ非負の同時頻度が存在する．」このことを用いると，2 行 ($I=2$) の場合に x_{11} が与えられた範囲の任意の値をとり得ることを言えばよい．2 行の場合には x_{11} が与えられると x_{21} が自動的に決まるから，1 列目を除いて $2 \times (J-1)$ 行列で考えれば，再び上の事実から他のセルがうめられることがわかる．

問 9 (2.47) 式は確率の比の形をしているので，基準化定数は影響を及ぼさない．そこで $p_{ijk} = \alpha_{ij}\beta_{jk}$ としてよい．

$$p_{\cdot j\cdot} = \sum_i \sum_k (\alpha_{ij}\beta_{jk}) = (\sum_i \alpha_{ij})(\sum_k \beta_{jk})$$

$$p_{ij\cdot} = \sum_k (\alpha_{ij}\beta_{jk}) = \alpha_{ij}(\sum_k \beta_{jk})$$

$$p_{\cdot jk} = \sum_i (\alpha_{ij}\beta_{jk}) = (\sum_i \alpha_{ij})\beta_{jk}$$

となることから，両辺とも $\alpha_{ij}\beta_{jk}/(\sum_{i'} \alpha_{i'j})(\sum_{k'} \beta_{jk'})$ に等しい．

問 10 (2.50) 式から (2.52) 式が出ることは機械的にチェックできる．逆を示すには $1 = i' = j' = k'$ としてやれば

$$p_{ijk} = \frac{p_{111} p_{1jk} p_{i1k} p_{ij1}}{p_{i11} p_{1j1} p_{11k}}$$

となり，一つの添字のみに依存する項を 2 つの添字に依存する項に適宜振り分けて吸収すれば (2.50) 式の形に書けることがわかる．

参考文献

[1] S. Aoki, H. Hara and A. Takemura, *Markov Bases in Algebraic Statistics*, Springer, 2012.
[2] D.E. Critchlow and M.A. Fligner, Paired comparison, triple comparison, and ranking experiments as generalized linear models, and their implementation in GLIM, *Psychometrika*, **56**, 517–533, 1991.
[3] H. Nakayama, K. Nishiyama, M. Noro, K. Ohara, T. Sei, N. Takayama, A. Takemura, Holonomic Gradient Descent and its Application to the Fisher-Bingham Integral, *Advances in Applied Mathematics*, **47**, 639–658, 2011.
[4] 田中勝人，『統計学』第 2 版，新世社，2011.

第3章 道場への切符

日比孝之

本章は,『グレブナー道場』の第1章「グレブナー基底の伊呂波」を読破するのが困難な読者のための処方箋である.
その「グレブナー基底の伊呂波」は,特別な予備知識を仮定せず,可能な限り短時間で,グレブナー基底の神髄を理解することができることを狙いとし,執筆された.しかしながら,読者,あるいは,セミナーなどのテキストとして使っている数学関係者から,初学者の躓(つまず)く箇所が頻繁に現れる,という旨の指摘がある.特に,代数学の初歩に触れた経験の乏しい読者は,イデアルと聞いただけでも身震いし,怯(ひる)んでしまうということを耳にする.そのような悲惨な現状を打破するための,言うなれば「教科書ガイド」(俗称,さんもん),の役割を演ずるのが,本章である.
であるから,本章は,「グレブナー基底の伊呂波」の読破を目指し,独学,あるいは,セミナーなどで読んでいる読者を想定し,執筆されている.本章を参照しつつ,「グレブナー基底の伊呂波」を読むならば,「グレブナー基底の伊呂波」を読破するのに必要な予備知識は,高校数学の大学入試センター試験の水準ほどになる.特に,微分積分などの予備知識は皆無である.
とは言うものの,「グレブナー基底の伊呂波」は67ページもあるのだから,それらのすべてを懇切丁寧に補足解説することは,本章の紙面の都合上,困難である.であるから,本章では,「グレブナー基底の伊呂波」の

　　　§1.1 多項式環
　　　§1.2 割り算アルゴリズム
　　　§1.3 Buchberger判定法とBuchbergerアルゴリズム

に焦点を絞る.これら§1.1～§1.3は,グレブナー基底の理論を修得する際の骨格であるとともに,反面,これらを完璧に理解しているならば,グレブナー基底のユーザーとなることができる.
本章は,グレブナー基底の第一の関所を突破するための鈍行列車の旅の切符である.都会の雑踏から解放され,のんびり景色を楽しみ,駅弁を食べながらの田舎の列車の旅も風流である.
付録として,本章の最後には,「グレブナー基底ユーザー検定試験」と称する○×問題が100題準備されている.その90%を正解することができれば,グレブナー基底のユーザーの仮免許を取得できたと判断される.
以下,『グレブナー道場』の第1章「グレブナー基底の伊呂波」を,単に,『道場』と略記する.

3.1 単項式

高校数学の教科書『数学Ⅰ』(数研出版) の 6 ページにおける単項式の記述の箇所は「$2, x, 3a^2, (-5)x^2y$ のように，数と文字およびそれらを掛け合わせてできる式を**単項式**という．」となっている．ところが，このような単項式の定義に従うと，たとえば，$2x^2y$ と $(-3)x^2y$ は異なる単項式としなければならないが，そのようなことは，グレブナー基底の理論を築く際には困ったことになる．何が困るかは，後から補足する．それから，高校数学では，使う文字の制限はない．必要に応じ，x,y,z とか，a,b,c とか，x_1,x_2,x_3 とか，自由気侭（きまま）に使えばいいが，このようにすると，無限個の文字が許されることになり，これも困る．高校数学は，困ったことばっかりをやっているとは言わないが，厳密な理論を構築するには，その枠組をしっかりさせなくてはならない．

『道場』の 2 ページの単項式の定義を復習しよう．まず，使用される文字（**変数**と呼ぶ）を $x_1,x_2,\ldots,x_n$ の n 個に限定する．非負整数 $a_1,a_2,\ldots,a_n$ があったとき，変数の積[1]

$$x_1^{a_1}x_2^{a_2}\cdots x_n^{a_n} \tag{3.1}$$

を**単項式**と呼ぶ．この単項式を，簡単に，

$$\prod_{i=1}^n x_i^{a_i}$$

と表すこともある．単項式 (3.1) の**次数**を $a_1+a_2+\cdots+a_n$ と定義する．

二つの単項式 $\prod_{i=1}^n x_i^{a_i}$ と $\prod_{i=1}^n x_i^{b_i}$ が**等しい**とは，$a_i=b_i$ がすべての i について成立するときに言う．

煩雑さを回避するため，$a_i=0$ のときは $x_i^{a_i}$ は省く．さらに，$a_i=1$ のときは x_i^1 を x_i とする．たとえば，$n=4$ とし，$a_1=3, a_2=0, a_3=1, a_4=2$ ならば，単項式 (3.1) は，本来ならば，$x_1^3 x_2^0 x_3^1 x_4^2$ とするべきところを，$x_1^3 x_3 x_4^2$ と略記するのである．

特に，$a_1=a_2=\ldots=a_n=0$ のとき，単項式 (3.1) は，数字の 1 と思うこととすれば，1 も単項式である．単項式 1 の次数は 0 である．

単項式 $\prod_{i=1}^n x_i^{a_i}$ と $\prod_{i=1}^n x_i^{b_i}$ の**積**を

---

[1] 「変数の積」と言うのは厳密性に欠ける．「変数の積」は定義されていないからである．むしろ，(3.1) の表示を単項式と呼ぶ，と理解すべきであろう．

$$\left(\prod_{i=1}^{n} x_i^{a_i}\right)\left(\prod_{i=1}^{n} x_i^{b_i}\right) = \prod_{i=1}^{n} x_i^{a_i+b_i}$$

と定義する．

『道場』と『数学Ⅰ』の単項式の定義の相違に注意すると，まず，『道場』の3ページの斉次多項式のところまでは，特に難所はないであろう．

繰り返すが，『数学Ⅰ』では，文字に制限を設けていないが，文字式の加法，減法，乗法は，何の疑問も無く，さも知っているかのように導入されている．『道場』では，あくまでも，使用する文字を $x_1, x_2, \ldots, x_n$ の n 個に限定し，議論を展開する．

さらに，係数の範囲も決めなければならない．『数学Ⅰ』でも，因数分解のときは，係数の範囲を注意する必要がある．たとえば，$x^4 - 4$ の因数分解は，有理数の範囲ならば $(x^2+2)(x^2-2)$ と，実数の範囲ならば $(x^2+2)(x+\sqrt{2})(x-\sqrt{2})$ と，複素数の範囲ならば $(x+\sqrt{-2})(x-\sqrt{-2})(x+\sqrt{2})(x-\sqrt{2})$ と，それぞれ因数分解される．

『道場』では，多項式を扱うときには，係数は，有理数，実数，あるいは，複素数に限定する．慣習に従い，有理数全体の集合を $\mathbb{Q}$ と，実数全体の集合を $\mathbb{R}$ と，複素数全体の集合を $\mathbb{C}$ と，それぞれ表す．なお，『道場』では，記号 K は，$\mathbb{Q}, \mathbb{R}$，あるいは，$\mathbb{C}$ のいずれかを表すものとするが，読者は，$K = \mathbb{Q}$ と思って，『道場』を読み進めても差し障りはない．

係数を K の元とする，変数 $x_1, x_2, \ldots, x_n$ の多項式全体の集合を

$$K[x_1, x_2, \ldots, x_n] \tag{3.2}$$

と表し，K 上の n 変数**多項式環**と呼ぶ．簡単のため，(3.2) を

$$K[\mathbf{x}]$$

と表すこともある．なお，略記号 $K[\mathbf{x}]$ は，『道場』では，6ページの4行目になって，始めて登場する．

わざわざ「環」と呼ぶのはなぜか，と，代数に馴染みの薄い読者は疑問に思うが，もっともであろう．『道場』の3ページにもあるが，単なる集合ではなく，加法と乗法を兼ね備えていることを厳（いか）めしく強調するため，「環」と呼ぶのである．

『道場』の2ページの再下段から3ページの最上段でも触れているが，**多項式**を厳密に定義するのは，線型代数（「線形」ではなく，「線型」を使うのが正統である！）に基礎知識が必要である．しかしながら，線型代数でも，躓（つまず）くところであるから，ちょっと脱線になるが，解説しよう．

変数 $x_1, x_2, \ldots, x_n$ の単項式の全体を基底とする K 上の線型空間を $K[\mathbf{x}] = K[x_1, x_2, \ldots, x_n]$ と表し，$K[\mathbf{x}]$ の元を K の元を係数とする変数 $x_1, x_2, \ldots, x_n$ の多項式と呼ぶ．すると，単項式の積は，自然に多項式の積を導く．すると，$K[\mathbf{x}]$ は，積の定義された線型空間である．

読者が線型代数を習得しているならば，このような多項式と多項式環の定義を，是非，理解して欲しい．理工系の学生には，そのような甘いことは許されないが，読者が線型代数の知識がなければ，『道場』の 1.1.1 項を理解することで代替しよう．

『数学 II 』（数研出版）の第 1 章「式と証明」では，分数式の計算を扱っているが，『道場』では，分数式（いわゆる**有理函数**）は，負の冪を許す単項式（1.5.4 項）を除き，扱わない．

3.2 Dicksonの補題

Dickson の補題（『道場』の定理 1.1.3）そのものは，古典的な組合せ論の範疇に属する結果である．しかしながら，グレブナー基底の理論の基礎（と言うか，根幹）を担うアルゴリズムなどの構築に際し，Dickson の補題は不可欠である．他方，Dickson の補題の証明を理解するには，数学的帰納法の原理さえ知っていれば大丈夫で，高校数学の予備知識すら不要である．と言っても，予備知識が不要であることと，証明をスラスラ小説のように読めることとは，全く異なる．実際，『道場』の定理 1.1.3 の証明を納得することは，それほど易しいことではない，との評判を風の便りで聞く．もっとも，証明を読み飛ばしても，その後の『道場』を読破することに支障はないであろう．けれども，すでに言及したように（そして，後ほど，具体的に指摘することになるであろうけれども）Dickson の補題は，グレブナー基底の巨大理論の支柱とも言える定理であるから，Dickson に敬意を表することも含め，その証明は，じっくり味わうべきである．

雑談から始めたが，懸案（？）の Dickson の補題の解説をしよう．まず，『道場』の 3 ページに沿って，基礎概念と記号の復習をする．

変数 $x_1, \ldots, x_n$ の単項式の全体を $\mathcal{M}_n$ と表す．すなわち

$$\mathcal{M}_n = \left\{ \prod_{i=1}^n x_i^{a_i} : a_1, \ldots, a_n \text{ は非負整数} \right\}$$

である．単項式 $\prod_{i=1}^n x_i^{a_i}$ を扱うとき，特に，冪（べき）の $a_1, \ldots, a_n$ を必要とすることがなければ，わざわざ煩雑な表記 $\prod_{i=1}^n x_i^{a_i}$ を使うことを避け，簡単に，文字

u, v, w などで単項式を表すことがある.

単項式 $u = \prod_{i=1}^{n} x_i^{a_i}$ と $v = \prod_{i=1}^{n} x_i^{b_i}$ があったとき, u が v を**割り切る**とは, $a_i \leq b_i$ が任意の $i = 1, \ldots, n$ について成立するときに言う. すると,

- 単項式 u は u 自分自身を割り切る.
- 単項式 u が単項式 v を割り切り, 逆に v が u を割り切るならば, $u = v$ である.
- 単項式 u, v, w があって, u が v を割り切り, v が w を割り切るならば, u は w を割り切る.

単項式 u が単項式 v を割り切るとき, $u \mid v$ と表す. たとえば, $x_1 x_2^3 x_3^2 \mid x_1^5 x_2^3 x_3^4$ など.

余談であるが, 変数 $x_1, \ldots, x_n$ の単項式という表現はわかりやすいと思って使っているのだけど, 一般には, 多項式環 $K[\mathbf{x}] = K[x_1, \ldots, x_n]$ の単項式という表現が使われる. であるから, $\mathcal{M}_n$ よりも, たとえば, $\mathrm{Mon}(K[\mathbf{x}])$ などを使っているテキストもある.

集合 $\mathcal{M}_n$ の空でない部分集合 M があったとき, M に属する単項式 u が M の**極小元**であるとは, u を割り切る単項式が (u 自身を除くと) $\mathcal{M}$ には存在しないときに言う. すなわち, 単項式 u が M の極小元であるとは, 単項式 v が M に属し, $v \neq u$ ならば, v は u を割り切らないときに言う.『道場』では, その対偶「$u \in M$ が $\mathcal{M}$ の極小元であるとは, 任意の $v \in M$ について, $v \mid u$ ならば $v = u$ が成立するときに言う」が記載されている.

『道場』の定理 1.1.3 の **Dickson の補題**とは, **空でない単項式の任意の集合 $M \subset \mathcal{M}_n$ の極小元は有限個しか存在しない**——という定理である. と聞いて, そりゃあそうだろう, と思うか, えっ, そんなこと言えるの？と思うか, 読者はどちらであろうか.

例 1.1.1 は, Dickson の補題の $n = 1, 2$ のときの証明である.［雑談であるが, $n = 2$ のときの証明が, かつて, どこかの大学院の入試問題で出題された, ということを, 風の便りに聞いた覚えがある.］『道場』では, 例 1.1.1 は, さっと流してあるから, 以下, 少し詳しく議論しよう.

まず, (a) の $n = 1$ のときを扱う. 一変数であるから, 簡単に, x_1 を x と表す. 変数 x の単項式は

$$1, x, x^2, x^3, x^4, \ldots$$

であるから, $\mathcal{M}_1$ の空でない部分集合 M に属する元は

$$x^{q_1},\, x^{q_2},\, x^{q_3},\, \ldots, \quad 0 \leq q_1 < q_2 < q_3 < \cdots$$

となっている．すると，M の極小元は x^{q_1} 唯一つである．

次に，(b) の $n=2$ のときを扱う．簡単のため，変数 x_1 と x_2 を，それぞれ，x と y で表す．単項式 $x^a y^b$（但し，a と b は非負整数）と座標平面上の**格子点** (a,b) を同一視する．[注意：座標平面上の点 (a,b) は，a と b が整数のとき，格子点と呼ばれる．]すると，$M \subset \mathcal{M}_2$ は，座標平面の第 1 象限とその境界に属する格子点の集合と思うことができる．いま，$x^a y^b$ が $x^{a'} y^{b'}$ を割り切るとは，$a \leq a'$, $b \leq b'$ となることであるから，格子点の言葉で換言すると，$x^a y^b$ が $x^{a'} y^{b'}$ を割り切るとは，格子点 (a',b') が，図 3.1（境界を含む）の領域

$$L_{(a,b)} = \{\, (x,y) \in \mathbb{R}^2 : x \geq a,\, y \geq b \,\}$$

に含まれることである．領域 $L_{(a,b)}$ を，便宜上，格子点 (a,b) を頂点とする**格子半開長方形**と呼ぶ．

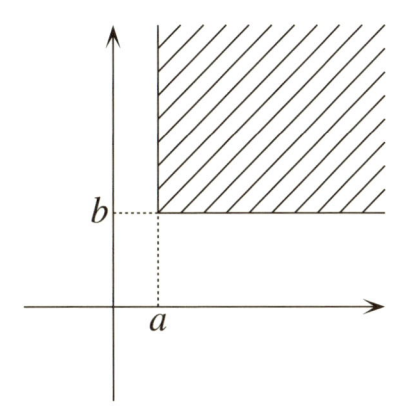

図 3.1 格子半開長方形 $L_{(a,b)}$

もっと言うと，格子半開長方形 $L_{(a,b)}$ と $L_{(a',b')}$ があったとき，$x^a y^b$ が $x^{a'} y^{b'}$ を割り切るとは，$L_{(a',b')} \subset L_{(a,b)}$ となることである．

格子半開長方形 $L_{(a,b)}$ と $L_{(a',b')}$ があったとき，$L_{(a,b)}$ と $L_{(a',b')}$ に**包含関係がない**とは，$L_{(a,b)} \not\subset L_{(a',b')}$ かつ $L_{(a',b')} \not\subset L_{(a,b)}$ であるときに言う．

いま，$M \subset \mathcal{M}_2$ の極小元を

$$x^{a_1} y^{b_1},\, x^{a_2} y^{b_2}, \ldots$$

とすると, $i \neq j$ のとき, $x^{a_i}y^{b_i}$ は $x^{a_j}y^{b_j}$ を割り切らず, $x^{a_j}y^{b_j}$ は $x^{a_i}y^{b_i}$ を割り切らないのであるから, $L_{(a_i,b_i)}$ と $L_{(a_j,b_j)}$ に包含関係はない.

(3.2.1) 例題 格子半開長方形 $L_{(a,b)}$ と $L_{(a',b')}$ に包含関係がなく, $a \leq a'$ とすると, $a < a'$ かつ $b > b'$ である. これを証明せよ.

[解答] 格子半開長方形 $L_{(a,b)}$ と $L_{(a',b')}$ (ただし, $a \leq a'$) に包含関係がないから, $L_{(a,b)}$ と $L_{(a',b')}$ の図を描くと, 図 3.2 のようになる. すなわち, $a < a'$ かつ $b > b'$ である. ■

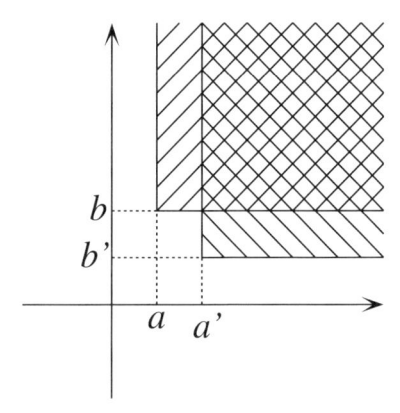

図 3.2 包含関係のない格子半開長方形

図 3.2 をじ～っと眺めると, 第 1 象限 (境界を含む) に, 無限個の, 包含関係のない格子半開長方形を描くことが不可能であることの, 直感的な理解ができるであろう. すなわち,

(3.2.2) 例題 格子半開長方形の集合 Ω に属する任意の $L_{(a,b)}$ と $L_{(a',b')}$ (ただし, $L_{(a,b)} \neq L_{(a',b')}$ とする) に包含関係がなければ, Ω は有限集合である. これを証明せよ.

[解答] 集合 Ω に属する格子半開長方形を
$$L_{(a_1,b_1)}, L_{(a_2,b_2)}, L_{(a_3,b_3)}, \ldots, \quad a_1 \leq a_2 \leq a_3 \leq \cdots$$
とすると, 例題 (3.2.1) から
$$a_1 < a_2 < a_3 < \cdots, \quad b_1 > b_2 > b_3 > \cdots$$

となる．すると，非負整数から成る数列 $\{b_i\}_{i=1,2,3,...}$ は有限数列である．すると，Ω は有限集合である．■

例題 (3.2.2) は，$n=2$ のときの，Dickson の補題の証明である．

『道場』の例 1.1.1 の解説に随分と紙面を費やしたが，続いて，『道場』の問題 1.1.2 の解答を載せる．たとえば，

$$L_{(1,s)} \cup L_{(2,s-1)} \cup L_{(3,s-2)} \cup \cdots \cup L_{(s-1,2)} \cup L_{(s,1)}$$

に属する格子点の集合（に対応する単項式の集合）を $M \; (\subset \mathcal{M}_2)$ とすれば，その極小元は

$$xy^s, \; x^2y^{s-1}, \; x^3y^{s-2}, \ldots, \; x^{s-1}y^2, \; x^sy$$

の s 個となる．

『道場』の定理 1.1.3（Dickson の補題）の証明は，数学的帰納法でさっとやっているが，そもそも，N と N_c の定義がちゃんと理解できれば，それほど苦労することなく，読破できると信ずる．ただし，証明の最後の 5 行［実際，任意の……（中略）……存在しない．］は，不親切（簡潔？）なテキストならば省略するところであるから，是非，読者が自らが考えて欲しい．『道場』では，可能な限り，丁寧（ていねい）に記載している（と思う）．

以上で，Dickson の補題の話を終え，第一の関所とも言える，イデアルの話に進もう．

3.3 多項式環のイデアル

『道場』の 5 ページの 1.1.3 節のイデアルの冒頭にもあるけど，グレブナー基底の「舞台」が多項式環ならば，その「舞台」のオープニングに登場する「役者」がイデアルである．本節では，『道場』を補足し，代数多様体との関連から，イデアルを解説しよう．

多項式環 $K[\mathbf{x}] = K[x_1, \ldots, x_n]$ と，空間

$$K^n = \{\, (a_1, a_2, \ldots, a_n) : a_i \in K, \; i = 1, 2, \ldots, n \,\}$$

を考える．多項式 $f = f(x_1, x_2, \ldots, x_n) \in K[\mathbf{x}]$ があったとき，f の**零点**（ぜろてん）とは，$f(a_1, a_2, \ldots, a_n) = 0$ を満たす K^n の点 $(a_1, a_2, \ldots, a_n)$ のことである．

a) 『道場』とは，ちょっと趣が異なる展開となるが，まず，I が $K[\mathbf{x}]$ の空でない部分集合のとき，I に属する多項式の共通零点の全体を $\mathbf{V}(I)$ と表す．すなわち，

$$\mathbf{V}(I) = \{\,(a_1, a_2, \ldots, a_n) \in K^n : f(a_1, a_2, \ldots, a_n) = 0, \forall f \in I\,\}$$

である．集合 $\mathbf{V}(I)$ を I が定義する**アフィン多様体**と呼ぶ．

たとえば，$n = 3$ とし，$I \subset K[x_1, x_2, x_3]$ を $I = \{x_1^2 + x_2^2 - 1,\ x_2^2 + x_3^2 - 1\}$ とすると，$\mathbf{V}(I)$ は，円柱と円柱の共通部分である．

一般に，部分集合 $V \subset K^n$ がアフィン多様体であるとは，$V = \mathbf{V}(I)$ となる部分集合 $I \subset K[\mathbf{x}]$ が存在するときに言う．

特に，$I = \{0\}$ とすると，K^n はアフィン多様体であり，$I = \{1\}$ とすると，空集合もアフィン多様体である．

(3.3.1) 例題 多項式環 $K[\mathbf{x}]$ の部分集合 I と J があったとき

$$\mathbf{V}(I \cup J) = \mathbf{V}(I) \cap \mathbf{V}(J),\ \mathbf{V}(I \cdot J) = \mathbf{V}(I) \cup \mathbf{V}(J)$$

を示せ．ただし，$I \cdot J = \{\,fg : f \in I, g \in J\,\}$ である．

[解答] 一般に，$K[\mathbf{x}]$ の部分集合 I と J があって，$I \subset J$ であるならば，$\mathbf{V}(J) \subset \mathbf{V}(I)$ である．これは，$\mathbf{V}(J)$ の定義から従う．すると，

$$\mathbf{V}(I \cup J) \subset \mathbf{V}(I),\ \mathbf{V}(I \cup J) \subset \mathbf{V}(J)$$

であるから，

$$\mathbf{V}(I \cup J) \subset \mathbf{V}(I) \cap \mathbf{V}(J)$$

が従う．逆の包含関係 $\mathbf{V}(I) \cap \mathbf{V}(J) \subset \mathbf{V}(I \cup J)$ を示す．いま，$\mathbf{V}(I) \cap \mathbf{V}(J)$ に属する $(a_1, a_2, \ldots, a_n)$ について，任意の $f \in I$ と任意の $g \in J$ は

$$f(a_1, a_2, \ldots, a_n) = g(a_1, a_2, \ldots, a_n) = 0$$

を満たす．すなわち，任意の $h \in I \cup J$ は，$h(a_1, a_2, \ldots, a_n) = 0$ を満たす．したがって，$(a_1, a_2, \ldots, a_n) \in \mathbf{V}(I \cup J)$ である．

次に，等式 $\mathbf{V}(I \cdot J) = \mathbf{V}(I) \cup \mathbf{V}(J)$ を示す．一般に，$f(a_1, a_2, \ldots, a_n) = 0$ ならば，任意の $g \in K[\mathbf{x}]$ について

$$(fg)(a_1, a_2, \ldots, a_n) = f(a_1, a_2, \ldots, a_n) g(a_1, a_2, \ldots, a_n) = 0$$

であるから
$$\mathbf{V}(I) \subset \mathbf{V}(I \cdot J), \mathbf{V}(J) \subset \mathbf{V}(I \cdot J)$$
である．すると，
$$\mathbf{V}(I) \cup \mathbf{V}(J) \subset \mathbf{V}(I \cdot J)$$
が従う．逆の包含関係 $\mathbf{V}(I \cdot J) \subset \mathbf{V}(I) \cup \mathbf{V}(J)$ を示す．いま，$\mathbf{V}(I) \cup \mathbf{V}(J)$ に属さない $(a_1, a_2, \ldots, a_n) \in K^n$ を任意に選ぶ．すると，
$$f(a_1, a_2, \ldots, a_n) \neq 0, g(a_1, a_2, \ldots, a_n) \neq 0$$
となる $f \in I$ と $g \in J$ が存在する．このとき，fg は $I \cdot J$ に属するが，しかし，$(fg)(a_1, a_2, \ldots, a_n) \neq 0$ である．すると，$(a_1, a_2, \ldots, a_n) \notin \mathbf{V}(I \cdot J)$ である．■

例題 (3.3.1) から，アフィン多様体 $\mathbf{V}(I)$ と $\mathbf{V}(J)$ の和集合と共通部分は，両者とも，アフィン多様体である．

一般に，$I_1, I_2, \ldots, I_q$ が $K[\mathbf{x}]$ の空でない部分集合のとき，アフィン多様体 $\mathbf{V}(I_1), \mathbf{V}(I_2), \ldots, \mathbf{V}(I_q)$ の和集合 $\cup_{i=1}^q \mathbf{V}(I_i)$ と共通部分 $\cap_{i=1}^q \mathbf{V}(I_i)$ もアフィン多様体である．

(3.3.2) 例題 空間 K^n の有限部分集合はアフィン多様体である．これを示せ．

[解答] 一点からなる集合 $\{(a_1, a_2, \ldots, a_n)\} \subset K^n$ がアフィン多様体であることを言えばよい．実際，
$$I = \{x_1 - a_1, x_2 - a_2, \ldots, x_n - a_n\}$$
とすると，$\mathbf{V}(I) = \{(a_1, a_2, \ldots, a_n)\}$ である．■

他方，$n = 1, K = \mathbb{R}$ とするとき，$K \setminus \{0\}$ はアフィン多様体ではない．実際，一変数 x の多項式 $f(x) \in K[x]$ の零点の集合は，空集合であるか，有限集合であるか，あるいは，K である．すると，$K \setminus \{0\} = \mathbf{V}(I)$ となる部分集合 $I \subset K[x]$ は存在しない．

b) 『道場』の 5 ページの下から 3 行目 (いま, ……) に戻ろう．以下，『道場』の記号 $I(V)$ は $\mathbf{I}(V)$ に改める．『道場』の定義を繰り返す．空間 K^n の部分集合 V があっ

たとき，V に属するすべての点を零点とする多項式 $f \in K[\mathbf{x}] = K[x_1, x_2, \ldots, x_n]$ の全体を $\mathbf{I}(V)$ とする．

(3.3.3) 例題 空間 K^n の部分集合 V と W があったとき

$$\mathbf{I}(V \cup W) = \mathbf{I}(V) \cap \mathbf{I}(W)$$

を示せ．

[解答] 一般に，V と W が K^n の部分集合があって，$V \subset W$ ならば，$\mathbf{I}(W) \subset \mathbf{I}(V)$ である．これも，$\mathbf{I}(V)$ の定義から従う．すると，

$$\mathbf{I}(V \cup W) \subset \mathbf{I}(V), \mathbf{I}(V \cup W) \subset \mathbf{I}(W)$$

であるから，

$$\mathbf{I}(V \cup W) \subset \mathbf{I}(V) \cap \mathbf{I}(W)$$

である．逆の包含関係 $\mathbf{I}(V) \cap \mathbf{I}(W) \subset \mathbf{I}(V \cup W)$ を示す．いま，$f \in K[\mathbf{x}]$ が，$\mathbf{I}(V) \cap \mathbf{I}(W)$ に属するならば，任意の $(a_1, a_2, \ldots, a_n) \in V$ と任意の $(b_1, b_2, \ldots, b_n) \in W$ について，$f(a_1, a_2, \ldots, a_n) = f(b_1, b_2, \ldots, b_n) = 0$ を満たす．換言すると，$f(a_1, a_2, \ldots, a_n) = 0$ が任意の $(a_1, a_2, \ldots, a_n) \in V \cup W$ について成立するから，$f \in \mathbf{I}(V \cup W)$ である．■

例題 (3.3.1) の解答の冒頭と例題 (3.3.3) の解答の冒頭から，$I \subset K[\mathbf{x}]$ を $\mathbf{V}(I) \subset K^n$ に対応させる写像 $\mathbf{V}$ と $V \subset K^n$ を $\mathbf{I}(V) \subset K[\mathbf{x}]$ に対応させる写像 $\mathbf{I}$ は，両者とも包含関係を逆転させる写像であり，任意の $I \subset K[\mathbf{x}]$ と任意の $V \subset K^n$ について，

$$I \subset \mathbf{I}(\mathbf{V}(I)), V \subset \mathbf{V}(\mathbf{I}(V))$$

が成立する．

(3.3.4) 例題 アフィン多様体 $V \subset K^n$ は $V = \mathbf{V}(\mathbf{I}(V))$ を満たす．これを示せ．

[解答] 一般に，$V \subset \mathbf{V}(\mathbf{I}(V))$ である．逆を示す．アフィン多様体の定義から，$V = \mathbf{V}(I)$ となる部分集合 $I \subset K[\mathbf{x}]$ が存在する．すると，$\mathbf{V}(\mathbf{I}(V)) = \mathbf{V}(\mathbf{I}(\mathbf{V}(I)))$ である．ところが，$I \subset \mathbf{I}(\mathbf{V}(I))$ であるから，$\mathbf{V}(\mathbf{I}(\mathbf{V}(I))) \subset \mathbf{V}(I)$ が従う．すなわち，$\mathbf{V}(\mathbf{I}(V)) \subset V$ である．■

3.3 多項式環のイデアル

c) 『道場』の関所である，イデアルの話題に移る．関所である理由は，いきなり定義を言われても，その定義の必然性がさっぱりわからないからである．『道場』の定義（6 ページの 6 行目と 7 行目）を一纏（まと）めにし，とりあえず，イデアルの定義を記載する．

多項式環 $K[\mathbf{x}] = K[x_1, x_2, \ldots, x_n]$ の空でない部分集合 I が $K[\mathbf{x}]$ の**イデアル**であるとは，I に属する任意の多項式 f_1, f_2 と $K[\mathbf{x}]$ に属する任意の多項式 g_1, g_2 について

$$f_1 g_1 + f_2 g_2 \in I$$

が成立するときに言う．特に，$K[\mathbf{x}]$ と $\{0\}$ はイデアルであり，これらを**自明な**イデアルと呼ぶ．

すると，$I \subset K[\mathbf{x}]$ がイデアルのとき，任意の $f_1, f_2, \ldots, f_q \in I$ と任意の $g_1, g_2, \ldots, g_q \in K[\mathbf{x}]$ について，

$$f_1 g_1 + f_2 g_2 + \cdots + f_q g_q \in I$$

である．

(3.3.5) 例題 空間 K^n の部分集合 V があったとき，$\mathbf{I}(V)$ は $K[\mathbf{x}]$ のイデアルであることを示せ．

[解答] いま，f_1, f_2 が $\mathbf{I}(V)$ に属するとし，$K[\mathbf{x}]$ の任意の多項式 g_1, g_2 を選ぶ．すると，任意の $\mathbf{a} = (a_1, a_2, \ldots, a_n) \in V$ について

$$f_1(\mathbf{a}) = f_2(\mathbf{a}) = 0$$

である．すると，

$$(f_1 g_1 + f_2 g_2)(\mathbf{a}) = f_1(\mathbf{a}) g_1(\mathbf{a}) + f_2(\mathbf{a}) g_2(\mathbf{a}) = 0$$

であるから，$f_1 g_1 + f_2 g_2$ は $\mathbf{I}(V)$ に属する．■

『道場』では，$\mathbf{I}(V)$ の例を挙げることで，イデアルの概念の必然性を理解してもらえるのでは，と期待して執筆している．折角であるから，アフィン多様体 $\mathbf{V}(I)$ を使って，イデアルの理解を深めよう．

(3.3.6) 例題 空間 K^n の部分集合 V に関する次の条件は同値である．これを示せ．

（i）V はアフィン多様体である．

（ii）$V = \mathbf{V}(I)$ となるイデアル $I \subset K[\mathbf{x}]$ が存在する．

[解答]　イデアル I は，もちろん，$K[\mathbf{x}]$ の部分集合である．すると，（ii）から（i）は明らかである．逆に，（i）から（ii）を示す．

まず，V をアフィン多様体とすると，アフィン多様体の定義から，$V = \mathbf{V}(\mathcal{F})$ となる $K[\mathbf{x}]$ の部分集合 $\mathcal{F}$ が存在する．いま，$\mathcal{F}$ に属する有限個の多項式 $f_1, f_2, \ldots, f_q$ と多項式 $g_1, g_2, \ldots, g_q \in K[\mathbf{x}]$ から作られる多項式

$$f_1 g_1 + f_2 g_2 + \cdots + f_q g_q$$

を考え，そのような多項式の全体から成る集合

$$\{ f_1 g_1 + \cdots + f_q g_q : f_1, \ldots, f_q \in \mathcal{F}, g_1, \ldots, g_q \in K[\mathbf{x}], q = 1, 2, \ldots \}$$

を $\langle \mathcal{F} \rangle$ と表す．このとき，

- $\langle \mathcal{F} \rangle$ は $K[\mathbf{x}]$ のイデアルである．
- $\mathbf{V}(\mathcal{F}) = \mathbf{V}(\langle \mathcal{F} \rangle)$ である．

を示そう．そうすると，（i）から（ii）が従う．

実際，$\langle \mathcal{F} \rangle$ に属する多項式 $f_1 g_1 + \cdots + f_q g_q$ と $f'_1 g'_1 + \cdots + f'_{q'} g'_{q'}$（ただし，それぞれの f_i と f'_j は $\mathcal{F}$ に属し，それぞれの g_i と g'_j は $K[\mathbf{x}]$ の任意の多項式である）を選ぶと，それらの和

$$(f_1 g_1 + \cdots + f_q g_q) + (f'_1 g'_1 + \cdots + f'_{q'} g'_{q'})$$

は，再び $\langle \mathcal{F} \rangle$ に属する．これは，$\langle \mathcal{F} \rangle$ の定義から従う．すると，イデアルの定義から，$\langle \mathcal{F} \rangle$ は $K[\mathbf{x}]$ のイデアルである．

次に，$\mathbf{V}(\mathcal{F}) = \mathbf{V}(\langle \mathcal{F} \rangle)$ を示す．まず，$\mathcal{F} \subset \langle \mathcal{F} \rangle$ である．すると，$\mathbf{V}$ が包含関係を逆転することから，$\mathbf{V}(\langle \mathcal{F} \rangle) \subset \mathbf{V}(\mathcal{F})$ が従う．

逆の包含関係 $\mathbf{V}(\mathcal{F}) \subset \mathbf{V}(\langle \mathcal{F} \rangle)$ を示す．任意の $\mathbf{a} = (a_1, a_2, \ldots, a_n) \in \mathbf{V}(\mathcal{F})$ を選ぶ．すると，任意の $f \in \mathcal{F}$ は $f(\mathbf{a}) = 0$ を満たす．したがって，イデアル $\langle \mathcal{F} \rangle$ に属する多項式 $f_1 g_1 + \cdots + f_q g_q$（ただし，それぞれの $f_i \in \mathcal{F}$ であり，それぞれの $g_i \in K[\mathbf{x}]$ である）について，$f_i(\mathbf{a}) = 0$ $(i = 1, 2, \ldots, q)$ であるから，$(f_1 g_1 + \cdots + f_q g_q)(\mathbf{a}) = 0$ である．すなわち，$\mathbf{a} \in \mathbf{V}(\langle \mathcal{F} \rangle)$ である．■

例題 (3.3.5) から，写像 **I** は，K^n の部分集合の全体の集合から $K[\mathbf{x}]$ のイデアルの全体の集合への写像である．他方，例題 (3.3.6) から，写像 **V** は $K[\mathbf{x}]$ のイデアルの全体の集合から K^n の部分集合の全体の集合への写像であると思うことができる．

例題 (3.3.6) の解答の $\langle \mathcal{F} \rangle$ がイデアルであることの証明は，『道場』の 7 ページの問題 1.1.5 の解答になっていることに注意されたい．

一般に，$K[\mathbf{x}]$ の部分集合 $\mathcal{F}$ があったとき，イデアル $\langle \mathcal{F} \rangle$ を $\mathcal{F}$ が**生成する**イデアルと呼ぶ．特に，$\mathcal{F}$ が有限集合 $\{f_1, f_2, \ldots, f_s\}$ のとき，$\langle \{f_1, f_2, \ldots, f_s\} \rangle$ を，簡単に，

$$\langle f_1, f_2, \ldots, f_s \rangle$$

と記載する．すると，

$$\langle f_1, f_2, \ldots, f_s \rangle = \{\, f_1 g_1 + f_2 g_2 + \cdots + f_s g_s : g_1, g_2, \ldots, g_s \in K[\mathbf{x}] \,\}$$

である．

他方，$K[\mathbf{x}]$ のイデアル I の**生成系**とは，$I = \langle \mathcal{F} \rangle$ となる部分集合 $\mathcal{F} \subset K[\mathbf{x}]$ のことである．任意のイデアルは，必ず，生成系を持つ．実際，I 自身は I の生成系である．有限個の多項式から成る生成系を持つイデアルを**有限生成**なイデアルと呼ぶ．特に，一つの多項式から成る生成系を持つイデアルを**単項イデアル**と呼ぶ．『道場』の 6 ページの例 1.1.4 は，文系の高校生でも理解できると信ずるが，その例 1.1.4 から，一変数多項式環 $K[x]$ の任意のイデアルが単項イデアルであることが従う．

(3.3.7) 例題 イデアル $I \subset K[\mathbf{x}]$ が $K[\mathbf{x}]$ と一致するための必要十分条件は，I が 0 と異なる定数を含むことである．これを示せ．

[解答] まず，$I = K[\mathbf{x}]$ とすると，$1 \in K[\mathbf{x}]$ だから，$1 \in I$ である．他方，定数 $0 \neq a \in K$ を I が含むと，$1 = a^{-1} \cdot a \in I$ となる．すると，任意の多項式 $f \in K[\mathbf{x}]$ は，$f = f \cdot 1$ から $f \in I$ となる．■

続いて，『道場』の問題 1.1.6 の解答例を示そう．いま，$n \geq 2$ とし，多項式環 $K[\mathbf{x}] = K[x_1, x_2, \ldots, x_n]$ のイデアル $\langle x_1, x_2, \ldots, x_n \rangle$ が単項イデアルであるとし，

$$\langle x_1, x_2, \ldots, x_n \rangle = \langle f \rangle$$

を満たす $f = f(x_1, x_2, \ldots, x_n) \in K[x_1, x_2, \ldots, x_n]$ が存在すると仮定する．すると，$x_1 \in \langle f \rangle$ であるから，$x_1 = f \cdot g_1$ となる多項式 $g_1 \in K[\mathbf{x}]$ が存在する．多項式

$f \cdot g_1$ の次数 $\deg(f \cdot g_1)$ は 1 であるから，f の次数は 1 であり，g_1 は定数でなければならない．（次数の定義は，『道場』の 2 ページと 3 ページを復習してほしい．）

実際，
$$\deg(f \cdot g_1) = \deg(f) + \deg(g_1) = 1$$
であるから，f あるいは g_1 のいずれかは次数 0（すなわち，定数）でなければならない．

いま，f が定数であるとすると，例題 3.3.7 から $\langle f \rangle = K[\mathbf{x}]$ となるから，特に，$1 \in \langle x_1, x_2, \ldots, x_n \rangle$ である．すると，
$$1 = x_1 g_1 + x_2 g_2 + \cdots + x_n g_n$$
となる多項式 $g_1, g_2, \ldots, g_n$ が存在するが，その等式の両辺に $x_1 = x_2 = \cdots = x_n = 0$ を代入すると，右辺は 0 となるが，左辺は 1 となり，矛盾である．

すると，$g_1 = c \in K$（ただし，$c \neq 0$ である）となるから，$x_1 = cf$ となり，$f = c^{-1} x_1$ である．このとき，$x_2 \in \langle c^{-1} x_1 \rangle$ となるから，$x_2 = c^{-1} x_1 g_2$ となる多項式 g_2 が存在するが，再び，次数を比較し，g_2 は定数である．これより，x_2 は x_1 の定数倍となり，矛盾である．

余談であるが，変数 x_2 が x_1 の定数倍になることが，どうして矛盾なのだろうか？ これも，厳密には，線型代数の話である．多項式の定義を復習すると，単項式の全体を基底とする，となっている．特に，単項式の全体は線型独立である．変数も単項式であるから，x_1 と x_2 は線型独立である．だから，変数 x_2 が x_1 の定数倍になることは矛盾なのである．

(3.3.8) 例題 多項式環 $K[\mathbf{x}]$ のイデアル I と J があったとき，
$$I + J = \{ f + g : f \in I, g \in J \}$$
と，共通部分 $I \cap J$ は，両者とも，$K[\mathbf{x}]$ のイデアルである．これを示せ．

[解答] まず，$I + J$ が $K[\mathbf{x}]$ のイデアルであることを示す．多項式 h_1 と h_2 が $I + J$ に属し，q_1 と q_2 を任意の多項式とする．すると，$h_1 = f_1 + g_1, h_2 = f_2 + g_2$ となる多項式 f_1, f_2, g_1, g_2 が存在する．ただし，f_1 と f_2 は I に属し，g_1 と g_2 は J に属する．すると，
$$q_1 h_1 + q_2 h_2 = q_1(f_1 + g_1) + q_2(f_2 + g_2)$$
$$= (q_1 f_1 + q_2 f_2) + (q_1 g_1 + q_2 g_2)$$

であるが, $q_1f_1+q_2f_2$ は I に属し, $q_1g_1+q_2g_2$ は J に属するから, $q_1h_1+q_2h_2$ は $I+J$ に属する. 従って, $I+J$ は $K[\mathbf{x}]$ のイデアルである.

次に, $I\cap J$ が $K[\mathbf{x}]$ のイデアルであることを示す. 多項式 h_1 と h_2 が $I\cap J$ に属し, q_1 と q_2 を任意の多項式とする. すると, h_1 と h_2 がイデアル I に属することから, $q_1h_1+q_2h_2$ は I に属し, h_1 と h_2 がイデアル J に属することから, $q_1h_1+q_2h_2$ は J に属する. すると, $q_1h_1+q_2h_2$ は $I\cap J$ に属する. したがって, $I\cap J$ は $K[\mathbf{x}]$ のイデアルである. ■

イデアル $I+J$ を I と J の**和**と呼ぶ. 他方,

$$I\cdot J=\{fg:f\in I,g\in J\}$$

とすると, $I\cdot J$ は, 一般には, イデアルにはならない.

たとえば, $n=3$ とし, $K[x_1,x_2,x_3]$ のイデアル $I=\langle x_1,x_2\rangle$ と $J=\langle x_1,x_3\rangle$ を考える. このとき, x_1^2 と x_2x_3 は $I\cdot J$ に属する. すると, $I\cdot J$ がイデアルならば $x_1^2+x_2x_3\in I\cdot J$ であるが, しかしながら,

$$x_1^2+x_2x_3=(fx_1+gx_2)(hx_1+rx_3)$$

となる多項式 f,g,h,r は存在しない.

d) 『道場』の 8 ページの単項式イデアルの議論を眺めよう. まず, 単項式イデアルと単項イデアルは異なることに注意する. これは, 誤植ではない. 『道場』の 8 ページの脚注を参照されたい. **単項式イデアル**とは, 単項式から成る集合を生成系に持つイデアルのことである.

(3.3.9) 例題 単項式イデアル $I\subset K[\mathbf{x}]$ に属する単項式の全体から成る集合を M とし, M の極小元の全体の集合 (は, Dickson の補題から有限集合であるから, それ) を $G(I)=\{u_1,u_2,\ldots,u_s\}$ とする. このとき, 次を示せ.

(i) $G(I)$ は I の生成系である.
(ii) M の部分集合 M' が I の生成系ならば $G(I)\subset M'$ である.
(iii) 単項式の集合 $M''\subset K[\mathbf{x}]$ の極小元の全体の集合が $G(I)$ であれば, $M''\subset M$ である.

[解答] まず, (i) を示す. 単項式イデアルの定義から, I は, 単項式から成る生成系 $\mathcal{F}$ を持つ. もちろん, $\mathcal{F} \subset M$ である. 特に, 任意の単項式 $u \in \mathcal{F}$ は, いずれかの u_i で割り切れる. したがって, $\mathcal{F} \subset \langle G(I) \rangle$ である. すると, $I = \langle \mathcal{F} \rangle \subset \langle G(I) \rangle$ である. 他方, $G(I) \subset I$ であるから $\langle G(I) \rangle \subset I$ である. これより, $I = \langle G(I) \rangle$ が従う.

次に, (ii) を示す. いま, $u_i \notin M'$ とする. もちろん, $u_i \in I$ であるから, M' に属する単項式 $v_1, v_2, \ldots, v_t$ と $K[\mathbf{x}]$ の多項式 $f_1, f_2, \ldots, f_t$ を使うと

$$u_i = f_1 v_1 + f_2 v_2 + \cdots + f_t v_t$$

と表される. その右辺には, u_i が現れるが, 右辺に現れる単項式は, 何れかの v_j で割り切れるから, u_i を割り切る v_j が存在する. しかし, u_i は極小元であるから, $v_j = u_i$ である. すると, u_i が M' に属することになり, 矛盾である.

最後に, (iii) を示す. 単項式の集合 M'' の極小元の全体の集合は $G(I)$ であるから, 任意の $v \in M''$ は, 何れかの u_i で割り切れる. すると, $v = w \cdot u_i$ となる単項式 w が存在するから, $v \in I$ となる. すると, $v \in M$ である. したがって, $M'' \subset M$ となる. ∎

単項式イデアルは, 現代の可換代数の潮流を誘う. 詳細は, [J. Herzog and T. Hibi, *Monomial Ideals*, GTM 260, Springer, 2011] を参照されたい.

『道場』の 8 ページの補題 1.1.7 と補題 1.1.8 と系 1.1.9 は, いずれも, 例題 (3.3.9) から従う.

補題 1.1.7 は, 単項式イデアルは有限生成であることを言っている. それは, 例題 (3.3.9) の (i) である. 繰り返すが, 生成系となる有限集合 $G(I)$ の存在は, Dickson の補題から従うのである. もっと詳しく, 補題 1.1.7 は, 単項式イデアルの単項式から成る任意の生成系があったとき, その生成系の有限部分集合で, 生成系となるものを選ぶことができることも言っているが, それは, 例題 (3.3.9) の (ii) である.

補題 1.1.8 は, 単項式イデアルに単項式が属するための必要十分条件を述べている. 例題 (3.3.9) の (iii) から, 結局, 単項式イデアル I に属する単項式とは, $G(I)$ に属する何れかの単項式で割り切れるものである.

一般のイデアル I と一般の多項式 f があったとき, $f \in I$ となるか否かを判定することは難しい. 『道場』の 20 ページの系 1.2.4 は, その効果的な判定法の一つを提供している.

単項式イデアル I の単項式から成る生成系 $G = \{u_1, u_2, \ldots, u_s\}$ が**極小生成系**であるとは，G からどの u_i を除去しても，I の生成系とはならないときに言う．系 1.1.9 は，単項式イデアルの極小生成系が一意的に存在することを言っている．例題 (3.3.9) の (i) と (ii) から，単項式イデアル I の極小生成系とは，すなわち，$G(I)$ のことである．

(3.3.10) 例題 多項式環 $K[x, y, z]$ の単項式イデアルに関する等式
$$\langle x^2, yz \rangle = \langle x^2, y \rangle \cap \langle x^2, z \rangle$$
を示せ．

[解答] まず，$yz \in \langle x^2, y \rangle$ と $yz \in \langle x^2, z \rangle$ から，左辺は右辺に含まれることが従う．

逆に，右辺が左辺に含まれることを示すため，$f \in K[x, y, z]$ が右辺に含まれるとすると，$f \in \langle x^2, y \rangle$ から $f = gx^2 + hy$ となる多項式 g と h が存在する．いま，$h = zh_1 + h_2$ と表す．但し，$h_1 \in K[x, y, z]$ であり，$h_2 \in K[x, y]$ である．すると，
$$f = gx^2 + yzh_1 + yh_2 \tag{3.3}$$
となるが，$f \in \langle x^2, z \rangle$ から
$$yh_2 = f - (gx^2 + yzh_1)$$
も $\langle x^2, z \rangle$ に属する．すると，
$$yh_2 = q_1 x^2 + q_2 z \tag{3.4}$$
となる $K[x, y, z]$ に属する多項式 q_1 と q_2 が存在する．ところが，$h_2 \in K[x, y]$ であるから，(3.4) の両辺に $z = 0$ を代入すると，$yh_2 \in \langle x^2 \rangle$ が従う．これより，$h_2 \in \langle x^2 \rangle$ である．すると，(3.3) から $f \in \langle x^2, yz \rangle$ である．■

e) 『グレブナー道場』の第 3 章の 164 ページの定義 3.5.4 で紹介されている，イデアルの根基について，本稿でも，イデアルに慣れる趣旨も込め，軽く触れることにしよう．

多項式環 $K[\mathbf{x}] = K[x_1, x_2, \ldots, x_n]$ のイデアル I があったとき，多項式 $f \in K[\mathbf{x}]$ で，条件「$f^m \in I$ となる正の整数 m が存在する」を満たすものの全体から成る集合を $\sqrt{I}$ と表す．
$$\sqrt{I} = \{ f \in K[\mathbf{x}] : f^m \in I, \exists m > 0 \}$$

但し，一般に，m は f に依存する[2]．

(3.3.11) 例題 多項式環 $K[\mathbf{x}]$ のイデアル I があったとき，$\sqrt{I}$ は $K[\mathbf{x}]$ のイデアルで I を含む．これを示せ．

[解答] 集合 $\sqrt{I}$ が I を含むことは明らかであろう．実際，$f \in I$ のとき，$m = 1$ とすればよい．

多項式 f と g が $\sqrt{I}$ に属し，$f^m \in I, g^\ell \in I$ とする．ただし，m と ℓ は正の整数である．このとき，二項展開の公式から

$$(f+g)^{m+\ell} = \sum_{k=0}^{m+\ell} \binom{m+\ell}{k} f^k g^{(m+\ell)-k} \tag{3.5}$$

となる．ところが，$0 \leq k \leq m+\ell$ のとき，$k \geq m$ であるか，さもなければ，$(m+\ell) - k \geq \ell$ である．すると，$f^k \in I$ であるか，あるいは，$g^{(m+\ell)-k} \in I$ である．したがって，$f^k g^{(m+\ell)-k} \in I$ となる．すると，(3.5) 式の右辺は I に属するから，左辺 $(f+g)^{m+\ell}$ も I に属する．すると，$f + g \in \sqrt{I}$ である．

他方，$h \in K[\mathbf{x}]$ を任意の多項式とするとき，$(hf)^m = h^m f^m$ であるから，$f^m \in I$ から $h^m f^m \in I$ となり，$hf \in \sqrt{I}$ である．

以上の結果，任意の多項式 h と q について，$(hf + qg)^{m+\ell} \in I$ となるから，$hf + qg \in \sqrt{I}$ である．■

イデアル $\sqrt{I}$ を I の**根基**と呼ぶ．イデアル I が**根基イデアル**であるとは，$I = \sqrt{I}$ となるときに言う．

(3.3.12) 例題 多項式環 $K[x, y, z]$ の単項式イデアル $I = \langle x^2 z^3, xy^2, z^5 \rangle$ の根基 $\sqrt{I}$ を計算せよ．

[解答] 直感的に，$\sqrt{I} = \langle xz, xy, z \rangle = \langle xy, z \rangle$ とわかるであろうか．まず，$(xz)^3, (xy)^2, z^5$ は I に属するから，xz, xy, z は $\sqrt{I}$ に属する．すると，$\langle xy, z \rangle \subset \sqrt{I}$ である．

逆に，$f \in K[\mathbf{x}]$ が $\sqrt{I}$ に属するならば，$f^m \in I$ となる $m \geq 1$ があるから，

$$f^m = x^2 z^3 g + xy^2 h + z^5 q \tag{3.6}$$

---
[2] すなわち，f と g が $\sqrt{I}$ に属するとしても，たとえば，$f^2 \in I, g^3 \in I, g^2 \notin I$ となることもある．

となる多項式 g, h, q が存在する.

いま, f の次数を d とし, 異なる単項式 $w_1, w_2, \ldots, w_t$ と 0 でない係数 $a_1, a_2, \ldots, a_t$ を使って, $f = \sum_{i=1}^{t} a_t w_t$ と表す. 単項式 $w_1, w_2, \ldots, w_t$ のなかの次数 d の単項式で, 辞書式順序でもっとも大きいもの, 換言すると, 単項式を英単語 (たとえば, x^2yz^3 は $xxyzzz$ である) と考えたとき, 英和辞典にもっとも早く記載されるものを, 簡単のため, w_1 とする.

すると, f^m の展開式

$$f^m = \sum_{1 \leq i_1 \leq i_2 \leq \cdots \leq i_m \leq t} (a_{i_1} a_{i_2} \cdots a_{i_m}) w_{i_1} w_{i_2} \cdots w_{i_m}$$

の右辺には, $a_1^m w_1^m$ が現れる. 他方, (3.6) 式から, w_1^m は, x^2z^3, xy^2, z^5 のいずれかで割り切れる. これより, w_1 は, xy あるいは z で割り切れなければならない. すると, $w_1 \in \langle xy, z \rangle \subset \sqrt{I}$ である. このとき, $f - a_1 w_1 \in \sqrt{I}$ となるから, t に関する帰納法を使うと, $f \in \langle xy, z \rangle$ である. ■

(3.3.13) 例題 空間 K^n の部分集合 V があったとき, $K[\mathbf{x}]$ のイデアル $\mathbf{I}(V)$ は, 根基イデアルである. これを示せ.

[**解答**] 多項式 $f \in K[\mathbf{x}]$ が $\sqrt{\mathbf{I}(V)}$ に属するならば, $f^m \in \mathbf{I}(V)$ となる $m > 0$ が存在するから, f^m は, V に属する任意の点を零点とする. ところが, K^n の点が f^m の零点であることと f の零点であることは同値である. したがって, f 自身が V に属する任意の点を零点とするから, $f \in \mathbf{I}(V)$ である. すなわち, $\sqrt{\mathbf{I}(V)} \subset \mathbf{I}(V)$ となるから, $\mathbf{I}(V) = \sqrt{\mathbf{I}(V)}$ である. ■

3.4 単項式順序とグレブナー基底

前節のイデアルの解説で紙面をかなり使ったから, 単項式順序は, ちょっと簡略に話を進めよう.

『道場』の 9 ページの順序集合の定義と諸例に興味を持つ読者は, 拙著『数え上げ数学』(朝倉書店, 1997 年) の第 4 章を参照されたい.

多項式環 $K[\mathbf{x}] = K[x_1, x_2, \ldots, x_n]$ の上の**単項式順序**とは, 変数 $x_1, x_2, \ldots, x_n$ の単項式の全体 $\mathcal{M}_n$ における**全順序** $<$ で, 条件

- 単項式 1 と異なる任意の単項式 $u \in \mathcal{M}_n$ について $1 < u$ である

- 単項式 $u, v \in \mathcal{M}_n$ が $u < v$ ならば，任意の単項式 $w \in \mathcal{M}_n$ について $uw < vw$ である

を満たすものを言う．

『道場』の 10 ページに登場する専門用語である**辞書式順序**と**逆辞書式順序**と**純辞書式順序**は，異なる専門用語が使われることも多いから，文献を読むときなどは，注意する必要がある．これらの定義は例 1.1.11 を熟読し，十分に慣れる必要がある．たとえば

$$x_2 x_3 <_{\text{lex}} x_1 x_4, \quad x_1 x_4 <_{\text{rev}} x_2 x_3$$

などは，瞬時にわかることが望ましい．

『道場』の 11 ページの冒頭の 4 行を，俗な例えをするならば，辞書式順序とは，「強い選手の在籍するチームが強い」ということであり，逆辞書式順序とは，「弱い選手の在籍するチームが弱い」ということである．前者と後者は大違いである．前者は，一人の強い選手が在籍すれば，残りの選手はどんなへっぽこでも試合に勝てる，ということである．後者は，一人でもへっぽこな選手が在籍すると，他の選手が一流ばかりでも試合に負ける，ということである．

辞書式順序と逆辞書式順序の顕著な相違は，定義を読むだけでは理解できないから，ひとまず，定義をしっかりと理解するに留めればよいであろう．

念のため，問題 1.1.12 の解答を記載する．辞書式順序だと

$$x^5, x^4 y, x^4 z, x^3 y^2, x^3 yz, x^3 z^2, x^2 y^3, x^2 y^2 z, x^2 yz^2, x^2 z^3,$$
$$xy^4, xy^3 z, xy^2 z^2, xyz^3, xz^4, y^5, y^4 z, y^3 z^2, y^2 z^3, yz^4, z^5$$

となり，逆辞書式順序だと

$$x^5, x^4 y, x^3 y^2, x^2 y^3, xy^4, y^5, x^4 z, x^3 yz, x^2 y^2 z, xy^3 z, y^4 z,$$
$$x^3 z^2, x^2 yz^2, xy^2 z^2, y^3 z^2, x^2 z^3, xyz^3, y^2 z^3, xz^4, yz^4, z^5$$

である．

例 1.1.13 の $<_{\mathbf{w}}$ が単項式順序であることを示そう．すなわち，問題 1.1.14 を解く．

（問題 1.1.14 の）**[解答]**　まず，$\mathbf{w} = (w_1, w_2, \ldots, w_n)$ は零と異なる非負ベクトルである．すると，単項式 $u = x_1^{a_1} x_2^{a_2} \cdots x_n^{a_n}$ が 1 と異なるならば，$(a_1, a_2, \ldots, a_n)$ は零と異なる非負ベクトルであるから，$0 \leq \sum_{i=1}^{n} a_i w_i$ である．すると，単項式 1 の表

3.4 単項式順序とグレブナー基底

示は $1 = x_1^0 x_2^0 \cdots x_n^0$ であることと $0 = \sum_{i=1}^n 0 \cdot w_i$ であることから,$0 < \sum_{i=1}^n a_i w_i$ ならば $1 <_{\mathbf{w}} u$ であり,$0 = \sum_{i=1}^n a_i w_i$ ならば,単項式順序の定義から $1 < u$ である.すると,$1 <_{\mathbf{w}} u$ が従う.

次に,$u = x_1^{a_1} x_2^{a_2} \cdots x_n^{a_n}$ と $v = x_1^{b_1} x_2^{b_2} \cdots x_n^{b_n}$ が $u <_{\mathbf{w}} v$ を満たす単項式とし,$w' = x_1^{c_1} x_2^{c_2} \cdots x_n^{c_n}$ を任意の単項式とする.いま,$\sum_{i=1}^n a_i w_i < \sum_{i=1}^n b_i w_i$ であれば,両辺に $\sum_{i=1}^n c_i w_i$ を加えると $\sum_{i=1}^n (a_i + c_i) w_i < \sum_{i=1}^n (b_i + c_i) w_i$ となるから,$uw' <_{\mathbf{w}} vw'$ である.他方,$\sum_{i=1}^n a_i w_i = \sum_{i=1}^n b_i w_i$ かつ $u < v$ とすると,$\sum_{i=1}^n (a_i + c_i) w_i = \sum_{i=1}^n (b_i + c_i) w_i$ が成立し,再び,単項式順序の定義から $uw' < vw'$ となり,$uw' <_{\mathbf{w}} vw'$ である.■

単項式順序に関する補題 1.1.15 と補題 1.1.16 は,きわめて簡単ではあるが,不可欠な結果である.補題 1.1.15 は,単項式順序の定義を再確認するためにも有益である.補題 1.1.16 が言うところの,**単項式順序に関する単項式の無限減少列が存在しない**という事実は,以後,アルゴリズムが停止することを保証する鍵となる.補題 1.1.16 の証明でも,再び,Dickson の補題が効いてくる.

『道場』の 12 ページのグレブナー基底の節に筆を進める.多項式環の舞台に,いよいよ主役のグレブナー基底が登壇する.

多項式環 $K[\mathbf{x}] = K[x_1, x_2, \ldots, x_n]$ の上の単項式順序 $<$ を一つ固定する.多項式 $f \in K[\mathbf{x}]$(ただし,$f \neq 0$)の $<$ に関する**イニシャル単項式**とは,多項式 f を

$$f = a_1 u_1 + a_2 u_2 + \cdots + a_t u_t$$

(ただし,$0 \neq a_i \in K$ であり,$u_1, u_2, \ldots, u_t$ は単項式で

$$u_1 > u_2 > \cdots > u_t$$

を満たす)と表したときの単項式 u_1 のことである.(単項式 $u_1, u_2, \ldots, u_t$ を f に**現れる**単項式と呼ぶ.)すなわち,$0 \neq f \in K[\mathbf{x}]$ の $<$ に関するイニシャル単項式とは,f に現れる単項式のなかで $<$ に関してもっとも大きい単項式のことを言う.この定義はすんなりと理解できるだろう.特に,定数($\neq 0$)のイニシャル単項式は 1 である.多項式 $0 \neq f \in K[\mathbf{x}]$ の $<$ に関するイニシャル単項式を $\mathrm{in}_<(f)$ と表す.

雑談であるが,イニシャル単項式は initial monomial の訳である.拙著以外では,恐らく,先頭単項式,あるいは,主単項式などの訳語が使われていると思うが,筆者には,これらはしっくりこないから,そのまま片仮名でイニシャルとしている.

イニシャル単項式の定義が理解できたとし，問題 1.1.17 の解答を載せよう．

（問題 1.1.17 の）　[解答]　多項式 $f = a_1u_1 + a_2u_2 + \cdots + a_qu_q$ と $g = b_1v_1 + b_2v_2 + \cdots + b_rv_r$ を考える．ただし，係数の a_i と b_j は 0 と異なり，$u_1 > u_2 > \cdots > u_q$, $v_1 > v_2 > \cdots > v_r$ である．すると，$\text{in}_<(f) = u_1$, $\text{in}_<(g) = v_1$ であるから，$\text{in}_<(f) \cdot \text{in}_<(g) = u_1v_1$ となる．他方，fg を展開すると，単項式 u_iv_j が現れるが，$(i,j) \neq (1,1)$ とすると，たとえば，$u_i \neq u_1$ ならば，$u_i < u_1$ であるから
$$u_iv_j < u_1v_j \leq u_1v_1$$
となり，$u_iv_j < u_1v_1$ となる．したがって，$\text{in}_<(fg) = u_1v_1$ である．■

多項式環 $K[\mathbf{x}]$ の $\{0\}$ と異なるイデアル I があったとき，I に属する多項式の $<$ に関するイニシャル単項式を考え，それらが生成する単項式イデアルを I の $<$ に関する**イニシャルイデアル**と呼び $\text{in}_<(I)$ と表す．すなわち
$$\text{in}_<(I) = \langle\, \{\, \text{in}_<(f) : 0 \neq f \in I \,\} \,\rangle$$
である．

一般には，イデアル I の生成系が $\mathcal{F}$ であっても，$\langle\, \{\, \text{in}_<(f) : 0 \neq f \in \mathcal{F} \,\} \,\rangle$ が $\text{in}_<(I)$ に一致するとは限らない．その簡単な反例が，『道場』の 13 ページの例 1.1.18 である．

グレブナー基底が舞台に登壇する準備はすべて整った．舞台設定を復習しよう．多項式環 $K[\mathbf{x}] = K[x_1, x_2, \ldots, x_n]$ の単項式順序 $<$ を固定し，I を $\{0\}$ と異なる $K[\mathbf{x}]$ のイデアルとする．イニシャルイデアル $\text{in}_<(I)$ は単項式イデアルであるから，補題 1.1.7 から $\text{in}_<(I)$ の生成系 $\{\, \text{in}_<(f) : 0 \neq f \in \mathcal{F} \,\}$ から，有限個の単項式
$$\text{in}_<(f_1), \text{in}_<(f_2), \ldots, \text{in}_<(f_s)$$
を選ぶと，それらの集合が $\text{in}_<(I)$ の生成系となる．すなわち
$$\text{in}_<(I) = \langle\, \text{in}_<(f_1), \text{in}_<(f_2), \ldots, \text{in}_<(f_s) \,\rangle$$
である．このとき，集合 $\{f_1, f_2, \ldots, f_s\}$ を I の $<$ に関する**グレブナー基底**と呼ぶ．『道場』の 13 ページの定義 1.1.19 を再掲する．

定義（グレブナー基底）　多項式環 $K[\mathbf{x}] = K[x_1, x_2, \ldots, x_n]$ の単項式順序 $<$ を固定し，I を $\{0\}$ と異なる $K[\mathbf{x}]$ のイデアルとする．このとき，I に属する有限個の

0 と異なる多項式の集合 $\mathcal{G} = \{g_1, g_2, \ldots, g_s\}$ が I の $<$ に関する**グレブナー基底**であるとは，$\{\mathrm{in}_<(g_1), \mathrm{in}_<(g_2), \ldots, \mathrm{in}_<(g_s)\}$ が，$\mathrm{in}_<(I)$ の生成系であるときに言う．

グレブナー基底は，もちろん，存在する．しかしながら，一意的とは限らない．実際，$\mathcal{G} = \{g_1, g_2, \ldots, g_s\}$ が I のグレブナー基底であるならば，任意の多項式 $0 \neq h \in I$ について，$\mathcal{G} \cup \{h\}$ も I のグレブナー基底である．

以下，多項式環の単項式順序 $<$ の一つを固定して議論を進めることとし，誤解の恐れがなければ「$<$ に関する」は省く．

イデアル I のグレブナー基底 $\mathcal{G} = \{g_1, g_2, \ldots, g_s\}$ が**極小グレブナー基底**であるとは，$\{\mathrm{in}_<(g_1), \mathrm{in}_<(g_2), \ldots, \mathrm{in}_<(g_s)\}$ が，$\mathrm{in}_<(I)$ の極小生成系であって，しかも，任意の $1 \leq i \leq s$ について，g_i における $\mathrm{in}_<(g_i)$ の係数が 1 であるときに言う．

(3.4.1) 例題 極小グレブナー基底は存在するが，一意的とは限らない．これを示せ．

[**解答**] まず，$\mathrm{in}_<(I)$ に属する単項式の全体の集合を M とし，M の極小元を $\mathrm{in}_<(g_1), \mathrm{in}_<(g_2), \ldots, \mathrm{in}_<(g_s)$ とする．それぞれの g_i における $\mathrm{in}_<(g_i)$ の係数を a_i とし，$h_i = (1/a_i)g_i$ とすると，h_i における $\mathrm{in}_<(h_i)$ の係数は 1 であり，$\mathrm{in}_<(g_i) = \mathrm{in}_<(h_i)$ である．すると，$\{\mathrm{in}_<(h_1), \mathrm{in}_<(h_2), \ldots, \mathrm{in}_<(h_s)\}$ は，I の極小グレブナー基底である．

いま，$\mathcal{G} = \{g_1, g_2, \ldots, g_s\}$ が I の極小グレブナー基底であって，$s \geq 2$ とし，$\mathrm{in}_<(g_1) < \mathrm{in}_<(g_2)$ とすると，$0 \neq g_1 + g_2 \in I$ であって，さらに，$\mathrm{in}_<(g_1 + g_2) = \mathrm{in}_<(g_2)$ である．すると，$\{g_1, g_1 + g_2, \ldots, g_s\}$ も I の極小グレブナー基底である．∎

3.5 Hilbert 基底定理

多項式環のイデアル論の骨格を成す基本定理の一つは，多項式環の任意のイデアルが有限生成であることを保証する Hilbert 基底定理である．

Hilbert 基底定理を巡る歴史的背景として，[D. Eisenbud, *Commutative Algebra with a View Toward Algebraic Geometry*, GTM 150, Springer, 1995] の 367 ページの Exercise 15.15 の冒頭に載っているコメントを紹介する．

Gordan, initially shocked by Hilbert's proof of the finite generation of certain rings of invariants by means of the basis theorem, recovered quickly and gave his own, simplified proof in 1900. This proof represents an early (the earliest?) use of the ideal of an "initial" ideal of monomials associated to an ideal in a polynomial ring. Here is a proof of the Hilbert basis theorem, in the spirit of Gordan.

[和訳] 基底定理を使うことから，ある不変式環の有限生成性の証明を Hilbert が成功したことを知って，Gordan は，最初は落胆したが，しかし，その落胆から直ぐに立ち直り，1900 年，彼自身の簡単な証明を与えた．Gordan の証明は，多項式環のイデアルに付随するイニシャルイデアルと呼ぶべき単項式イデアルの初期の（ひょっとすると，最も初期の？）使用を象徴するものである．以下，Hilbert 基底定理を Gordan の哲学に沿って証明しよう．

『道場』の 14 ページの定理 1.1.20 の証明は，Dickson の補題を基礎としているが，その証明が，Gordan による証明である．すなわち，Gordan は，今日の言葉で言えば，**多項式環のイデアルのグレブナー基底は，そのイデアルの生成系である**ことを示したのである．定理 1.1.20 から，グレブナー基底とは，標語的には，イデアルの生成系で，際立った振る舞いをするもののことであると言える．定理 1.1.20 の証明は，じっくりと読めば理解できるから，特に，補足はしなくてもいいであろう．定理 1.1.20 から，直ちに，**Hilbert 基底定理**である系 1.1.21 が導ける．系 1.1.21 は，単に，**多項式環のイデアルが有限生成である**——ということを言っているだけではなく，イデアルの与えられた生成系から，そのイデアルの生成系となる有限部分集合を選ぶことができる，ということを保証している．

(3.5.1) 例題 空間 K^n のアフィン多様体 V は，$K[\mathbf{x}] = K[x_1, x_2, \ldots, x_n]$ に属する有限個の多項式 $f_1, f_2, \ldots, f_s$ を使って，$V = \mathbf{V}(\{f_1, f_2, \ldots, f_s\})$ と表すことができる．これを示せ．換言すると，アフィン多様体は，有限個の多項式の**共通零点**である．

[解答] 例題 (3.3.6) から，アフィン多様体 V は，$K[\mathbf{x}]$ のイデアル I を使い，$V = \mathbf{V}(I)$ と表すことができる．Hilbert 基底定理から，$I = \langle f_1, f_2, \ldots, f_s \rangle$ となる有限個の多項式 $f_1, f_2, \ldots, f_s$ が存在する．他方，例題 (3.3.6) の証明から，$\mathbf{V}(I) = \mathbf{V}(\{f_1, f_2, \ldots, f_s\})$ が従う．換言すると，V は有限個の多項式 $f_1, f_2, \ldots, f_s$ の共通零点である．∎

グレブナー基底はイデアルの生成系であるが，その逆は偽である．すなわち，イ

デアルの生成系があったとき，それをグレブナー基底とする単項式順序が存在するとは限らない．『道場』の例 1.1.22 と問題 1.1.23 は，その貴重な例である．両者とも，大杉英史が 1997 年に構成した．以下，問題 1.1.23 の解答を記載する．

(問題 1.1.23 の) [**解答**]　原論文 [H. Ohsugi and T. Hibi, Toric ideals generated by quadratic binomials, *Journal of Algebra*, **218**, 509–527, 1999] では，巧妙なテクニックを使って，証明している．以下，例 1.1.22 の証明を真似ることから，きわめて簡潔な証明をやろう．

多項式環 $K[x_1, x_2, \ldots, x_8]$ のイデアル $I = \langle f, g, h \rangle$ を考える．ただし，

$$f = x_2 x_8 - x_4 x_7, \, g = x_1 x_6 - x_3 x_5, \, h = x_1 x_3 - x_2 x_4$$

である．いま，f と h が共通の変数 x_2 と x_4 を含むことに着目すると，

$$x_4 f + x_8 h = x_1 x_3 x_8 - x_4^2 x_7$$
$$x_2 f - x_7 h = x_2^2 x_8 - x_1 x_3 x_7$$

は，両者とも，I に属する．次に，g と h が共通の変数 x_1 と x_3 を含むことに着目すると，

$$x_3 g - x_6 h = x_2 x_4 x_6 - x_3^2 x_5$$
$$x_1 g + x_5 h = x_1^2 x_6 - x_2 x_4 x_5$$

は，両者とも，I に属する．すなわち，次数 3 の多項式

$$x_1 x_3 x_8 - x_4^2 x_7, \, x_1 x_3 x_7 - x_2^2 x_8, \, x_2 x_4 x_6 - x_3^2 x_5, \, x_2 x_4 x_5 - x_1^2 x_6$$

は I に属する．

さて，$\{f, g, h\}$ が I のグレブナー基底となる単項式順序 $<$ が存在すると仮定する．

まず，$x_1 x_3 x_8 > x_4^2 x_7$ としよう．すると，$x_1 x_3 x_8 \in \text{in}_<(I)$ であるから，$x_1 x_3 x_8$ を割り切る次数 2 の単項式が $\text{in}_<(I)$ に存在する．すると，$\text{in}_<(h) = x_1 x_3$ となるから，$x_1 x_3 > x_2 x_4$ である．すると，$x_2 x_4 \notin \text{in}_<(I)$ であるから，$x_3^2 x_5 > x_2 x_4 x_6, x_1^2 x_6 > x_2 x_4 x_5$ となる．したがって，$x_3^2 x_5$ を割り切る次数 2 の単項式が $\text{in}_<(I)$ に存在する．すると，$\text{in}_<(g) = x_3 x_5$ である．さらに，$x_1^2 x_6$ を割り切る次数 2 の単項式が $\text{in}_<(I)$ に存在する．すると，$\text{in}_<(g) = x_1 x_6$ である．すると，$\text{in}_<(g)$ に関し，矛盾する．

次に，$x_4^2 x_7 > x_1 x_3 x_8$ としよう．すると，$\text{in}_<(f) = x_4 x_7$ となるから，$x_4 x_7 > x_2 x_8$ である．したがって，$x_2 x_8 \notin \text{in}_<(I)$ であるから，$x_1 x_3 x_7 > x_2^2 x_8$ である．すると，

in$_<(h) = x_1x_3$ であるから，$x_1x_3 > x_2x_4$ である．したがって，$x_2x_4 \notin$ in$_<(I)$ であるから，$x_3^2x_5 > x_2x_4x_6, x_1^2x_6 > x_2x_4x_5$ である．すると，再び，in$_<(g) = x_3x_5$ かつ in$_<(g) = x_1x_6$ となり，矛盾である．■

問題 1.1.23 の証明は，例 1.1.22 の証明と比較すると，それほどエレガントとは言えない．しかし，まぁ，許容範囲であろう．

3.6 割り算アルゴリズム

多項式の割り算とは何か？　一変数の多項式の割り算は，高校数学の教科書『数学 II』（数研出版）の 14 ページに紹介されている．その説明は，整数の割り算と似た方法で行う，とだけ記載され，$f = x^3 - x^2 - x - 2$ を $g = x^2 + 2x - 1$ で割り算をする計算の例が示されている．筆算でやる（読者はやってください！）と，まず，f の x^3 と g の x^2 を比較し，$f - xg$ を計算し，x^3 を消すのである．しかし，少し，異なる視点から眺めると，この操作は，f に現れる x^3 を $x \cdot x^2$ と考え，その x^2 を $g - (2x - 1)$ で置き換え，その結果，f を

$$f = x(g - (2x-1)) - x^2 - x - 2 = xg - 3x^2 - 2$$

と変形する操作である．

『道場』の 17 ページの定理 1.2.1（割り算アルゴリズム）は，初学者がすんなり理解することは難しい．まず，18 ページの例 1.2.2 の具体例に馴染むのが賢明である．と言っても，テキストを執筆する際，いきなり例 1.2.2 を記載すると，何をやっているのかわからない，と批判されるであろうから，一般論から導入することになる．でも，講義のときなどは，まず，例 1.2.2 をじっくり解説し，その後，割り算アルゴリズムを紹介し，適当に言い訳をしながら，割り算アルゴリズムの証明は飛ばす，というのも一案であろう．

以下のような解説記事は，講義のときには喋ることができるが，『道場』のようなテキストに記載するのは厄介である．

一般に，多項式環 $K[\mathbf{x}] = K[x_1, x_2, \ldots, x_n]$ の単項式順序 $<$ を固定するとき，多項式 $0 \neq f \in K[\mathbf{x}]$ を多項式 $0 \neq g \in K[\mathbf{x}]$ で**割り算をする**ということは，f に現れ，しかも in$_<(g)$ で割り切れる単項式のなかで，$<$ に関してもっとも大きいものを u とし，$u = v \cdot$ in$_<(g)$ とするとき，その in$_<(g)$ を $(1/c)(g - (g - c \cdot$ in$_<(g)))$（ただし，$c \in K$ は g における in$_<(g)$ の係数である）で置き換えることから，u を

3.6 割り算アルゴリズム 141

$$(1/c)v(g - (g - c \cdot \mathrm{in}_<(g)))$$

で置き換え，$f = a \cdot u + h$ （ただし，$0 \neq a \in K, h \in K[\mathbf{x}]$ である）とするとき，f を

$$\begin{aligned} f &= a(1/c)v(g - (g - c \cdot \mathrm{in}_<(g))) + h \\ &= a(1/c)vg + h - a(1/c)v(g - c \cdot \mathrm{in}_<(g)) \end{aligned}$$

と変形する操作のことである．

『道場』の 18 ページの例 1.2.2 を補足しよう．多項式 $g_1 = x^2 - z$ で割り算をするということは，要するに，$x^2 = \mathrm{in}_{<_\mathrm{lex}}(g)$ を $g_1 + z$ で置き換える操作のことである．まず，f を g_1 で割り算をするには，f に現れ，しかも x^2 で割り切れる単項式のなかで，$<_\mathrm{lex}$ に関してもっとも大きいもの x^3 を $x^3 = x \cdot x^2 = x \cdot \mathrm{in}_{<_\mathrm{lex}}(g)$ と表し，$\mathrm{in}_{<_\mathrm{lex}}(g)$ を $g_1 + z$ で置き換える．そうすると，

$$\begin{aligned} f &= x^3 - x^2y - x^2 - 1 \\ &= x(g_1 + z) - x^2y - x^2 - 1 \\ &= xg_1 - x^2y - x^2 + xz - 1 \end{aligned}$$

となる．一変数の多項式の割り算を思い返すならば，xg_1 の部分は，いわゆる「商」のようなもの（厳密には，「商」とは，x のことであろうから，「商」のようなもの，と婉曲的な表現を使う）であるから，次の割り算をするときは，その「商」のようなものを除いた部分 $-x^2y - x^2 + xz - 1$ に着目し，それを g_1 で割り算をするのである．『道場』の 19 ページの上段の計算を追跡すると，結局，f を g_1 で 3 回割り算をすると，「商」のようなものが $(x - y - 1)g_1$ となり，残りは，$xz - yz - z - 1$ となるが，その残りの多項式は，もはや，$x^2 = \mathrm{in}_{<_\mathrm{lex}}(g)$ で割り切れる単項式を含まないから，割り算の操作は終了する．その残り $xz - yz - z - 1$ が，いわゆる「余り」である．

『道場』の 19 ページの中段の計算は，f を g_1 と g_2 の二つの多項式で割り算をしている．一つの多項式を複数の多項式で割り算するときも，それぞれのステップにおける操作は同じであるが，g_1 で割り算することができ，しかも，g_2 で割り算をすることもできるときは，どちらを選ぶかで，計算の流れが異なる．たとえば，その 19 ページの中段の計算において，第 3 式の $-x^2y - x^2 + xz - 1$ は，x^2y を含むから，g_1 で割り算することと，g_2 で割り算することの両者の操作が選べる．『道場』

の 19 ページの上段の計算は，g_1 で割り算する操作であり，中段の計算は，g_2 で割り算する操作である．割り算を続け，g_1 でも g_2 でも割り切れなくなった段階で，g_1 と g_2 による割り算が終了し，「余り」が得られる．

『道場』の 19 ページの上段の計算では，g_2 が使われていないけれども，「余り」の $xz - yz - z - 1$ は，g_2 で割り切ることはできないから，$xz - yz - z - 1$ は f の g_1 による割り算の「余り」と言えるし，あるいは，f の g_1 と g_2 による割り算の「余り」とも言える．

一つの多項式を複数の多項式で割り算するときは，割り算の計算の流れは一般には，幾つもあるから，「余り」も一意的とは限らない．実際，例 1.2.2 においては，$xz - yz - z - 1$ と $xz - x - z - 1$ は，両者とも，f の g_1 と g_2 による割り算の「余り」である．

(3.6.1) 例題 『道場』の例 1.2.2 の f を $g_1 = x^2 - z, g_2 = xy - 1$ と $g_3 = yz - x$ で割り算せよ．

［解答］ まず，$x > y > z$ なる辞書式順序を使っているから，$\mathrm{in}_{<_{\mathrm{lex}}}(g_3) = yz$ である．すると，『道場』の 19 ページの上段の計算の「余り」の $xz - yz - z - 1$ は g_3 で割り算できる．その割り算をすると，

$$xz - (g_3 + x) - z - 1$$

となるから，「余り」は，$xz - x - z - 1$ となり，19 ページの中段の計算の「余り」と一致する．■

以上の解説を読むと，『道場』の例 1.2.2 の計算を追跡することは可能であろう．その後，『道場』の 17 ページの定理 1.2.1（割り算アルゴリズム）を理解して欲しい．定理 1.2.1 の証明は，もし，苦痛に思うようであれば，読み飛ばしても差し障りはないであろう．例 1.2.2 を納得することができれば，割り算の手続き（アルゴリズム）は習得できるからである．

ただし，割り算アルゴリズムが有限回の操作で終了する理由は，是非，理解して欲しい．定理 1.2.1 の証明の 17 ページの最後のパラグラフにその記載がある．しばらく，定理 1.2.1 の証明を補足しよう．

一般に，多項式 $0 \neq f \in K[\mathbf{x}]$ に現れる単項式の集合を f の**台**と呼び，$\mathrm{supp}(f)$ と表す．

3.6 割り算アルゴリズム

多項式環 $K[\mathbf{x}]$ に属する 0 と異なる多項式 $g_1, g_2, \ldots, g_s$ を固定する．多項式 $0 \neq f \in K[\mathbf{x}]$ を $g_1, g_2, \ldots, g_s$ で割り算をする手続きを再確認しよう．

まず，$\mathrm{supp}(f)$ に属する単項式のなかで，$\mathrm{in}_<(g_1), \mathrm{in}_<(g_2), \ldots, \mathrm{in}_<(g_s)$ のいずれかで割り切れるものから成る部分集合 $\mathcal{A}_0$ を考え，その $\mathcal{A}_0$ に属する単項式のなかで，単項式順序 $<$ に関して最大なもの u_0 を選び，u_0 が $\mathrm{in}_<(g_{i_0})$ で割り切れるとする．いま，$w_0 = u_0/\mathrm{in}_<(g_{i_0})$ と置き，$g_{i_0} = c_{i_0} \cdot \mathrm{in}_<(g_{i_0}) + h_{i_0}$ とする．ただし，c_{i_0} は g_{i_0} における $\mathrm{in}_<(g_{i_0})$ の係数である．このとき，u_0 を $c_{i_0}^{-1} w_0 (g_{i_0} - h_{i_0})$ と置き換えることから

$$f = c_0' c_{i_0}^{-1} w_0 (g_{i_0} - h_{i_0}) + (f - c_0' u_0) \tag{3.7}$$
$$= c_0' c_{i_0}^{-1} w_0 g_{i_0} + h_1 \tag{3.8}$$

と変形する操作をする．ただし，c_0' は f における u_0 の係数である．もし，$\mathcal{A}_0$ が空集合であれば，割り算をすることはできないから，f 自身が「余り」である．他方，$h_1 = 0$ であるならば，f は $g_1, g_2, \ldots, g_s$ で割り切れるから，「余り」は 0 である．

多項式 h_1 が 0 でなければ，h_1 を $g_1, g_2, \ldots, g_s$ で割り算する．すなわち，h_1 の台 $\mathrm{supp}(h_1)$ に属する単項式のなかで，$\mathrm{in}_<(g_1), \mathrm{in}_<(g_2), \ldots, \mathrm{in}_<(g_s)$ のいずれかで割り切れるものから成る部分集合 $\mathcal{A}_1$ を考える．もし，$\mathcal{A}_1$ が空集合であれば，h_1 は割り算をすることはできないから，h_1 が「余り」である．いま，$\mathcal{A}_1 \neq \emptyset$ とすると，$\mathcal{A}_1$ に属する単項式のなかで，単項式順序 $<$ に関して最大なもの u_1 を選び，u_1 が $\mathrm{in}_<(g_{i_1})$ で割り切れるとする．このとき，

$$u_1 < u_0$$

である．

実際，(3.7) と (3.8) を眺めると，

$$h_1 = -c_0' c_{i_0}^{-1} w_0 h_{i_0} + (f - c_0' u_0)$$

であるが，$w_0 h_{i_0}$ に現れる単項式は，すべて，$<$ に関して u_0 よりも小さく，さらに，

$$\mathrm{supp}(f - c_0' u_0) \cap \mathcal{A}_1 \subset \mathcal{A}_0 \setminus \{u_0\}$$

となるからである．

いま，$w_1 = u_1/\mathrm{in}_<(g_{i_1})$ と置き，$g_{i_1} = c_{i_1} \cdot \mathrm{in}_<(g_{i_1}) + h_{i_1}$ とする．ただし，c_{i_1} は g_{i_1} における $\mathrm{in}_<(g_{i_1})$ の係数である．このとき，u_1 を $c_{i_1}^{-1} w_1 (g_{i_1} - h_{i_1})$ と置き

換えることから

$$f = c_0' c_{i_0}^{-1} w_0 g_{i_0} + c_1' c_{i_1}^{-1} w_1 (g_{i_1} - h_{i_1})$$
$$= c_0' c_{i_0}^{-1} w_0 g_{i_0} + c_1' c_{i_1}^{-1} w_1 g_{i_1} + h_2$$

と変形する操作をする．ただし，c_1' は h_1 における u_1 の係数である．もし，$h_2 = 0$ であるならば，h_1 は $g_1, g_2, \ldots, g_s$ で割り切れるから，「余り」は 0 である．他方，$h_2 \neq 0$ であるならば，h_2 を $g_1, g_2, \ldots, g_s$ で割り算する．

以上の操作を繰り返すと，多項式の列

$$h_1, h_2, h_3, \ldots$$

と単項式の集合の列

$$\mathcal{A}_0, \mathcal{A}_1, \mathcal{A}_2, \ldots$$

と単項式の減少列

$$u_0 > u_1 > u_2 > \cdots$$

が得られる．ところが，『道場』の 11 ページの補題 1.1.16 から，そのような無限減少列は存在しない．すると，有限回の操作の後，$h_q = 0$ となるか，あるいは，$\mathcal{A}_q = \emptyset$ となる．その操作の終了段階における f の表示が，『道場』の 17 ページの定理 1.2.1 の **標準表示** と呼ばれる等式になる．

念のため，定理 1.2.1（割り算アルゴリズム）を再掲する．

定理（割り算アルゴリズム） 多項式環 $K[\mathbf{x}] = K[x_1, x_2, \ldots, x_n]$ の単項式順序 $<$ を固定し，$g_1, g_2, \ldots, g_s$ を $K[\mathbf{x}]$ に属する 0 と異なる多項式とする．このとき，与えられた多項式 $0 \neq f \in K[\mathbf{x}]$ について，f の $g_1, g_2, \ldots, g_s$ に関する **標準表示** と呼ばれる等式

$$f = f_1 g_1 + f_2 g_2 + \cdots + f_s g_s + f'$$

を満たす多項式 $f_1, f_2, \ldots, f_s$ と f' が存在する．ただし，

- $f' \neq 0$ ならば，f' の台に属する単項式 u と任意の $i = 1, 2, \ldots, s$ について，$\mathrm{in}_<(g_i)$ は u を割り切らない．（多項式 f' を f の $g_1, g_2, \ldots, g_s$ に関する「余り」と呼ぶ．）
- $f_i \neq 0$ ならば
$$\mathrm{in}_<(f) \geq \mathrm{in}_<(f_i g_i)$$

である．

(3.6.2) 例題　多項式 f を多項式 $g_1, g_2, \ldots, g_s$ で割り算をしたときの「余り」を h とするとき, $f - h$ は, イデアル $\langle g_1, g_2, \ldots, g_s \rangle$ に属することを示せ. 特に, f と $g_1, g_2, \ldots, g_s$ のすべてがイデアル I に属するならば, h も I に属する.

[解答]　標準表示を
$$f = f_1 g_1 + f_2 g_2 + \cdots + f_s g_s + h$$
とすると,
$$f - h = f_1 g_1 + f_2 g_2 + \cdots + f_s g_s$$
だから, $f - h \in \langle g_1, g_2, \ldots, g_s \rangle$ である.

特に, f と $g_1, g_2, \ldots, g_s$ のすべてがイデアル I に属するならば,
$$h = f - (f_1 g_1 + f_2 g_2 + \cdots + f_s g_s)$$
も I に属する.　∎

少し長くなってしまったが, 以上で, 定理 1.2.1 の証明の補足を終える. 補足と言っても, ほとんど証明を (しかも, かなり詳しい証明を) していることになってしまったけれども.

一般に, 割り算の「余り」は, 一意的ではない. しかしながら, 『道場』の 19 ページの補題 1.2.3 が言っているように, $\{g_1, g_2, \ldots, g_s\}$ がグレブナー基底 (厳密に言うと, $\{g_1, g_2, \ldots, g_s\}$ が, それを生成系とするイデアルのグレブナー基底) であれば, 任意の多項式 $f \neq 0$ の $g_1, g_2, \ldots, g_s$ による割り算の「余り」は一意的である.

特に, 系 1.2.4 に記載されているように, $\{g_1, g_2, \ldots, g_s\}$ がグレブナー基底であれば, 多項式 $f \neq 0$ がイデアル $I = \langle g_1, g_2, \ldots, g_s \rangle$ に属するための必要十分条件は, f を $g_1, g_2, \ldots, g_s$ で割り算したときの「余り」が 0 となることである.

一般に, 多項式環のイデアルがあったとき, 与えられた多項式がそのイデアルに属するか否かを判定することは難しい. 系 1.2.4 を使うと, そのイデアルのグレブナー基底を計算すれば, あとは, 与えられた多項式の「余り」を計算することで, その多項式がそのイデアルに属するか否かを判定できる. すると, 系 1.2.4 は, **イデアル所属定理**と呼んでもいいであろう.

(3.6.3) 例題　変数を x, y, z とし, $x > y > z$ から導かれる辞書式順序 $<_{\text{lex}}$ を考え, $g_1 = x^2 - z, g_2 = xy - 1, g_3 = yz - x$ とする. このとき, (後に触れることで

あるが）$\{g_1, g_2, g_3\}$ は $<_{\mathrm{lex}}$ に関するグレブナー基底である．『道場』の系 1.2.4 を使い，多項式 $f = x^3yz - 1$ がイデアル $I = \langle g_1, g_2, g_3 \rangle$ に属するか否かを判定せよ．

[解答] 多項式 f の g_1, g_2, g_3 に関する「余り」を計算する．いま，
$$f = x^3yz - 1 = x(g_1 + z)yz - 1 = xg_1 + xyz^2 - 1$$
$$= xg_1 + (g_2 + 1)z^2 - 1 = xg_1 + z^2 g_2 + (z^2 - 1)$$

あるいは
$$f = x^3yz - 1 = x(g_1 + z)yz - 1 = xg_1 + xyz^2 - 1$$
$$= xg_1 + xz(g_3 + x) - 1 = xg_1 + xzg_3 + x^2 z - 1$$
$$= xg_1 + xzg_3 + (g_1 + z)z - 1 = xg_1 + xzg_3 + zg_1 + (z^2 - 1)$$

と割り算すると，「余り」は $z^2 - 1$ となるから，「余り」は 0 でなく，したがって，f はイデアル I に属さない．■

グレブナー基底の理論を使わないとすると，f が I に属することと，「余り」の $z^2 - 1$ が I に属することが同値である（例題 3.6.2）ことに着目し，$z^2 - 1 \not\in I$ を（腕力で？）示す必要がある．

実際，$z^2 - 1 \in I$ とすると
$$z^2 - 1 = (x^2 - z)f + (xy - 1)g + (yz - x)h \tag{3.9}$$

を満たす多項式 f, g, h が存在する．いま，別の変数 t を準備し，(3.9) の両辺に，$x = t, y = 1/t, z = t^2$ を代入すると，左辺は $t^4 - 1$ となるが，右辺は恒等的に 0 となり矛盾する．したがって，そのような多項式 f, g, h は存在しない．（なあ〜んか，偶然，うまくできたような証明だなぁ…）

3.7 被約グレブナー基底

グレブナー基底は存在するが，一意的ではない．しかし，何らかの条件を課し，グレブナー基底の一意性が言えると嬉しい．

多項式環 $K[\mathbf{x}] = K[x_1, x_2, \ldots, x_n]$ の単項式順序 $<$ を固定する．『道場』の 20 ページに記載されているが，被約グレブナー基底の定義を再確認する．

イデアル I の $<$ に関するグレブナー基底 $\{g_1, g_2, \ldots, g_s\}$ が**被約グレブナー基底**であるとは，次の条件が満たされるときに言う．

- 任意の $i=1,2,\ldots,s$ について，多項式 g_i における $\mathrm{in}_<(g_i)$ の係数は 1 である．
- $i \neq j$ のとき，g_j の台 $\mathrm{supp}(g_j)$ に属する単項式は，$\mathrm{in}_<(g_i)$ で割り切れない．

(3.7.1) 例題 被約グレブナー基底は極小グレブナー基底であることを示せ．

[解答] 極小グレブナー基底 $\{g_1, g_2, \ldots, g_s\}$ の定義は『道場』の 13 ページに載っているが，多項式 g_i における $\mathrm{in}_<(g_i)$ の係数が 1 であり，単項式の集合 $\{\mathrm{in}_<(g_1), \mathrm{in}_<(g_2), \ldots, \mathrm{in}_<(g_s)\}$ がイニシャルイデアル $\mathrm{in}_<(I)$ の極小生成系であるときに言う．すでに触れたように，単項式イデアルの単項式から成る極小生成系とは，その単項式イデアルに含まれる単項式の全体から成る集合における極小元の全体から成る集合に他ならない．

すると，グレブナー基底 $\mathcal{G} = \{g_1, g_2, \ldots, g_s\}$ が被約グレブナー基底のとき，$\{\mathrm{in}_<(g_1), \mathrm{in}_<(g_2), \ldots, \mathrm{in}_<(g_s)\}$ ($= G$ と置く) が，$\mathrm{in}_<(I)$ に含まれる単項式の全体から成る集合 ($= M$ と置く) における極小元の全体から成る集合であることを示せばよい．いま，$\mathcal{G}$ がグレブナー基底であることから，G は M における極小元をすべて含む．すると，G が M における極小元の全体から成る集合であることを示すには，$i \neq j$ のとき，$\mathrm{in}_<(g_i)$ が $\mathrm{in}_<(g_j)$ を割り切らないことを言えばよい．ところが，$\mathrm{in}_<(g_j)$ は，もちろん，$\mathrm{supp}(g_j)$ に属しているから，被約グレブナー基底の定義から，$\mathrm{in}_<(g_j)$ は，$\mathrm{in}_<(g_i)$ で割り切れない．■

『道場』の 20 ページの定理 1.2.5 は，多項式環 $K[\mathbf{x}]$ の単項式順序 $<$ を固定するとき，$K[\mathbf{x}]$ のイデアル I の $<$ に関する被約グレブナー基底は，存在し，しかも，一意的であることを言っている．

定理 1.2.5 の証明は，前半（存在の証明）では，極小グレブナーから被約グレブナー基底を構成している．要するに，割り算の「余り」を使うのである．後半（一意性の証明）では，単項式イデアルの単項式から成る生成系が一意的であることが効いてくる．

単項式順序 $<$ を固定するとき，イデアル I の被約グレブナー基底が一意的であることが判明したから，以下，I の $<$ に関する被約グレブナー基底を $\mathcal{G}_{\mathrm{red}}(I;<)$ と表す．

多項式環 $K[\mathbf{x}]$ の単項式順序 $<$ を固定し，I と J を $K[\mathbf{x}]$ の $\langle 0 \rangle$ と異なるイデアルとする．一般に，グレブナー基底は生成系であるから，$\mathcal{G}_{\mathrm{red}}(I;<) = \mathcal{G}_{\mathrm{red}}(J;<)$

ならば，必然的に，$I = J$ である．他方，被約グレブナー基底の一意性から，$I = J$ ならば $\mathcal{G}_{\rm red}(I;<) = \mathcal{G}_{\rm red}(J;<)$ である．したがって，$I = J$ であることと $\mathcal{G}_{\rm red}(I;<) = \mathcal{G}_{\rm red}(J;<)$ は同値である．『道場』の 21 ページの系 1.2.6 である．

すると，二つのイデアルが一致するか否かは，被約グレブナー基底を計算すれば判定できる．それゆえ，系 1.2.6 は**イデアル一致定理**と呼んでもいいであろう．

3.8　Buchberger 判定法

『道場』の 21 ページから始まる 1.3 節は，グレブナー基底の基礎理論の輝かしいハイライトである．反面，すべての証明を追跡するのは，初学者には苦痛であり，実際，グレブナー基底のユーザーになることを急ぐならば，読み飛ばすことが許される部分も含まれる．以下，必須部分と読み飛ばし可能な部分を区別し，例題を加えながら，話を進めよう．

多項式環 $K[\mathbf{x}] = K[x_1, x_2, \ldots, x_n]$ の単項式順序 $<$ を固定し，以下，特に，記載する必要がなければ，"単項式順序 $<$ に関する" という言葉は省略する．

『道場』の 22 ページには，突然，S 多項式の概念が登場する．兎も角，S 多項式は，定義を覚えることが必須である．初学者が S **多項式**の定義式
$$S(f,g) = \frac{\mathrm{lcm}(\mathrm{in}_<(f), \mathrm{in}_<(g))}{c_f \cdot \mathrm{in}_<(f)} f - \frac{\mathrm{lcm}(\mathrm{in}_<(f), \mathrm{in}_<(g))}{c_g \cdot \mathrm{in}_<(g)} g$$
を眺めても，何のことかわからない，とお叱りを受けるであろうから，その式を眺める前に，22 ページの中段のパラグラフ「換言すると，……」の部分をあらかじめ読むのが得策である．しかしながら，テキストを執筆するときには，やはり，定義をバシッと記載し，それから例を挙げるのが妥当である．

その「換言すると，……」を繰り返すが，多項式環 $K[\mathbf{x}]$ に属する 0 と異なる多項式 f と g があったとき，それぞれのイニシャル単項式 $\mathrm{in}_<(f)$ と $\mathrm{in}_<(g)$ が打ち消されるように作ったのが f と g の S 多項式である．

(3.8.1) 例題　多項式
$$f = x_1 x_4 - x_2 x_3, \ g = x_4 x_7 - x_5 x_6, \ h = x_1^2 x_3 x_5 - x_2 x_4 x_6^2$$
について，辞書式順序 $<_{\rm lex}$ に関する S 多項式 $S(f, h)$ と逆辞書式順序 $<_{\rm rev}$ の関する S 多項式 $S(g, h)$ を，それぞれ，計算せよ．

[解答]　まず，

$$\mathrm{in}_{<_{\mathrm{lex}}}(f) = x_1 x_4, \ \mathrm{in}_{<_{\mathrm{lex}}}(h) = x_1^2 x_3 x_5$$

であるから，これらを打ち消すには，f に $x_1 x_3 x_5$ を，h に x_4 を，それぞれ，乗じ，差を取ればよい．すなわち，

$$\begin{aligned} S(f, h) &= x_1 x_3 x_5 f - x_4 h \\ &= -x_1 x_3 x_5 \cdot x_2 x_3 + x_4 \cdot x_2 x_4 x_6^2 \\ &= x_2 x_4^2 x_6^2 - x_1 x_2 x_3^2 x_5 \end{aligned}$$

となる．次に，

$$\mathrm{in}_{<_{\mathrm{rev}}}(g) = x_5 x_6, \ \mathrm{in}_{<_{\mathrm{rev}}}(h) = x_1^2 x_3 x_5$$

であるから，これらを打ち消すには，係数を考慮し，g に $-x_1^2 x_3$ を，h に x_6 を，それぞれ，乗じ，差を取ればよい．すると，

$$\begin{aligned} S(g, h) &= -x_1^2 x_3 g - x_6 h \\ &= -x_1^2 x_3 \cdot x_4 x_7 + x_6 \cdot x_2 x_4 x_6^2 \\ &= x_2 x_4 x_6^3 - x_1^2 x_3 x_4 x_7 \end{aligned}$$

となる．■

なお，多項式 f と g の S 多項式 $S(f, g)$ は，イデアル $\langle f, g \rangle$ に属することに注意する．

多項式 f と $g_1, g_2, \ldots, g_s$ があったとき，f が $g_1, g_2, \ldots, g_s$ に関して **0 に簡約可能**（あるいは，「余り」を 0 にすることが可能である）とは，f の標準表示（『道場』の 17 ページ）で，「余り」の f' が 0 となるものが存在するときに言う．なお，$\{g_1, g_2, \ldots, g_s\}$ がグレブナー基底でないときには，「余り」は一意的とは限らないから，割り算をうまくやれば「余り」が 0 になる，と解釈する．

『道場』の 23 ページの補題 1.3.1 はきわめて大切である．多項式環 $K[\mathbf{x}]$ に属する 0 でない多項式 f と g について，$\mathrm{in}_<(f)$ と $\mathrm{in}_<(g)$ が互いに素（すなわち，共通な変数を含まない）であれば，f と g の S 多項式 $S(f, g)$ は f, g に関して 0 に簡約可能である．

補題 1.3.1 の証明を読む際，割り算アルゴリズムの標準表示の定義を復習されたい．補題 1.3.1 の証明の前半で導いている式

$$S(f, g) = f_1 g - g_1 f$$

は，(『道場』の 17 ページの定理 1.2.1 の) 標準表示の第 1 条件，すなわち，「余り」が 0 であることを満たしている．その式が，標準表示の第 2 条件，すなわち，「$f_i \neq 0$ ならば $\text{in}_<(f) \geq \text{in}_<(f_i g_i)$」を満たすことを，補題 1.3.1 の証明の後半で示している[3]．

標準表示の第 2 条件は，『道場』の 19 ページの補題 1.2.3 の証明と 20 ページの系 1.2.4 の証明には必要ではないから，ともすると，忘れてしまう恐れがある．補題 1.3.1 の証明で，その第 2 条件を再確認して欲しい．

いよいよ Buchberger 判定法に辿り着いた．『道場』の 24 ページに載っている **Buchberger 判定法**（定理 1.3.3）は，多項式環のイデアル I の生成系 $\{g_1, g_2, \ldots, g_s\}$ が I のグレブナー基底であるか否かを判定する効果的な方法を提供する．

イデアル I のグレブナー基底は，I の生成系である（『道場』の 14 ページの定理 1.1.20）から，イデアル I に属する有限個の多項式の集合が I のグレブナー基底となるためには，I の生成系であることが必要条件である．であるから，イデアル I に属する有限個の多項式の集合が I のグレブナー基底であるか否かを判定するには，その集合が，I の生成系であることを仮定するのはもっともなことである[4]．

『道場』に記載されていることではあるが，グレブナー基底の理論のハイライトであるから，Buchberger 判定法を復習する．

定理（Buchberger 判定法） 多項式環 $K[\mathbf{x}] = K[x_1, x_2, \ldots, x_s]$ の単項式順序 $<$ を固定し，I を $K[\mathbf{x}]$ の $\{0\}$ と異なるイデアルとする．イデアル I の生成系 $\mathcal{G} = \{g_1, g_2, \ldots, g_s\}$ があったとき，$\mathcal{G}$ が I の $<$ に関するグレブナー基底であるためには，次の条件（☆）が満たされることが必要十分である．

(☆) 任意の $1 \leq i \neq j \leq s$ について，g_i と g_j の $<$ に関する S 多項式 $S(g_i, g_j)$ は，$g_1, g_2, \ldots, g_s$ に関して 0 に簡約可能である．

Buchberger 判定法の証明と，その準備である補題 1.3.2（『道場』の 23 ページ）は，初学者は，読み飛ばしてもいいであろう．

Buchberger 判定法の条件（☆）をチェックする際，『道場』の 23 ページの補題

---

[3] そもそも，標準表示の第 1 条件だけならば，S 多項式それ自身が満たしていることに注意しよう．

[4] もっとも，『道場』の 41 ページから始まるトーリックイデアルでは，そもそも，イデアルの生成系を探すことが難しく，そのような状況では，グレブナー基底を探すには，何らかの高級なテクニックが必要である．

1.3.1 はきわめて大切である．すなわち，$\text{in}_<(g_i)$ と $\text{in}_<(g_j)$ が互いに素であれば，$S(g_i, g_j)$ は g_i, g_j に関して 0 に簡約可能であるから，もちろん，$g_1, g_2, \ldots, g_s$ に関して 0 に簡約可能である．したがって，$\text{in}_<(g_i)$ と $\text{in}_<(g_j)$ が互いに素でないような i と j に関して，条件（☆）をチェックするだけで十分である．

(3.8.3) 例題 多項式環 $K[x, y, z]$ の多項式

$$g_1 = x^2 - z, \ g_2 = xy - 1, \ g_3 = yz - x$$

とイデアル $I = \langle g_1, g_2 \rangle$ と変数の順序 $x > y > z$ に関する辞書式順序 $<_{\text{lex}}$ を考える．このとき，次を示せ．

- $S(g_1, g_2) = -g_3$ である．特に，$g_3 \in I$ である．
- $\{g_1, g_2\}$ は I の $<_{\text{lex}}$ に関するグレブナー基底ではない．
- $\{g_1, g_2, g_3\}$ は I の $<_{\text{lex}}$ に関するグレブナー基底である．

［解答］ まず，

$$S(g_1, g_2) = yg_1 - xg_2 = -yz + x = -g_3$$

である．一般に，$S(g_1, g_2) \in \langle g_1, g_2 \rangle$ であるから，$g_3 \in I$ である．

次に，$g_3 \in I$ であるが，$\text{in}_{<_{\text{lex}}}(g_3) = yz$ は $\langle \text{in}_{<_{\text{lex}}}(g_1), \text{in}_{<_{\text{lex}}}(g_2) \rangle = \langle x^2, xy \rangle$ に属さない．すると，$\text{in}_{<_{\text{lex}}}(I)$ は $\langle \text{in}_{<_{\text{lex}}}(g_1), \text{in}_{<_{\text{lex}}}(g_2) \rangle$ に一致しない．したがって，$\{g_1, g_2\}$ は I の $<_{\text{lex}}$ に関するグレブナー基底ではない．

さて，$\{g_1, g_2, g_3\}$ は I の $<_{\text{lex}}$ に関するグレブナー基底であることを示そう．いま，$S(g_1, g_2) = -g_3$ であるから，$S(g_1, g_2)$ は，g_1, g_2, g_3 に関して，0 に簡約可能である．他方，$\text{in}_{<_{\text{lex}}}(g_1)$ と $\text{in}_{<_{\text{lex}}}(g_3)$ は互いに素であるから，$S(g_1, g_3)$ をチェックする必要はない．残るは，$S(g_2, g_3)$ であるが，

$$S(g_2, g_3) = zg_2 - xg_3 = x^2 - z = g_1$$

であるから，$S(g_2, g_3)$ も g_1, g_2, g_3 に関して，0 に簡約可能である．以上の結果，Buchberger 判定法から，$\{g_1, g_2, g_3\}$ は I の $<_{\text{lex}}$ に関するグレブナー基底である． ■

多項式環 $K[\mathbf{x}]$ の多項式 f が**二項式**であるとは，f が次数の等しい単項式 u と v を使い，$f = u - v$ と表されるときに言う．二項式を生成系として持つイデアルを**二項式イデアル**と呼ぶ．

(3.8.4) 例題 多項式環 $K[x_1, x_2, \ldots, x_8]$ に属する二項式

$$f_1 = x_2x_3 - x_1x_4, f_2 = x_2x_5 - x_1x_7, f_3 = x_4x_5 - x_3x_7,$$
$$f_4 = x_5x_6 - x_3x_8, f_5 = x_6x_7 - x_4x_8$$

が生成するイデアルを I とする．このとき，I の生成系 $\{f_1, f_2, f_3, f_4, f_5\}$ は I の逆辞書式順序 $<_{\mathrm{rev}}$ に関するグレブナー基底となる．これを示せ．

[解答] 逆辞書式順序に関するイニシャル単項式は，いずれの f_i も左側の（係数 1 の）単項式である．Buchberger の判定法を使う．計算する必要のある S 多項式は，$S(f_1, f_2), S(f_2, f_3), S(f_2, f_4), S(f_3, f_4), S(f_4, f_5)$ である．実際，

$$S(f_1, f_2) = x_5 f_1 - x_3 f_2$$
$$= x_1 x_3 x_7 - x_1 x_4 x_5 = -x_1 f_3$$
$$S(f_2, f_3) = x_4 f_2 - x_2 f_3$$
$$= x_2 x_3 x_7 - x_1 x_4 x_7 = x_7 f_1$$
$$S(f_2, f_4) = x_6 f_2 - x_2 f_4$$
$$= x_2 x_3 x_8 - x_1 x_6 x_7$$
$$= x_2 x_3 x_8 - x_1 (f_5 + x_4 x_8)$$
$$= -x_1 f_5 + x_8 (x_2 x_3 - x_1 x_4)$$
$$= -x_1 f_5 + x_8 f_1$$
$$S(f_3, f_4) = x_6 f_3 - x_4 f_4$$
$$= x_3 x_4 x_8 - x_3 x_6 x_7 = -x_3 f_5$$
$$S(f_4, f_5) = x_7 f_4 - x_5 f_5$$
$$= x_4 x_5 x_8 - x_3 x_7 x_8 = x_8 f_3$$

となり，いずれも 0 に簡約可能である．■

ところで，Buchberger 判定法の証明は読み飛ばしても構わないけど，標準表示の第 2 条件は，その証明の (1.6) 式（『道場』の 28 ページ）で効いてくることを記憶に留められたい．

3.9 Buchberger アルゴリズム

『道場』の 29 ページに記載してあることを繰り返すが,Buchberger 判定法の真に偉大なる御利益は,イデアルの生成系から出発し,グレブナー基底を計算するアルゴリズムを導くことである.

以下,『道場』の解説を,少し補足しながら,そのアルゴリズムを検証しよう.

多項式環 $K[\mathbf{x}] = K[x_1, x_2, \ldots, x_n]$ の単項式順序 $<$ を固定し,$K[\mathbf{x}]$ のイデアル I (ただし,$I \neq \{0\}$ とする) の生成系

$$\mathcal{G}_0 = \{g_1, g_2, \ldots, g_s\}$$

から I のグレブナー基底を計算する.

- $\mathcal{G}_0$ に Buchberger 判定法を使う.補題 1.3.1 を考慮し,$\mathrm{in}_<(g_i)$ と $\mathrm{in}_<(g_j)$ が互いに素でないとき,$S(g_i, g_j)$ の $g_1, g_2, \ldots, g_s$ に関する「余り」の一つ h_{ij} を計算する.そのような h_{ij} のすべてが 0 であれば,$\mathcal{G}_0$ は I の $<$ に関するグレブナー基底である.

- そのような h_{ij} のなかで,少なくとも一つが 0 でなければ,$\mathcal{G}_0$ は I のグレブナー基底ではない.実際,$S(g_i, g_j) \in I$ であるから,$\mathcal{G}_0$ がグレブナー基底であれば,『道場』の 20 ページの系 1.2.4 から,どのように割り算をしても,$S(g_i, g_j)$ の「余り」は 0 になるからである.

- $\mathcal{G}_0$ が I のグレブナー基底でないとき,$h_{ij} \neq 0$ となる h_{ij} を任意に選び,それを g_{s+1} と置き,$\mathcal{G}_1 = \mathcal{G}_0 \cup \{g_{s+1}\}$ とする.

- 「余り」の定義から,$\mathrm{in}_<(g_1), \mathrm{in}_<(g_2), \ldots, \mathrm{in}_<(g_s)$ は,いずれも $\mathrm{in}_<(g_{s+1})$ を割り切ることはない.したがって,

$$\{\mathrm{in}_<(g_1), \mathrm{in}_<(g_2), \ldots, \mathrm{in}_<(g_s)\}$$

の極小元の全体の集合を M_0 とすると,

$$\{\mathrm{in}_<(g_1), \mathrm{in}_<(g_2), \ldots, \mathrm{in}_<(g_s), \mathrm{in}_<(g_{s+1})\}$$

の極小元の全体の集合 M_1 は $M_0 \cup \{\mathrm{in}_<(g_{s+1})\}$ である.特に,M_0 は M_1 に真に含まれる.

- 余り g_{s+1} は I に属する(例題 3.6.2)ことに注意し,$\mathcal{G}_1$ を I の(余分な多項式 g_{s+1} を含む)生成系と考え,$\mathcal{G}_1$ に Buchberger 判定法を使う.

以上の操作を繰り返すと，I の生成系の増大列

$$\mathcal{G}_0 \subset \mathcal{G}_1 \subset \mathcal{G}_2 \subset \cdots$$

と単項式から成る集合の真の増大列

$$M_0 \subset M_1 \subset M_2 \subset \cdots \tag{3.10}$$

が構成される．

なお，$M_0, M_1, M_2, \ldots$ の構成から，それぞれの M_i の極小元の全体の集合は，M_i 自身と一致することに注意する．

(3.9.1) 例題 無限増大列 (3.10) は存在しない．これを証明せよ．

[解答] 無限増大列 (3.10) が存在するとし，和集合

$$M_0 \cup M_1 \cup M_2 \cup \cdots$$

を M とする．Dickson の補題から M の極小元は高々有限個である．

いま，M の極小元の全体を $u_1, u_2, \ldots, u_t$ とするとき，十分大きな j を選ぶと，$u_1, u_2, \ldots, u_t$ のそれぞれは M_j に属する．このとき，$v \in M_{j+1} \setminus M_j$ とすると，M_{j+1} の極小元の全体の集合は M_{j+1} 自身と一致することから，いずれの $u_1, u_2, \ldots, u_t$ も v を割り切らない．ところが，$v \in M$ であるから，これは，M の極小元の全体が $u_1, u_2, \ldots, u_t$ であることに矛盾する．■

例題 (3.9.1) から，無限増大列 (3.10) は存在しない．すると，

$$\mathcal{G}_0, \mathcal{G}_1, \mathcal{G}_2, \ldots$$

を構成する手続きは，有限回で終了する．終了段階における I の生成系を $\mathcal{G}_q$ とすると，$\mathcal{G}_q$ は I のグレブナー基底である．

このようなイデアルの生成系から出発し，グレブナー基底を計算するアルゴリズムを **Buchberger アルゴリズム**と呼ぶ．

（問題 1.3.7 の）**[解答]** 変数の個数を $n = 8$ とし，多項式環 $K[x_1, x_2, \ldots, x_8]$ のイデアル $I = \langle f_1, f_2, f_3 \rangle$ を考える．ただし，

$$f_1 = x_2 x_8 - x_4 x_7, \; f_2 = x_1 x_6 - x_3 x_5, \; f_3 = x_1 x_3 - x_2 x_4$$

である.

(辞書式順序) 多項式 f_1, f_2, f_3 のイニシャル単項式は,それぞれ,x_2x_8, x_1x_6, x_1x_3 である.互いに素でないものは,x_1x_6 と x_1x_3 であるから,まず,$S(f_2, f_3)$ を計算すると

$$S(f_2, f_3) = x_3 f_2 - x_6 f_3 = x_2 x_4 x_6 - x_3^2 x_5$$

となるが,$S(f_2, f_3)$ は,それ自身が,f_1, f_2, f_3 による「余り」であるから,

$$f_4 = x_2 x_4 x_6 - x_3^2 x_5$$

とし,I の生成系 $\{f_1, f_2, f_3, f_4\}$ を考える.多項式 f_4 のイニシャル単項式は $x_2 x_4 x_6$ であるから,チェックする必要のある S 多項式は,$S(f_1, f_4)$ と $S(f_2, f_4)$ である.まず,

$$S(f_2, f_4) = x_2 x_4 f_2 - x_1 f_4 = x_1 x_3^2 x_5 - x_2 x_3 x_4 x_5$$
$$= x_3 x_5 (x_1 x_3 - x_2 x_4) = x_3 x_5 f_3$$

は,f_1, f_2, f_3, f_4 に関して 0 に簡約可能である.他方,

$$S(f_1, f_4) = x_4 x_6 f_1 - x_8 f_4 = x_3^2 x_5 x_8 - x_4^2 x_6 x_7$$

となるが,$S(f_1, f_4)$ は,それ自身が,f_1, f_2, f_3, f_4 による「余り」であるから,

$$f_5 = x_3^2 x_5 x_8 - x_4^2 x_6 x_7$$

と置く.そのイニシャル単項式は,$x_3^2 x_5 x_8$ である.

次に,I の生成系 $\{f_1, f_2, f_3, f_4, f_5\}$ に Buchberger 判定法を使う.このとき,チェックする必要のある S 多項式は,$S(f_1, f_5)$ と $S(f_3, f_5)$ である.計算すると,

$$S(f_1, f_5) = x_3^2 x_5 f_1 - x_2 f_5 = x_2 x_4^2 x_6 x_7 - x_3^2 x_4 x_5 x_7$$
$$= x_4 x_7 (x_2 x_4 x_6 - x_3^2 x_5) = x_4 x_7 f_4$$

は,f_1, f_2, f_3, f_4, f_5 に関して 0 に簡約可能である.他方,

$$S(f_3, f_5) = x_3 x_5 x_8 f_3 - x_1 f_5 = x_1 x_4^2 x_6 x_7 - x_2 x_3 x_4 x_5 x_8$$
$$= x_4 (x_1 x_4 x_6 x_7 - x_2 x_3 x_5 x_8)$$
$$= x_4 (x_4 x_7 (f_2 + x_3 x_5) - x_2 x_3 x_5 x_8)$$
$$= x_4^2 x_7 f_2 + x_3 x_4 x_5 (x_4 x_7 - x_2 x_8)$$
$$= x_4^2 x_7 f_2 - x_3 x_4 x_5 f_1$$

も，f_1, f_2, f_3, f_4, f_5 に関して 0 に簡約可能である．

以上の結果，I の生成系 $\{f_1, f_2, f_3, f_4, f_5\}$ は Buchberger 判定法の条件を満たすから，I の辞書式順序に関するグレブナー基底である．

(**逆辞書式順序**) 多項式 f_1, f_2, f_3 のイニシャル単項式は，それぞれ，$x_4 x_7, x_3 x_5, x_1 x_3$ である．互いに素でないものは，$x_3 x_5$ と $x_1 x_3$ であるから，まず，$S(f_2, f_3)$ を計算すると

$$S(f_2, f_3) = -x_1 f_2 - x_5 f_3 = x_2 x_4 x_5 - x_1^2 x_6$$

となるが，$S(f_2, f_3)$ は，それ自身が，f_1, f_2, f_3 による「余り」であるから，

$$f_4 = x_2 x_4 x_5 - x_1^2 x_6$$

とし，I の生成系 $\{f_1, f_2, f_3, f_4\}$ を考える．多項式 f_4 のイニシャル単項式は $x_2 x_4 x_5$ であるから，チェックする必要のある S 多項式は，$S(f_1, f_4)$ と $S(f_2, f_4)$ である．まず，

$$S(f_2, f_4) = -x_2 x_4 f_2 - x_3 f_4 = x_1^2 x_3 x_6 - x_1 x_2 x_4 x_6$$
$$= x_1 x_6 (x_1 x_3 - x_2 x_4) = x_1 x_6 f_3$$

は，f_1, f_2, f_3, f_4 に関して 0 に簡約可能である．他方，

$$S(f_1, f_4) = -x_2 x_5 f_1 - x_7 f_4 = x_1^2 x_6 x_7 - x_2^2 x_5 x_8$$

となるが，$S(f_1, f_4)$ は，それ自身が，f_1, f_2, f_3, f_4 による「余り」であるから，

$$f_5 = x_1^2 x_6 x_7 - x_2^2 x_5 x_8$$

と置く．そのイニシャル単項式は，$x_1^2 x_6 x_7$ である．

次に，I の生成系 $\{f_1, f_2, f_3, f_4, f_5\}$ に Buchberger 判定法を使う．このとき，チェックする必要のある S 多項式は，$S(f_1, f_5)$ と $S(f_3, f_5)$ である．計算すると，

$$S(f_1, f_5) = -x_1^2 x_6 f_1 - x_4 f_5 = x_2^2 x_4 x_5 x_8 - x_1^2 x_2 x_6 x_8$$
$$= x_2 x_8 (x_2 x_4 x_5 - x_1^2 x_6) = x_2 x_8 f_4$$

は，f_1, f_2, f_3, f_4, f_5 に関して 0 に簡約可能である．他方，

$$S(f_3, f_5) = x_1 x_6 x_7 f_3 - x_3 f_5$$
$$= x_2^2 x_3 x_5 x_8 - x_1 x_2 x_4 x_6 x_7$$
$$= x_2(x_2 x_3 x_5 x_8 - x_1 x_4 x_6 x_7)$$
$$= x_2(x_2 x_3 x_5 x_8 - x_1 x_6(-f_1 + x_2 x_8))$$
$$= x_1 x_2 x_6 f_1 + x_2^2 x_8(x_3 x_5 - x_1 x_6)$$
$$= x_1 x_2 x_6 f_1 - x_2^2 x_8 f_2$$

も，f_1, f_2, f_3, f_4, f_5 に関して 0 に簡約可能である．

以上の結果，I の生成系 $\{f_1, f_2, f_3, f_4, f_5\}$ は Buchberger 判定法の条件を満たすから，I の逆辞書式順序に関するグレブナー基底である．■

3.10 グレブナー基底ユーザー検定試験

もはや紙面も尽きたが，「グレブナー基底ユーザー検定試験」と称する基礎力確認試験（○×問題，100 題）を，付録として提供する．その 90% 以上を正解することができれば，グレブナー基底のユーザーの仮免許を取得できたと判断される．制限時間は 50 分である．

(1) $-3x_1^3 x_3 x_4^2$ は単項式である．
(2) $x_1^3 x_2^{-1} x_3^2$ は単項式である．
(3) 1 は単項式である．
(4) 単項式 $x_1^2 x_2^3$ は単項式 $x_1^3 x_2^2$ を割り切る．
(5) 単項式 u, v, w があって，u が v を割り切り，v が w を割り切るならば，u は w を割り切る．
(6) 単項式 $x_1^{a_1} x_2^{a_2} x_3^{a_3} x_4^{a_4} x_5^{a_5}$ で，条件 $a_1 + a_2 + a_3 + a_4 + a_5 \geq 3$ を満たすものの全体から成る集合 M の極小元の個数は，35 個である．
(7) 空でない単項式の集合で，極小元を持たないものが存在する．
(8) 任意の $n > 1$ と任意の $s > 0$ について，変数 $x_1, x_2, \ldots, x_n$ の単項式の集合 M を適当に選ぶと，M の極小元の個数がちょうど s となるようにできる．
(9) 無限個の変数 $x_1, x_2, \ldots, x_i, \ldots$ の単項式を考えると，Dickson の補題は成立しない．
(10) どのような多項式も，必ず零点を持つ．

(11) 多項式環 $\mathbb{R}[x_1, x_2, x_3]$ の部分集合 $I = \{x_1^3 - x_2, x_3 - x_1^2\}$ の零点は，有限集合である．

(12) 変数の個数を $n = 2$ とし，$K = \mathbb{R}$ とする．このとき，原点を中心とする半径 1 の円は，アフィン多様体である．

(13) 空集合はアフィン多様体であるが，K^n はアフィン多様体ではない．

(14) 有限個のアフィン多様体の和集合，有限個のアフィン多様体の共通部分は，両者とも，アフィン多様体である．

(15) 変数の個数を $n = 1$ とし，$K = \mathbb{R}$ とする．このとき $K \setminus \{1, 3, 5, \ldots\}$ はアフィン多様体である．

(16) 無限個のアフィン多様体の和集合は，アフィン多様体である．

(17) 写像 $\mathbf{V}$ と $\mathbf{I}$ について，$\mathbf{V}(\mathbf{I}(V)) = V$ が任意の $V \subset K^n$ について成立する．

(18) 多項式環 $K[x_1, x_2, \ldots, x_n]$ のイデアル I と J があったとき，$I - J = \{f - g : f \in I, g \in J\}$ は，イデアルである．

(19) 多項式環 $K[x_1, x_2, \ldots, x_n]$ のイデアル I と J があったとき，I と J の積 $I \cdot J = \{fg : f \in I, g \in J\}$ は，イデアルである．

(20) 単項イデアル I と J があったとき，$I \cdot J$ は単項イデアルである．

(21) 多項式環 $K[x_1, x_2, \ldots, x_n]$ の任意のイデアル I があったとき，$I = \mathbf{I}(V)$ となるアフィン多様体 $V \subset K^n$ が存在する．

(22) 単項式イデアルとは，単項式を含むイデアルである．

(23) 任意のイデアルは，必ず，単項式を含む．

(24) 単項式イデアルの極小生成系とは，その単項式イデアルに含まれる単項式の全体から成る集合の極小元の全体から成る集合と一致する．

(25) 単項式イデアル I と J があったとき，$I + J$ と $I \cap J$ は両者とも，単項式イデアルである．

(26) 多項式環 $K[x, y]$ のイデアル $I = \langle (x+y)^3 \rangle$ の根基は $\langle x + y \rangle$ である．

(27) 単項式イデアルの根基は単項式イデアルである．

(28) 多項式環 $K[x, y]$ のイデアル $I = \langle x, y \rangle$ は根基イデアルである．

(29) 変数 x_1, x_2, x_3 の 5 次の単項式を辞書式順序で大きいものから並べるとき，3 番目は $x_1^3 x_2^2$ である．

(30) 変数 x_1, x_2, x_3 の 5 次の単項式を辞書式順序で小さいものから並べるとき，3 番目は $x_2^2 x_3^3$ である．

(31) 変数 x_1, x_2, x_3 の 5 次の単項式を逆辞書式順序で大きいものから並べるとき，3

3.10 グレブナー基底ユーザー検定試験

番目は $x_1^3 x_2 x_3$ である.

(32) 変数 x_1, x_2, x_3 の 5 次の単項式を逆辞書式順序で小さいものから並べるとき, 3 番目は $x_1 x_3^4$ である.

(33) 単項式 u と v があったとき, $u <_{\text{lex}} v$ ならば, 必ず, $v <_{\text{rev}} u$ である.

(34) 変数 x_1, x_2, x_3 の単項式を純辞書式順序で小さいものから並べるとき, 17 番目は x_3^{16} である.

(35) 単項式 u と v があったとき, $u <_{\text{purelex}} v$ ならば, u は v を割り切る.

(36) 変数 x_1, x_2, x_3 の単項式で, 純辞書式順序に関して, x_1^3 よりも小さいものは, 無限個ある.

(37) 単項式順序に関する単項式の無限増加列は存在しない.

(38) 純辞書式順序を真似て, 純逆辞書式順序を定義すると, それは単項式順序になる.

(39) 一変数多項式環の上の単項式順序は唯一つしか存在しない.

(40) 変数の個数を $n \geq 2$ とするとき, n 変数多項式環の上の単項式順序は無限個存在する.

(41) 多項式 $f = -3x_1^3 x_2 x_3^2 + 5x_1^2 x_3^3 - 1$ に現れる単項式の個数は 3 個である.

(42) 多項式 $f = 5x_1^2 x_2^3 - 3x_1^3 x_2^2 + 1$ の辞書式順序に関するイニシャル単項式は $x_1^3 x_2^2$ である.

(43) 多項式 $f = 5x_1^2 x_2^3 - 3x_1^3 x_2^2 + 1$ の逆辞書式順序に関するイニシャル単項式は $x_1^3 x_2^2$ である.

(44) 多項式 $f = 5x_1^2 x_2^3 - 3x_1^3 x_2^2 + 1$ の純辞書式順序に関するイニシャル単項式は $x_1^3 x_2^2$ である.

(45) 多項式環 $K[x_1, x_2]$ 上の任意の単項式順序 $<$ と $\mathbf{w} = (1, 3)$ を考える. このとき, 多項式 $f = 5x_1^2 x_2^3 - 3x_1^3 x_2^2 + 1$ の $<_{\mathbf{w}}$ に関するイニシャル単項式は $x_1^3 x_2^2$ である.

(46) 多項式環 $K[x_1, x_2]$ 上の任意の単項式順序 $<$ と $\mathbf{w} = (1, 3)$ を考える. このとき, 多項式 $f = 5x_1^3 - x_2 + 1$ の $<_{\mathbf{w}}$ に関するイニシャル単項式は $x_1^3 - x_2$ である.

(47) 多項式 $f \neq 0$ と $g \neq 0$ のイニシャル単項式に関し, $\text{in}_<(f)\text{in}_<(g) = \text{in}_<(fg)$ が成立する.

(48) 多項式 $f \neq 0$ があったとき, f に現れる任意の単項式 u について, $\text{in}_<(f) = u$ となる単項式順序 $<$ が存在する.

(49) 多項式 $f = -3x_1^3x_2^2x_3 + 5x_1^2x_2x_3 + 3$ のイニシャル単項式は，どのような単項式順序に関しても，必ず $x_1^3x_2^2x_3$ である．

(50) イニシャルイデアルは単項式イデアルである．

(51) 単項式イデアル I のイニシャルイデアルは I 自身である．

(52) 任意の単項式イデアルは，単項式イデアルではない適当なイデアルの，適当な単項式順序に関するイニシャルイデアルになる．

(53) イデアル I の生成系が $\mathcal{F}$ ならば，I のイニシャルイデアルの生成系は，必ず $\{\text{in}_<(g) : g \in \mathcal{F}\}$ を含む．

(54) イデアルのグレブナー基底が存在するのは，単項式イデアルが有限生成であることから従う．

(55) イデアル I のグレブナー基底は，単項式順序を固定すると一意的である．

(56) イデアル I のグレブナー基底が，$\{f, g, h\}$ のとき，$\{f + g, g, h\}$ もグレブナー基底である．

(57) イデアル I のグレブナー基底が，$\{f, g, h\}$ のとき，$\{f^2, g^2, h^2\}$ もグレブナー基底である．

(58) 極小グレブナー基底は，存在するが，一意的ではない．

(59) 多項式環のイデアルのグレブナー基底は，そのイデアルの生成系である．

(60) 多項式環の任意のイデアルは，有限生成である．

(61) Hilbert 基底定理から，アフィン多様体は，有限個の多項式の共通零点であるということが従う．

(62) 多項式環のイデアル I の任意の生成系 $\mathcal{G}$ があったとき，適当に単項式順序を選ぶと $\mathcal{G}$ は I のグレブナー基底になる．

(63) 単項式 x^3y^2 を多項式 $x^3 - 1$ と $y^2 - 1$ で割り算したときの「余り」は 1 である．

(64) 多項式 $x^3y^3 - 1$ を多項式 $x^2y - y$ と $y^2 - 1$ で割り算したときの「余り」は $x + y$ である．

(65) 辞書式順序を考える．多項式 $f = x_1x_5x_6 - x_2x_3x_7$ を多項式 $x_1x_4 - x_2x_3, x_4x_7 - x_5x_6$ で割り算したときの「余り」は f 自身である．

(66) 逆辞書式順序を考える．多項式 $f = x_1x_4x_5x_6 - x_2x_3x_4x_7$ を多項式 $x_1x_4 - x_2x_3, x_4x_7 - x_5x_6$ で割り算したときの「余り」は f 自身である．

(67) 単項式 u を単項式 v で割り算をしたときの「余り」は，u 自身であるか，あるいは 0 である．

(68) 割り算の「余り」は一意的である．

3.10　グレブナー基底ユーザー検定試験

(69) 多項式の有限集合 $\{g_1, g_2, \ldots, g_s\}$ がグレブナー基底であれば，任意の多項式 $f \neq 0$ を $g_1, g_2, \ldots, g_s$ で割り算をしたときの「余り」は一意的である．

(70) 多項式 $f = x_1 x_4 - x_2 x_3$ と $g = x_4 x_7 - x_5 x_6$ を考える．辞書式順序に関し，$x_1 x_5 x_6 - x_2 x_3 x_7 = x_7 f - x_1 g$ は，$x_1 x_5 x_6 - x_2 x_3 x_7$ の f と g に関する標準表示である．

(71) イデアル $I = \langle g_1, g_2, \ldots, g_s \rangle$ に属する多項式 f の $g_1, g_2, \ldots, g_s$ に関する「余り」は 0 である．

(72) 被約グレブナー基底は極小グレブナー基底である．

(73) 被約グレブナー基底は存在し，一意的である．

(74) 多項式 $x^2 - 1$ と $xy - 1$ の S 多項式は，$x - y$ である．

(75) 多項式 $x^2 y + x + 1$ と $xy^2 + y + 1$ の S 多項式は，$-x + y$ である．

(76) 辞書式順序を考える．多項式 $f = x_1^2 x_2 - x_3 x_4^2$ と $g = x_1^3 x_3 - x_2 x_4^3$ の S 多項式は，$x_2^3 x_4^2 - x_1^2 x_3^2 x_4$ である．

(77) 逆辞書式順序を考える．多項式 $f = x_1^2 x_4 - x_2 x_3^2$ と $g = x_1^4 x_7 - x_5 x_6^4$ の S 多項式は，$-x_1^2 x_4 x_5 x_6^4 + x_1^4 x_2 x_3^2 x_7$ である．

(78) 多項式 f が，多項式 $g_1, g_2, \ldots, g_s$ に関して 0 に簡約可能ならば，f はイデアル $\langle g_1, g_2, \ldots, g_s \rangle$ に属する．

(79) 多項式 f が，多項式 $g_1, g_2, \ldots, g_s$ に関して 0 に簡約可能ならば，f を $g_1, g_2, \ldots, g_s$ で割り算をしたときの「余り」は，必ず，0 である．

(80) 多項式 f が，多項式 $g_1, g_2, \ldots, g_s$ に関して 0 に簡約可能ならば，$f + g_1^2$ も，$g_1, g_2, \ldots, g_s$ に関して 0 に簡約可能である．

(81) 多項式 f と g の S 多項式が，f と g に関して 0 に簡約可能であれば，$\mathrm{in}_<(f)$ と $\mathrm{in}_<(g)$ は互いに素である．

(82) Buchberger 判定法は，イデアル I の任意の部分集合 $\mathcal{G}$ が I のグレブナー基底であるか否かの判定法である．

(83) Buchberger 判定法は，イデアル I の有限部分集合 $\mathcal{G}$ が I のグレブナー基底であるか否かの判定法である．

(84) 任意の単項式順序に関して，イデアル $I = \langle x^2 - 1, y^2 - 1, z^2 - 1 \rangle$ の被約グレブナー基底は，$\{x^2 - 1, y^2 - 1, z^2 - 1\}$ である．

(85) 多項式 $f = x^2 + y^2$ は二項式である．

(86) 多項式 $f = -x^2 + y^2$ は二項式である．

(87) 単項式を幾つかの二項式で割り算したとき，その「余り」は単項式である．

(88) 二項式をいくつかの二項式で割り算したとき，その「余り」は（0でなければ）二項式である．

(89) Buchberger アルゴリズムは，イデアル I の生成系がわからなければ，使うことはできない．

(90) Dickson の補題から，Buchberger アルゴリズムが，有限回のステップで終了することが従う．

(91) イデアル I の生成系を $\mathcal{F}$ とするとき，Buchberger アルゴリズムを使って，$\mathcal{F}$ から出発し，I のグレブナー基底 $\mathcal{G}$ を計算すると，$\mathcal{F} \subset \mathcal{G}$ となる．

(92) イデアル $I = \langle x_1^2 - 1, x_1 x_2 - 1 \rangle$ の辞書式順序に関するグレブナー基底を Buchberger アルゴリズムで計算すると，$\{x_1^2 - 1, x_1 x_2 - 1, x_1 - x_2\}$ となる．

(93) イデアル $I = \langle x_1 x_2 - 1, x_1 x_3 - x_2^2 \rangle$ の逆辞書式順序に関するグレブナー基底を Buchberger アルゴリズムで計算すると，$\{x_1 x_2 - 1, x_1 x_3 - x_2^2, x_1^2 x_3 - x_2\}$ となる．

(94) イデアル $I = \langle x_1^2 - 1, x_1 - x_2^3 \rangle$ の純辞書式順序に関するグレブナー基底を Buchberger アルゴリズムで計算すると，$\{x_1^2 - 1, x_1 - x_2^3, x_2^4 - 1, x_1^2 - x_2^3\}$ となる．

(95) イデアル $I = \langle x^2 + y^2, xy - 1 \rangle$ のグレブナー基底が $\{x^2 + y^2, xy - 1\}$ となるような単項式順序が存在する．

(96) イデアル $I = \langle x_1^2 - x_2^2, x_1 x_2 - x_3^2 \rangle$ の辞書式順序に関するグレブナー基底を Buchberger アルゴリズムで計算すると，$\{x_1^2 - x_2^2, x_1 x_2 - x_3^2, x_1 x_3^2 - x_2^3, x_2^4 - x_3^4\}$ となる．

(97) イデアル $I = \langle x_1^2 - x_2^2, x_1 x_3 - x_2^2 \rangle$ の逆辞書式順序に関するグレブナー基底を Buchberger アルゴリズムで計算すると，$\{x_1^2 - x_2^2, x_1 x_3 - x_2^2\}$ となる．

(98) イデアル $I = \langle x_1 x_2 x_3 - 1, x_2 x_5 - x_3 x_4 \rangle$ の辞書式順序に関するグレブナー基底を Buchberger アルゴリズムで計算すると，$\{x_1 x_2 x_3 - 1, x_2 x_5 - x_3 x_4, x_1 x_3^2 x_4 - x_5\}$ となる．

(99) イデアル $I = \langle x_1 x_2 x_3 - 1, x_2 x_5 - x_3 x_4 \rangle$ の逆辞書式順序に関するグレブナー基底を Buchberger アルゴリズムで計算すると，$\{x_1 x_2 x_3 - 1, x_2 x_5 - x_3 x_4, x_1 x_2^2 x_5 - x_4\}$ となる．

(100) 二項式イデアルの被約グレブナー基底は，二項式から成る．

解答

(1) NO, (2) NO, (3) YES, (4) NO, (5) YES,
(6) YES, (7) NO, (8) YES, (9) YES, (10) NO,
(11) NO, (12) YES, (13) NO, (14) YES, (15) NO,
(16) NO, (17) NO, (18) YES, (19) NO, (20) YES,
(21) NO, (22) NO, (23) NO, (24) YES, (25) YES,
(26) YES, (27) YES, (28) YES, (29) NO, (30) YES,
(31) NO, (32) YES, (33) NO, (34) YES, (35) NO,
(36) YES, (37) NO, (38) NO, (39) YES, (40) YES,
(41) YES, (42) YES, (43) YES, (44) YES, (45) NO,
(46) NO, (47) YES, (48) NO, (49) YES, (50) YES,
(51) YES, (52) YES, (53) NO, (54) YES, (55) NO,
(56) NO, (57) NO, (58) YES, (59) YES, (60) YES,
(61) YES, (62) NO, (63) YES, (64) NO, (65) YES,
(66) NO, (67) YES, (68) NO, (69) YES, (70) NO,
(71) NO, (72) YES, (73) YES, (74) YES, (75) YES,
(76) NO, (77) YES, (78) YES, (79) NO, (80) YES,
(81) NO, (82) NO, (83) NO, (84) YES, (85) NO,
(86) YES, (87) YES, (88) YES, (89) YES, (90) YES,
(91) YES, (92) NO, (93) YES, (94) NO, (95) NO,
(96) YES, (97) YES, (98) YES, (99) YES, (100) YES

第4章 研究の最前線1 — 因子分析型グラフィカルモデルの識別可能性

原 尚幸

生物学，医学，経済学などの実質科学の分野では，現象のメカニズムを解明するために，さまざまな変数のデータを用いて，変数間の相関関係，因果関係のモデル化を行う．グラフィカルモデルとは，多次元のデータの相関構造や因果構造を，グラフを用いて表現する統計的モデルである．グラフに基づくモデル表現という点では，グラフィカルモデルの起源は20世紀初頭のIsingモデルなどの統計物理学のモデルにあると見ることもできるが，統計学の研究としては，1930年代の計量心理学におけるパス解析に端を発する．1970年代後半の共分散選択の発明以降，グラフィカルモデルという用語が明示的に用いられるようになり，その後，計算機科学の進歩とも足並みを揃えて，推測理論，推測アルゴリズム共に急速に発展してきた比較的新しい統計モデルである．昨今のビッグデータ時代おいても，超高次元で多量の情報蓄積から，変数間の相関関係や因果関係を抽出するための中核技術として注目されている統計手法であり，遺伝学，医学，機械学習，品質管理など，応用分野の裾野も広がっている．

グラフィカルモデルの最大の特徴は，相関構造や因果構造に見られる現象のメカニズムが，グラフによって可視化されるという点であろう．実質科学の研究者たちがこのモデルを好んで用いるのは，こうした理由によるものと考えられる．またモデルの構造がグラフからなるため，その推測理論や推測アルゴリズムは，組合せ論的な側面も有し，したがって数学的にも古典的な推測統計の理論には見られない類の，数々の興味深い問題を提供する魅力的な分野であるとも言える．近年は，計算代数統計学や高次元統計学の発展により，さらに新たな展開を見せている．

無向グラフや非巡回有向グラフといった，簡易な構造のグラフが定義するグラフィカルモデルの場合は，標準的な推測手法が適用可能であり，またその推測理論，推測アルゴリズムについても，マルコフ基底などの計算代数統計的な手法を含め，膨大な研究蓄積がある (e.g. [7, 2])．しかし，有向辺，無向辺が混在するようなグラフが定義する構造方程式型のモデルや，観測不能な潜在変数を含むグラフィカルモデルの場合，後述するように識別不能な特異モデルになることがあり，その場合には標準的な推測手法を適用することができない．一方，グラフィカルモデルの識別可能性の判定は，必ずしも容易な問題でないことも知られている．近年，[10, 4, 6]らは，代数的なアプローチを用いて，さまざまなモデルのクラスにおいて，モデルが識別可能であるための条件を導出している．本節ではグラフィカルモデルの推測理論の問題の中で，特に識別可能判定の問題に焦点をあて，[8]にしたがい，潜在変数を含む因子分析型のグラフィカルモデルを例にとり，問題を定式化して代

数統計学との接点を紹介するとともに,識別可能であるための有用な十分条件を導出する[1].

---

[1] 本章の内容は,筆者が在外研究で米国シアトルのワシントン大学滞在中に,Mathias Drton, Dennis Leungの両氏と行なった共同研究に基づくものである.両氏にはここに記して感謝の意を表する.

4.1 問題の定式化

まず，統計学的な議論は後回しにして，本節で議論する問題を数学の問題として定式化してみよう．本節を通して $G = (V, E)$ は非巡回有向グラフ（directed acyclic graph，以下 DAG）であるとする．ここで $V = \{1, 2, \ldots, m\}$ は G の頂点集合，E は G の有向辺の集合である．すなわち $(i, j) \in E$ のとき，G には $i \to j$ という有向辺が存在する．ここでは G は必ずしも連結でなくてもよいものとする．G は DAG であることから一般性を失うことなく

$$(i,j) \in E \Rightarrow i < j \tag{4.1}$$

と仮定することができる．DAG G に対し，$G^* = (V^*, E^*)$ を

- $V^* = \{0\} \cup V = \{0, 1, 2, \ldots, m\}$
- $E^* = \{(0,1), (0,2), \ldots, (0,m)\} \cup E$

のように定義する．このとき G^* は連結な DAG となる．本章ではこのようなグラフ G^* を G が定義するスターグラフと呼ぶことにする．図 4.1 のグラフは DAG G と，G が定義するスターグラフ G^* の例である．

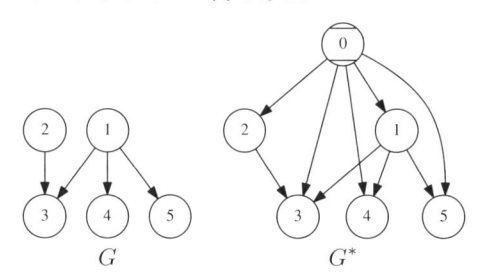

図 **4.1** G と G が定義するスターグラフ G^* の例

Λ を G の隣接行列

$$\Lambda = \begin{cases} \lambda_{ij}, & (i,j) \in E, \\ 0, & \text{otherwise} \end{cases}$$

としよう．条件 (4.1) が満たされるとき，Λ は対角成分がすべて 0 であるような $m \times m$ の上三角行列になる．以下では λ_{ij} を，$e = (i, j)$ として λ_e のように表すこともある．また，$\boldsymbol{\gamma} = (\gamma_1, \ldots, \gamma_m)'$ を m 次元ベクトル，$\Omega = \text{diag}(\omega_1, \omega_2, \ldots, \omega_m)$ を $\omega_i > 0$, $i = 1, 2, \ldots, m$ であるような対角行列とする．$\boldsymbol{\theta} = (\Lambda, \Omega, \boldsymbol{\gamma})$ として，パラメータ空間を $\Theta = \mathbb{R}^{|E|} \times \mathbb{R}^m_{>0} \times \mathbb{R}^m$ とする．

ここで次のような写像を考える.

$$\phi_G : \Theta \to \mathbb{R}^{\binom{m+1}{2}}$$
$$: \boldsymbol{\theta} \mapsto (I_m - \Lambda^T)^{-1}(\gamma\gamma^T + \Omega)(I_m - \Lambda)^{-1}$$

Λ は対角成分がすべて 0 の上三角行列であることより, k が m 以上の整数のとき $\Lambda^k = 0$ となる. これを用いると

$$(I_m - \Lambda)^{-1} = I_m + \Lambda + \Lambda^2 + \cdots + \Lambda^{m-1}$$

となる. これより ϕ_G は $\boldsymbol{\theta} = (\Lambda, \Omega, \gamma)$ の各成分を変数とする多項式写像であることがわかる. このとき, 本章で考える問題は以下のように記述することができる.

問題 4.1.1 写像 ϕ_G が Θ のほとんど至るところで有限対 1 となるための DAG G, あるいはスターグラフ G^* の条件を求めよ.

今, $M(\Theta)$ を

$$M(\Theta) = \left\{ (I_m - \Lambda^T)^{-1}(\gamma\gamma^T + \Omega)(I_m - \Lambda)^{-1} \mid \boldsymbol{\theta} \in \Theta \right\}$$

としよう. そのとき, 以下の問題は問題 4.1.1 と等価である.

問題 4.1.1′ $\Sigma \in M(\Theta)$ とする. そのとき, 多項式方程式

$$(I_m - \Lambda^T)^{-1}(\gamma\gamma^T + \Omega)(I_m - \Lambda)^{-1} - \Sigma = \boldsymbol{0} \tag{4.2}$$

の(複素)解の個数が, Θ のほとんどいたるところで有限個であるための DAG G, あるいはスターグラフ G^* の条件を求めよ.

4.2 スターグラフモデルとその識別可能性

次に, これらの問題の統計学的な意味を考えていくことにしよう. $\boldsymbol{X} = (X_1, \ldots, X_m)'$ を, それぞれ G の頂点 $1, 2, \ldots, m$ に対応した観測可能な確率変数とする. また L を頂点 0 に対応した潜在変数としよう. 潜在変数とは, 直接は観測することができない変数のことである. 例えば, 数学科の学生の専門科目の期末試験の得点は観測可能である. 一方, 各学生の持つ数理的なセンスは, 得点を決める重要なファクターと考えられるが, 定量的には観測不能である. このような変数が潜在変数である.

このとき，潜在変数を含めた各変数間の関係を表す，以下のような統計モデルを考えよう．
$$\boldsymbol{X} = \Lambda^T \boldsymbol{X} + \boldsymbol{\gamma} L + \boldsymbol{\epsilon}. \tag{4.3}$$
ここで
$$L \sim N(0,1), \quad \boldsymbol{\epsilon} \sim N_m(0, \Omega), \quad \Omega = \mathrm{diag}(\omega_1, \omega_2, \ldots, \omega_m)$$
で L と $\boldsymbol{\epsilon}$ は互いに独立であると仮定する．頂点 $v \in V$ に対し，$pa(v)$ を G における v の親の頂点の集合とする．そのとき，モデル (4.3) では各頂点 v に対する変数 X_v は，
$$X_v = \sum_{v' \in pa(v)} \lambda_{v'v} X_{v'} + \gamma_v L + \epsilon_v$$
を満たす．この式では，左辺の X_v が結果系の変数，右辺に表われる $X_{v'}, v' \in pa(v)$，L が原因系の変数である．したがってモデルで全体で見ると，スターグラフ G^* が各変数間の因果関係の向きを表し，Λ, γ がその因果の程度を表すパラメータになっていることがわかる．γ は潜在変数 L から各変数への因果の程度をあらわすパラメータで，因子負荷ベクトルと呼ばれる．このようなモデルのクラスを，本章では G が定義するスターグラフモデルと呼ぶことにする．

I_m を $m \times m$ の単位行列とする．$\boldsymbol{X}$ の共分散行列を $\Sigma = \{\sigma_{ij}\}$ としたとき，
$$(I_m - \Lambda^T)X = \boldsymbol{\gamma} L + \boldsymbol{\epsilon}$$
であることから，Σ は
$$\Sigma = (I_m - \Lambda^T)^{-1}(\boldsymbol{\gamma}\boldsymbol{\gamma}^T + \Omega)(I_m - \Lambda)^{-1} \tag{4.4}$$
となる．

本章では，スターグラフモデル (4.3) の識別可能性の問題を議論する．統計学においてモデルが識別可能であるとは，モデルの表現が一意的であることを言う．スターグラフモデルの場合で言うと，$\Sigma \in M(\Theta)$ が与えられたときに，$\boldsymbol{\theta} = (\Lambda, \gamma, \Omega)$ を一意的に復元できることを意味する．すなわち，問題 4.1.1 において，ϕ_G が 1 対 1 であること，または問題 4.1.1′ において，$\boldsymbol{\theta}$ の解が一意的である場合と等価である．モデルが識別可能であれば，最尤法などの標準的な統計手法が適用可能である．識別可能でない場合は，Σ から $\boldsymbol{\theta}$ が一意的に復元できないということであるが，そのような点はモデルの空間内で特異点となることがある．特異点の近傍では，漸近論の前提となる正則条件を満たさないことがある上，最尤推定量の漸近的挙動につ

いても未解決な部分が多い．したがって，モデルを用いて分析を行う際に，所与のモデルが識別可能であるか否かを事前に判定することは基本的でかつ重要な問題であると言える．

$E = \emptyset$, すなわち $\Lambda = 0$ のときのモデル (4.3)

$$\boldsymbol{X} = \gamma L + \boldsymbol{\epsilon}, \quad \Sigma = \gamma\gamma^T + \Omega \tag{4.5}$$

は，古典的な因子分析モデルと呼ばれるモデルである．$m \geq 3$ のとき，このモデルは，γ についての符号 ($\pm$) に関する不定性は存在するものの，Ω の各成分については識別可能であることが知られている ([1])．一般に $\Lambda \neq 0$ のスターグラフモデル (4.3) においても，γ に関する符号の不定性が存在することは，(4.4) の表現から明らかであろう．また，一般のスターグラフモデルの場合は，Λ も一意的に定まるとは限らず，しかも，モデルによっては Λ の解が無限個存在することもある．γ の符号に関する不定性だけを許し，Λ, Ω については一意的に識別可能な場合は，最尤法などの標準的な推測手法が適用可能であることも知られている．しかしその場合に G が満たすべき条件を求めることも一般には容易ではない．

以上を踏まえ，本章では，問題 4.1.1 にあるように，ϕ_G が有限対 1 であるための，あるいは問題 4.1.1′ にあるように，多項式方程式 (4.2) の（複素）解の個数が有限個であるための G の条件を求めることを考える．このような条件を満たすときのモデルは generic finite identifiable（ほとんどいたるところで有限識別可能）であるという (e.g. [6])．以下では，単に識別可能と言ったときには，この定義によるものとする．また，ϕ_G が無限対 1, 言い換えれば (4.2) の解が無限個存在する場合は識別不能である．

(4.2) の各成分は $\boldsymbol{\theta} = (\Lambda, \Omega, \gamma)$ の各成分を変数とする $\binom{m+1}{2}$ 個の多項式方程式とみなすことができる．$f_{ij}(\boldsymbol{\theta})$ を (4.2) の左辺の (i,j) 成分とする．$\{f_{ij} : i > j\}$ が生成するイデアル

$$I_G = \langle f_{11}, f_{12}, \ldots, f_{mm} \rangle$$

が 0 次元イデアルであれば，(4.2) の多項式方程式の（複素）解の個数は高々有限個であることが知られている．また I_G が 0 次元イデアルであることは，I_G のある項順序に対するグレブナー基底が，$\boldsymbol{\theta}$ の各変数に対し，先頭項がその変数のべきであるような元を含むことである (e.g. [3])．つまり，モデルの識別可能性はグレブナー基底を用いることによって判定することが可能である．実際に，Singular などの代数計算ソフトウェアを用いて I_G のグレブナー基底を計算し，それを用いて I_G の次

元を求めることによって，識別可能性の判定をすることが可能である．しかし，汎用のパソコンでは，$m = 10$ 程度の小さいモデルでも，モデルによってはグレブナー基底の計算を実用時間内に行うことは困難なことがある．

そこで，以下ではモデルが識別可能であるためのいくつかの十分条件を理論的に導出することを考えていく．

4.3 ϕ_G のヤコビ行列を用いた方法

問題 4.1.1 は ϕ_G のヤコビ行列，

$$J(\phi_G) = \frac{\partial \phi_G}{\partial \Theta}$$

が Θ のほとんど至るところで列フルランクになることとも等価である．この事実を用いると，識別可能であるための以下のような十分条件を求めることができる．ここで，DAG G の補グラフ $\bar{G}$ を，

$$\bar{G} = (V, \bar{E}), \quad \bar{E} = \{(i,j) \mid i < j, (i,j) \in E^c\}$$

であるような無向グラフと定義する．

定理 4.3.1 $\bar{G}$ を G の補グラフとする．$\bar{G}$ のすべての連結成分に奇サイクルが存在するとき，G が定義するスターグラフモデルは識別可能である．

この条件は非常にシンプルで，この条件が成立するか否かは多項式時間でチェックすることが可能であることからも，実用的な条件であると言える．しかしこの定理の証明は非常に煩雑であるので，ここでは省略する．詳細は Leung et al.[8] を参照されたい．

4.4 スターグラフモデルのテトラッド

(4.4) より

$$(I_m - \Lambda^T)\Sigma(I_m - \Lambda) = \gamma\gamma^T + \Omega \tag{4.6}$$

が成り立つ．統計学の文脈では，正方行列の対角成分を含まない 2×2 部分行列の行列式のことをテトラッドと呼ぶ．s_{ij} を $(I_m - \Lambda^T)\Sigma(I_m - \Lambda)$ の (i,j) 成分としたとき，$(I_m - \Lambda^T)\Sigma(I_m - \Lambda)$ のテトラッドは

$$\tau_{(ik),(jl)} = s_{ij}s_{kl} - s_{il}s_{jk}$$

4.4 スターグラフモデルのテトラッド　171

$$i<j<k<l \text{ または } i<k<j<l$$

となる．実は (4.6) が成り立つことは，これらすべてのテトラッドが 0 になることと等価であることが知られている (e.g. [5])．直接的な計算により，$\tau_{(ik),(jl)}$ は Λ の成分の 4 次多項式であることがわかる．そこで，以下では $\tau_{(ik),(jl)}(\Lambda)$ のように書くことにする．$\tau_{(ik),(jl)}(\Lambda)$ の各次数の多項式は以下のようになる．

- 4 次の項

$$\sum_{i'\in pa(i)}\sum_{j'\in pa(j)}\sum_{k'\in pa(k)}\sum_{l'\in pa(l)} (\sigma_{i'j'}\sigma_{k'l'} - \sigma_{i'l'}\sigma_{j'k'})\lambda_{i'i}\lambda_{j'j}\lambda_{k'k}\lambda_{l'l}.$$

- 3 次の項

$$-\sum_{i'\in pa(i)}\sum_{j'\in pa(j)}\sum_{k'\in pa(k)} (\sigma_{i'j'}\sigma_{k'l} - \sigma_{i'l}\sigma_{j'k'})\lambda_{i'i}\lambda_{j'j}\lambda_{k'k}$$

$$-\sum_{i'\in pa(i)}\sum_{j'\in pa(j)}\sum_{l'\in pa(l)} (\sigma_{i'j'}\sigma_{kl'} - \sigma_{i'l'}\sigma_{j'k})\lambda_{i'i}\lambda_{j'j}\lambda_{l'l}$$

$$-\sum_{i'\in pa(i)}\sum_{k'\in pa(k)}\sum_{l'\in pa(l)} (\sigma_{i'j}\sigma_{k'l'} - \sigma_{i'l'}\sigma_{jk'})\lambda_{i'i}\lambda_{k'k}\lambda_{l'l}$$

$$-\sum_{j'\in pa(j)}\sum_{k'\in pa(k)}\sum_{l'\in pa(l)} (\sigma_{ij'}\sigma_{k'l'} - \sigma_{il'}\sigma_{j'k'})\lambda_{j'j}\lambda_{k'k}\lambda_{l'l}.$$

- 2 次の項

$$\sum_{i'\in pa(i)}\sum_{j'\in pa(j)} (\sigma_{i'j'}\sigma_{kl} - \sigma_{i'l}\sigma_{j'k})\lambda_{i'i}\lambda_{j'j}$$

$$+\sum_{i'\in pa(i)}\sum_{k'\in pa(k)} (\sigma_{i'j}\sigma_{k'l} - \sigma_{i'l}\sigma_{jk'})\lambda_{i'i}\lambda_{k'k}$$

$$+\sum_{i'\in pa(i)}\sum_{l'\in pa(l)} (\sigma_{i'j}\sigma_{kl'} - \sigma_{i'l'}\sigma_{jk})\lambda_{i'i}\lambda_{l'l}$$

$$+\sum_{j'\in pa(j)}\sum_{k'\in pa(k)} (\sigma_{ij'}\sigma_{k'l} - \sigma_{il}\sigma_{j'k'})\lambda_{j'j}\lambda_{k'k}$$

$$+\sum_{j'\in pa(j)}\sum_{l'\in pa(l)} (\sigma_{ij'}\sigma_{kl'} - \sigma_{il'}\sigma_{j'k})\lambda_{j'j}\lambda_{l'l}$$

$$+\sum_{k'\in pa(k)}\sum_{l'\in pa(l)} (\sigma_{ij}\sigma_{k'l'} - \sigma_{il'}\sigma_{jk'})\lambda_{k'k}\lambda_{l'l}.$$

- 1 次の項

$$-\sum_{i'\in pa(i)}(\sigma_{i'j}\sigma_{kl}-\sigma_{i'l}\sigma_{jk})\lambda_{i'i} - \sum_{j'\in pa(j)}(\sigma_{ij'}\sigma_{kl}-\sigma_{il}\sigma_{j'k})\lambda_{j'j}$$
$$-\sum_{k'\in pa(k)}(\sigma_{ij}\sigma_{k'l}-\sigma_{il}\sigma_{jk'})\lambda_{k'k} - \sum_{l'\in pa(l)}(\sigma_{ij}\sigma_{kl'}-\sigma_{il'}\sigma_{jk})\lambda_{l'l}.$$

- 定数項 $\sigma_{ij}\sigma_{kl} - \sigma_{il}\sigma_{jk}$.

連立方程式

$$\tau_{(ik),(jl)}(\Lambda) = 0, \quad i<j<k<l, \quad i<k<j<l \tag{4.7}$$

において，Λ の解の個数が有限個であれば，(4.6) と Anderson and Rubin[1] の古典的因子分析モデルにおける結果を用いることによりモデルが識別可能であることを示すことができる．したがって，テトラッドが生成するイデアル

$$I_\tau = \langle \tau_{(ik),(jl)}(\Lambda) = 0, \quad i<j<k<l, \quad i<k<j<l \rangle$$

が 0 次元であることは，モデルは識別可能であることの十分条件である．4.2 節での議論と同様に，Singular などの代数計算ソフトウェアを用いることによって I_τ のグレブナー基底から I_τ の次元を計算することにより，モデルの識別可能性を評価することが可能である．しかし，この場合も汎用のパソコンで実用時間内に I_τ のグレブナー基底の計算が可能なのは $m \leq 10$ 程度のモデルに限られる．そこで，以下ではテトラッドを用いた識別可能条件を理論的に導出する．

4.5 テトラッドを用いた識別可能性条件

有向グラフにおいて，子が存在しない頂点をシンクノード (sink node)，親が存在しない頂点をソースノード (source node) と呼ぶ．そのとき，以下の命題が成立する．

命題 4.5.1 $G = (V, E)$ を m をシンクノードとする

$$E = \{(1, m), (2, m), \ldots, (u, m)\}, \quad 1 \leq u < m-1$$

のようなグラフとする．このとき，この G が定義するスターグラフモデルは識別可能．

図 4.2 は $m = 5, u = 3$ の場合の G である．Λ を

$$\Lambda = (\lambda_e : e \in E)'$$

4.5 テトラッドを用いた識別可能性条件　173

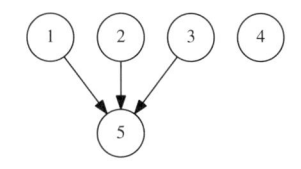

図 4.2 $m=5, u=3$ の場合の G

というベクトルとみなすと，このモデルの連立方程式 (4.7) は，Λ の線形の連立方程式になることを容易に示すことができる．すなわち，ある $2 \cdot \binom{m-1}{3} \times u$ の定数行列 C と，$2 \cdot \binom{m-1}{3}$ 次元定数ベクトル c を用いて

$$C\Lambda = c \tag{4.8}$$

のように表すことができる．直接的な計算により，Θ のほとんど至るところで C が列フルランクであることを示すことによって識別可能であることを証明することが可能である．証明はさほど難しくないが，やや煩雑であるので，ここでは省略する．詳細は Leung et al.[8] を参照されたい．

DAG $G = (V, E)$ と，$V' \subset V$ に対して，$G(V')$ で V' に対する G の誘導部分グラフを表すとする．命題 4.5.1 を用いると，モデルが識別可能であるための十分条件として以下を得る．

定理 4.5.2 $\bar{G} = G(V \setminus \{v\})$ を，$V \setminus \{v\}$ が誘導する G の部分グラフとする．G に以下を満たすシンクノード v が存在するとする．

- $\mathrm{pa}(v) \neq V \setminus \{v\}$．
- $\bar{G}$ が定義するスターグラフモデルは識別可能．

そのとき G が定義するスターグラフモデルも識別可能．

略証．一般性を失うことなく $v = m$ とすることができる．$\bar{G} = (V \setminus \{m\}, \bar{E})$ とする．ここでは，Λ を $\Lambda = (\lambda_e : e \in E)'$ というベクトルとみなし，さらに

$$\Lambda_{\bar{E}} = (\lambda_e : e \in \bar{E})', \quad \Lambda_{\bar{E}^c} = (\lambda_e : e \in E \setminus \bar{E})'$$

とする．

$l \leq m-1$ を満たすように i, j, k, l をとったときのテトラッドは，前節の結果を用いると $\lambda_{\bar{E}}$ の成分にしか依存しないことがわかる．したがって，この場合のテト

ラッドは

$$\tau_{(ik),(jl)}(\Lambda_{\bar{E}}), \quad l \leq m-1$$

のように書け，これらの全体はまた，$\bar{G}$ が定義するモデルのテトラッドの全体と等しくなる．仮定より，$\bar{G}$ が定義するモデルが識別可能であることから，$\lambda_e, e \in \bar{E}$ の各成分は識別可能である．言い換えれば，

$$\tau_{(ik),(jl)}(\Lambda_{\bar{E}}) = 0, \quad l < m-1 \tag{4.9}$$

の解は，Θ のほとんどいたるところで有限個である．

次に，i, j, k, l を $l = m$ をみたすようにとったときのテトラッドを

$$\tau_{(ik),(jm)}(\Lambda_{\bar{E}}, \Lambda_{\bar{E}^c})$$

のように書くことにする．今，(4.9) の解の一つを $\bar{\Lambda}_{\bar{E}}$ とすると，$\Lambda_{\bar{E}^c}$ は

$$\tau_{(ik),(jm)}(\bar{\Lambda}_{\bar{E}}, \Lambda_{\bar{E}^c}) = 0, \quad i<j<k<m \text{ または } i<k<j<m$$

を満たす．この連立方程式も，$\Lambda_{\bar{E}^c}$ に関する線形の連立方程式

$$C\Lambda_{\bar{E}^c} = c \tag{4.10}$$

で表すことができる．ここで $C = C(\bar{\Lambda}_{\bar{E}}, \Sigma)$ は $2 \cdot \binom{m-1}{3} \times |\mathrm{pa}(m)|$ の定数行列，$c = c(\bar{\Lambda}_{\bar{E}}, \Sigma)$ は $2 \cdot \binom{m-1}{3}$ 次元の定数ベクトルである．そこで C が列フルランクであることを示すことを考える．

ところで，$\bar{\Lambda}_{\bar{E}} = 0$ のとき，(4.10) は命題 4.5.1 のモデルのテトラッドの方程式と等価になるので，命題 4.5.1 の結果から，$C(\mathbf{0}, \Sigma)$ は列フルランクである．$C(\bar{\Lambda}_{\bar{E}}, \Sigma)$ の各成分は $\bar{\Lambda}_{\bar{E}}$ に関する多項式であることから，ある特定の点 $\bar{\Lambda}_{\bar{E}} = 0$ において，$C(\mathbf{0}, \Sigma)$ が列フルランクであることは，Θ のほとんどいたるところで $C(\bar{\Lambda}_{\bar{E}}, \Sigma)$ は列フルランクであることを意味する．したがって，$\bar{\Lambda}_{\bar{E}}$ を定めれば，$\Lambda_{\bar{E}^c}$ は一意的に定まる．$\Lambda_{\bar{E}^c}$ が定まれば，(4.6) と Anderson and Rubin[1] の結果より，(γ, Ω) も γ の符号の不定性を除いて識別可能である． □

(4.6) の両辺の逆行列をとると，ある m 次元ベクトル δ を用いて

$$(I_m - \Lambda)^{-1}\Sigma^{-1}(I_m - \Lambda)^{-T} = -\delta\delta^T + \Omega^{-1} \tag{4.11}$$

のように表すことができる．(4.11) を満たすことは，左辺のテトラッドが全て 0 であることとも等価である．このテトラッドを用いて，先ほどと同様の議論を展開することにより，以下の命題，定理も得ることができる．証明の詳細は Leung et al.[8] を参照されたい．ここで，頂点 $v \in V$ に対し，$ch(v)$ を v の子の集合とする．

命題 4.5.3 $G = (V, E)$ を m をソースノードとする

$$E = \{(1,2), (1,3), \ldots, (1,u)\}, \quad 2 \leq u < m.$$

のようなグラフとする．このとき，この G が定義するスターグラフモデルは識別可能．

定理 4.5.4 G に以下を満たすソースノード v が存在するとする．

- $ch(v) \neq V \setminus \{v\}$,
- $\bar{G} = G(V \setminus \{v\})$ が定義するスターグラフモデルは識別可能．

そのとき G が定義するスターグラフモデルも識別可能．

定理 4.5.2, 定理 4.5.4 の系として以下を得る．

系 4.5.5 G に以下を満たす頂点の列 $v_1, \ldots, v_c$ が存在するとする．

- v_i は $G(V \setminus \{v_1, \ldots, v_{i-1}\})$ のシンクノード．
- $G(V \setminus \{v_1, \ldots, v_c\})$ が識別可能．

そのとき G が定義するスターグラフモデルは識別可能である．

系 4.5.6 G に以下を満たす頂点の列 $v_1, \ldots, v_c$ が存在するとする．

- v_i は $G(V \setminus \{v_1, \ldots, v_{i-1}\})$ のソースノード．
- $G(V \setminus \{v_1, \ldots, v_c\})$ が識別可能．

そのとき G が定義するスターグラフモデルは識別可能である．

定理 4.3.1 も識別可能性の十分条件であった．必要十分条件ではないので，m が小さい場合には，Singular などを用いることにより，定理 4.3.1 の条件を満たさない識別可能モデルを求めることが可能である．このようなモデルを定義する DAG $\bar{G}$ に，定理 4.5.2, 4.5.4 のようなシンクノード，ソースノードを加えることによって，定理 4.3.1 の条件を満たさない識別可能モデルをさらに作り出すことも可能である．このことは，系 4.5.5, 系 4.5.6 と代数計算を用いることにより，定理 4.3.1 よりも広いクラスのモデルを識別可能と判定することが可能になることを意味する．詳細は [8] を参照されたい．

4.6 おわりに

本章ではスターグラフモデルが識別可能であるためのいくつかの十分条件を与えた．Stanghellini and Wermuth[9] は，DAG が定義するモデルの任意の 1 変数が潜在変数であるような，より広いモデルのクラスにおいて，モデルが識別可能になるための十分条件を与えている．モデルがスターグラフモデルの場合に限れば，定理 4.3.1, 4.5.2, 4.5.4 の条件は Stanghellini and Wermuth[9] の条件よりも優れた条件であることを示すことができる．また定理 4.3.1, 4.5.2, 4.5.4 の条件を満たすか否かは，多項式時間で判定可能なので，実用的な条件であるとも言える．

構造方程式型のモデルを含め，有向辺を含むグラフが定義するグラフィカルモデルの識別可能性判定の問題は，まだ未解決の問題が多数残されている．これらの問題は代数統計学にとっても魅力的な分野のひとつであると言えよう．

参考文献

[1] T. W. Anderson and H. Rubin, Statistical inference in factor analysis, In *Proceedings of Third Berkeley Symposium on Mathematical Statistics and Probability*, 111–150, University of California Press, 1956.

[2] S. Aoki, H. Hara and A. Takemura, *Markov Bases in Algebraic Statistics*, Springer Series in Statistics, Vol. 199, Springer, 2012.

[3] D. Cox, J. Little and D. O'Shea, *Ideals, varieties, and algorithms*, Undergraduate Texts in Mathematics, Springer, New York, third edition, 2007.

[4] M. Drton, R. Foygel and S. Sullivant, Global identifiability of linear structural equation models, *Ann. Statist.*, **39**(3), 865–886, 2011.

[5] M. Drton, B. Strumfels and S. Sullivant, *Lectures on Algebraic Statistics*, Birkhäuser Verlag, 2009.

[6] R. Foygel, J. Draisma and M. Drton, Half-trek criterion for generic identifiability of linear structural equation models, *Ann. Statist.*, **40**(3), 1682–1713, 2012.

[7] S. L. Lauritzen, *Graphical Models*, Oxford University Press, 1996.

[8] D. Leung, M. Drton and H. Hara, Generic identifiability of directed gaussian graphical models with one latent variable, arXiv: 1505.01583, 2015.

[9] E. Stanghellini and N. Wermuth, On the identification of path analysis models with one hidden variable, *Biometrika*, **92**(2), 337–350, 2005.

[10] S. Sullivant, K. Talaska and J. Draisma, Trek separation for gaussian graphical models, *Ann. Statist.*, **38**(3), 1665–1685, 2010.

第5章 研究の最前線2 ── 非常に豊富な凸多面体とグレブナー基底

東谷章弘

整凸多面体,もしくは,配置に関する重要な性質として,**非常に豊富**(very ample)と呼ばれるものがある.整凸多面体(配置)の非常に豊富性とは,整凸多面体(配置)の正規性を弱めた条件である.本章の5.2節で見るように,非常に豊富性は整凸多面体(配置)に関する諸性質の中でも最下層に位置する性質であり,グレブナー基底との関係も深い.

非常に豊富な整凸多面体は,組合せ論のみならず,可換環論,代数幾何の分野においても研究されている.ここで,非常に豊富な整凸多面体と代数幾何の関連について簡単に述べておく.「非常に豊富」という用語は本来,主に代数幾何で用いられる用語である.代数多様体の中で「トーリック多様体」と呼ばれる代数多様体のクラスがあるが,これは一般の代数多様体と比べて比較的扱いやすく,とても重宝される重要なクラスの一つである.トーリック多様体と正規な整凸多面体がある意味で対応しており,正規整凸多面体を考察することで元のトーリック多様体の性質を調べることができる,ということがしばしばある.一方で,トーリック多様体の研究において,トーリック多様体の定義を弱めたものの研究が近年盛んに行われている."条件を弱めたトーリック多様体"に対応する整凸多面体が,非常に豊富な整凸多面体である.トーリック多様体については,非常に優れた入門書[2]や[8]や[9]などを参考にして頂きたい.

本章では,非常に豊富な整凸多面体の定義から始めて,配置に関する性質との関連,非正規かつ非常に豊富な整凸多面体の例,関連する最近の研究等について紹介する.主張などの証明は適宜省略する代わりに参考文献を載せておくので,興味のある読者はぜひ参照して頂きたい.

5.1 非常に豊富な凸多面体

本章における主役は非常に豊富な整凸多面体であるが，まずは整凸多面体の定義を与えよう．

ユークリッド空間 $\mathbb{R}^d$ の部分集合 $\mathcal{P} \subset \mathbb{R}^d$ が**凸多面体**であるとは，$\mathcal{P}$ が $\mathbb{R}^d$ の有限個の点 $v_1, \ldots, v_m \in \mathbb{R}^d$ からなる集合の凸閉包 $\mathrm{CONV}(\{v_1, \ldots, v_m\})$ として表されるときにいう．（ただし，$\mathrm{CONV}(X)$ は集合 $X \subset \mathbb{R}^d$ の凸閉包を表す．）ここで，$\mathrm{CONV}(\{v_1, \ldots, v_m\})$ は式として

$$\mathrm{CONV}(\{v_1, \ldots, v_m\}) = \left\{ \sum_{i=1}^m r_i v_i : r_i \geq 0, \sum_{i=1}^m r_i = 1 \right\} \subset \mathbb{R}^d$$

と表される．凸多面体 $\mathcal{P} \subset \mathbb{R}^d$ に対し，$\mathcal{P} = \mathrm{CONV}(\{v_1, \ldots, v_m\})$ と表すことができる有限集合 $\{v_1, \ldots, v_m\} \subset \mathbb{R}^d$ の中で包含関係に関して極小なものはただ一つに定まる．そのような点 $v_1, \ldots, v_m$ を $\mathcal{P}$ の**頂点**という．また，凸多面体が**整凸多面体**であるとは，頂点がすべて $\mathbb{Z}^d$ の点であるときにいう．凸多面体 $\mathcal{P}$ の次元は $\mathcal{P}$ が張るアフィン空間の次元として定める．

例えば，図 5.1 の $\mathcal{P}$ は頂点が $(0,0), (2,0), (0,1), (1,1)$ であるような整凸多面体である．つまり，$\mathcal{P} = \mathrm{CONV}(\{(0,0), (2,0), (0,1), (1,1)\})$ である．また，$\mathcal{P}$ の次元は 2 である．

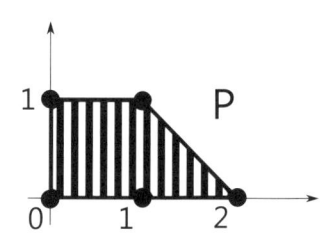

図 5.1 2 次元整凸多面体

注 5.1.1 本章において，正の整数 n に対して $n\mathcal{P} = \{n\alpha : \alpha \in \mathcal{P}\}$ を考える場面がしばしばある．$\mathcal{P} = \mathrm{CONV}(\{v_1, \ldots, v_m\})$ と表されているとき，$n\mathcal{P}$ は

$$n\mathcal{P} = \mathrm{CONV}(\{nv_1, \ldots, nv_m\}) = \left\{ \sum_{i=1}^m r_i v_i : r_i \geq 0, \sum_{i=1}^m r_i = n \right\}$$

と表される．

5.1 非常に豊富な凸多面体

さて，いよいよ非常に豊富な整凸多面体を考えていく．整凸多面体の非常に豊富性と密接に関連する性質が正規性である．非常に豊富性と正規性の定義を与える前に，ひとまず例を見てみよう．

2次元整凸多面体 $\mathcal{P} = \mathrm{CONV}(\{(0,0),(1,0),(0,1)\}) \subset \mathbb{R}^2$ を考える．すると $\mathcal{P} \cap \mathbb{Z}^2 = \{(0,0),(1,0),(0,1)\}$ となる．さらに $2\mathcal{P}$ を考えると，$2\mathcal{P} \cap \mathbb{Z}^2 = \{(0,0),(1,0),(2,0),(0,1),(1,1),(0,2)\}$ となる．(図5.2 を見よ．) このとき，$2\mathcal{P} \cap \mathbb{Z}^2$ の任意の元は $\mathcal{P} \cap \mathbb{Z}^2$ の元二つ（重複を許す）の和で表すことができる．実際，

$$(0,0) = (0,0)+(0,0), \quad (1,0) = (0,0)+(1,0), \quad (2,0) = (1,0)+(1,0),$$
$$(0,1) = (0,0)+(0,1), \quad (1,1) = (1,0)+(0,1), \quad (0,2) = (0,1)+(0,1)$$

となっている．同様な性質が $3\mathcal{P}$ に対しても成り立つ．つまり，$3\mathcal{P} \cap \mathbb{Z}^2$ の任意の元は $\mathcal{P} \cap \mathbb{Z}^2$ の元三つの和で表すことができる．同様にして，任意の正の整数 n に対しても，$n\mathcal{P} \cap \mathbb{Z}^2$ の任意の元は $\mathcal{P} \cap \mathbb{Z}^2$ の元 n 個の和で表すことができることがわかる．整凸多面体がこのような性質を満たしているとき，$\mathcal{P}$ は正規であるという．

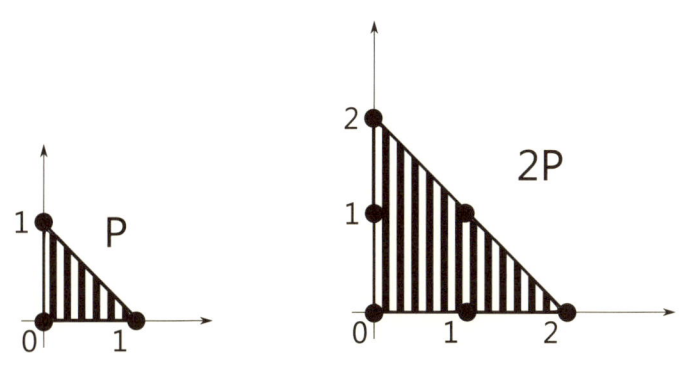

図 5.2 整凸多面体 $\mathcal{P}$ および $2\mathcal{P}$

一般の整凸多面体は正規とは限らない．（正規でない整凸多面体の例は後に例5.1.3(b) で与えられる．）そこで正規性の条件を少し弱めた性質を考える．それが非常に豊富と呼ばれる性質である．

次の定義 5.1.2 で，整凸多面体の正規性および非常に豊富性の定義を厳密に与える．

定義 5.1.2 整凸多面体 $\mathcal{P} \subset \mathbb{R}^d$ に対し，
(i) $\mathcal{P}$ が**正規**であるとは，任意の正の整数 n および任意の $\alpha \in n\mathcal{P} \cap \mathbb{Z}^d$ に対し，

$\alpha_1, \ldots, \alpha_n \in \mathcal{P} \cap \mathbb{Z}^d$ が存在して，$\alpha = \alpha_1 + \cdots + \alpha_n$ と表されるときにいう．

(ii) $\mathcal{P}$ が**非常に豊富**であるとは，十分大きいある整数 N が存在して，N **以上の任意の正の整数** n および任意の $\alpha \in n\mathcal{P} \cap \mathbb{Z}^d$ に対し，$\alpha_1, \ldots, \alpha_n \in \mathcal{P} \cap \mathbb{Z}^d$ が存在して，$\alpha = \alpha_1 + \cdots + \alpha_n$ と表されるときにいう．

正規性と非常に豊富性の違いは，整凸多面体 $\mathcal{P} \subset \mathbb{R}^d$ が正規であるとは，任意の $n \geq 1$ に対して $n\mathcal{P} \cap \mathbb{Z}^d$ の元が $\mathcal{P} \cap \mathbb{Z}^d$ の元 n 個の和で表されるときにいうのに対し，$\mathcal{P}$ が非常に豊富であるとは，$n = 2$ や $n = 3$ などでは $n\mathcal{P} \cap \mathbb{Z}^d$ の元が $\mathcal{P} \cap \mathbb{Z}^d$ の元 n 個の和で表されない場合があるかもしれないが，n を十分大きくした場合は常に $n\mathcal{P} \cap \mathbb{Z}^d$ の元が $\mathcal{P} \cap \mathbb{Z}^d$ の元 n 個の和で表されるときにいう．よって，定義から明らかに，

$$\text{正規} \Rightarrow \text{非常に豊富}$$

が成り立つ．

正規である整凸多面体，および，非常に豊富でない整凸多面体の例を見てみよう．

例 5.1.3 (a) 3 次元整凸多面体

$$\mathcal{P} = \mathrm{CONV}(\{(0,0,0), (1,0,0), (0,1,0), (0,0,1)\}) \subset \mathbb{R}^3$$

は正規である．

証明． まず，$\mathcal{P} = \{(x,y,z) \in \mathbb{R}^3 : x \geq 0, y \geq 0, z \geq 0, x+y+z \leq 1\}$ となることがわかる．（凸多面体に関する簡単な演習問題として読者に残しておく．）よって，任意の正の整数 n に対し

$$n\mathcal{P} = \{(x,y,z) \in \mathbb{R}^3 : x \geq 0, y \geq 0, z \geq 0, x+y+z \leq n\}$$

となる．一方で，任意の $\alpha = (a,b,c) \in n\mathcal{P} \cap \mathbb{Z}^3$ に対し，$\alpha = a(1,0,0) + b(0,1,0) + c(0,0,1) + (n-a-b-c)(0,0,0)$ とできる．これは α が $\mathcal{P} \cap \mathbb{Z}^3 = \{(0,0,0), (1,0,0), (0,1,0), (0,0,1)\}$ の元 n 個の和で表せることを示している．したがって，$\mathcal{P}$ は正規である． □

(b) 3 次元整凸多面体

$$\mathcal{Q} = \mathrm{CONV}(\{(0,0,0), (1,0,0), (0,1,0), (0,0,1), (1,1,2)\}) \subset \mathbb{R}^3$$

は非常に豊富でない．

証明. 任意の整数 $n \geq 2$ に対し,
$$\gamma_n = \frac{2n-3}{2}(1,1,2) + \frac{1}{2}((0,0,0) + (1,0,0) + (0,1,0)) = (n-1, n-1, 2n-3) \in \mathbb{Z}^3$$
を考える. すると $\gamma_n \in n\mathcal{Q} \cap \mathbb{Z}^3$ となることがわかる. ところが, $\mathcal{Q} \cap \mathbb{Z}^3$ の元は $(0,0,0), (1,0,0), (0,1,0), (0,0,1), (1,1,2)$ の五つであり, γ_n をこれらの元の和で表す表し方で個数が最も少ないものは $\gamma_n = (n-2)(1,1,2) + (1,0,0) + (0,1,0) + (0,0,1)$ という表し方である. よって γ_n を $\mathcal{Q} \cap \mathbb{Z}^3$ の元 n 個の和で表すことはできない. これは任意の整数 $n \geq 2$ について成り立つ. したがって, $\mathcal{Q}$ は非常に豊富ではない. □

5.2 配置にまつわる諸性質の階層構造と非常に豊富性

非常に豊富性や正規性は「配置」に対しても定義することができる. 整凸多面体 $\mathcal{P} \subset \mathbb{R}^d$ から $\mathcal{P}$ に付随する配置 $\mathcal{A}_\mathcal{P} \subset \mathbb{Z}^{d+1}$ を定義し, $\mathcal{P}$ が非常に豊富であることと同値な条件を $\mathcal{A}_\mathcal{P}$ の言葉で記述する. さらに配置に関する様々な性質と整凸多面体の非常に豊富性との関連をみる. 配置はグレブナー基底の観点からも様々な研究が展開されている重要な対象である. 配置に関する諸性質については, 『グレブナー道場』[1] の 5.5 節で詳しく議論されているので本章では深く議論することはしないが, 興味のある読者はそちらも併せて読んで頂きたい.

配置の定義について確認する. $\mathbb{Z}^{d+1}$ の有限部分集合 $\mathcal{A}$ が **配置** であるとは, $\mathbb{R}^{d+1}$ のある超平面 $\mathcal{H}$ が存在して, $\mathcal{A} \subset \mathcal{H}$ となるときにいう.

整凸多面体 $\mathcal{P} \subset \mathbb{R}^d$ に対し
$$\widetilde{\mathcal{P}} = \{(\alpha, 1) \in \mathbb{R}^{d+1} : \alpha \in \mathcal{P}\} \subset \mathbb{R}^{d+1}, \quad \mathcal{A}_\mathcal{P} = \widetilde{\mathcal{P}} \cap \mathbb{Z}^{d+1} \subset \mathbb{Z}^{d+1}$$
と定義すると, $\mathcal{A}_\mathcal{P}$ は配置であることがわかる. 実際, $\mathcal{A}_\mathcal{P}$ は $\{(x_1, \ldots, x_{d+1}) \in \mathbb{R}^{d+1} : x_{d+1} = 1\}$ という $\mathbb{R}^{d+1}$ の超平面に含まれている. 配置 $\mathcal{A}_\mathcal{P}$ を $\mathcal{P}$ に **付随する配置** と呼ぶことにする.

配置 $\mathcal{A} = \{a_1, \ldots, a_m\} \subset \mathbb{Z}^{d+1}$ に対し $\mathcal{A}$ が **正規** であるとは, 等式
$$\mathbb{Q}_{\geq 0}\mathcal{A} \cap \mathbb{Z}^{d+1} = \mathbb{Z}_{\geq 0}\mathcal{A}$$
が成り立つときにいう. ただし,
$$\mathbb{Q}_{\geq 0}\mathcal{A} = \left\{\sum_{i=1}^m r_i a_i : r_i \in \mathbb{Q}_{\geq 0}\right\}, \quad \mathbb{Z}_{\geq 0}\mathcal{A} = \left\{\sum_{i=1}^m z_i a_i : z_i \in \mathbb{Z}_{\geq 0}\right\}$$

とする．このとき整凸多面体 $\mathcal{P} \subset \mathbb{R}^d$ に対し，$\mathcal{P}$ が正規であることと $\mathcal{P}$ に付随する配置 $\mathcal{A}_\mathcal{P}$ が正規であることは同値である．

では，非常に豊富性も同様にして配置に対して同値な定義を与えることができるか？ 次の命題は整凸多面体の非常に豊富性の同値な条件を整凸多面体に付随する配置の言葉で述べている．

命題 5.2.1 $\mathcal{P} \subset \mathbb{R}^d$ を整凸多面体とし，$\mathcal{A}_\mathcal{P} \subset \mathbb{Z}^{d+1}$ を $\mathcal{P}$ に付随する配置とする．このとき次の二条件は同値である．

(i) $\mathcal{P}$ は非常に豊富である．
(ii) $\mathbb{Q}_{\geq 0}\mathcal{A}_\mathcal{P} \cap \mathbb{Z}^{d+1} \setminus \mathbb{Z}_{\geq 0}\mathcal{A}_\mathcal{P}$ は有限集合である．

命題 5.2.1 の証明について，一般の整凸多面体 $\mathcal{P} \subset \mathbb{R}^d$ に対して成り立つ等式

$$\mathbb{Q}_{\geq 0}\mathcal{A}_\mathcal{P} \cap \mathbb{Z}^{d+1} = \{(\alpha, n) \in \mathbb{Z}^{d+1} : \alpha \in n\mathcal{P} \cap \mathbb{Z}^d, n \geq 0\}$$

$$\mathbb{Z}_{\geq 0}\mathcal{A}_\mathcal{P} = \left\{ (\alpha, n) \in \mathbb{Z}^{d+1} : \alpha \in \underbrace{\mathcal{P} \cap \mathbb{Z}^d + \cdots + \mathcal{P} \cap \mathbb{Z}^d}_{n}, n \geq 0 \right\}$$

からほとんど明らかである．

$\mathcal{A} \subset \mathbb{Z}^{d+1}$ を配置とする．配置 $\mathcal{A}$ が**非常に豊富**であるとは，$\mathbb{Q}_{\geq 0}\mathcal{A} \cap \mathbb{Z}^{d+1} \setminus \mathbb{Z}_{\geq 0}\mathcal{A}$ が有限集合であるときにいう．よって命題 5.2.1 から，整凸多面体 $\mathcal{P}$ が非常に豊富であることと配置 $\mathcal{A}_\mathcal{P}$ が非常に豊富であることが同値である．

注 5.2.2 整凸多面体の非常に豊富性は他にも同値な条件が知られている ([3, Proposition 2.1])．それらは整凸多面体に付随するトーリック多様体に関する代数幾何的な条件である．

整凸多面体 $\mathcal{P} \subset \mathbb{R}^d$ に対し，$\mathbb{Q}_{\geq 0}\mathcal{A}_\mathcal{P} \cap \mathbb{Z}^{d+1} \setminus \mathbb{Z}_{\geq 0}\mathcal{A}_\mathcal{P} \subset \mathbb{Z}^{d+1}$ の元を $\mathcal{P}$ の**穴**，もしくは，**ギャップ**という．上の命題 5.2.1 から，$\mathcal{P}$ が非常に豊富であることと穴が有限個であることは同値である．一方で，$\mathcal{P}$ が正規であることと穴がないことは同値である．

配置に関する性質は，正規性以外にも様々なものが知られており盛んに研究されている．特に配置に関する三角形分割にまつわる諸性質は，配置のトーリックイデアルのグレブナー基底との関連も深い．詳しい定義などは [1, 第 5 章] に譲り，本章では性質の強弱のみに注目し，非常に豊富性との関連を見よう．

$\mathcal{A}$ を配置としたとき，次のような六つの性質には良く知られた階層構造がある．

(i) $\mathcal{A}$ の任意の正則三角形分割は単模である.
(ii) $\mathcal{A}$ は圧搾配置である.
(iii) $\mathcal{A}$ は正則単模三角形分割を持つ.
(iv) $\mathcal{A}$ は単模三角形分割を持つ.
(v) $\mathcal{A}$ は単模被覆を持つ.
(vi) $\mathcal{A}$ は正規である.

これらの性質に対し,

$$\text{(i)} \Rightarrow \text{(ii)} \Rightarrow \text{(iii)} \Rightarrow \text{(iv)} \Rightarrow \text{(v)} \Rightarrow \text{(vi)}$$

が成り立つ. しかし一般にそれぞれの逆は正しくない. さらに,

(vii) $\mathcal{A}$ は非常に豊富である.

とすると, (vi) $\Rightarrow$ (vii) が成り立つ. よって, 配置 (整凸多面体) の非常に豊富性は関連する諸性質の階層構造の最下層に位置している.

では, (vii) $\Rightarrow$ (vi) は一般に成り立つか?

5.3 非正規かつ非常に豊富な整凸多面体

上の (vii) $\Rightarrow$ (vi) は一般には成り立たない. つまり, 正規ではないが非常に豊富である整凸多面体が存在する.

非正規かつ非常に豊富な整凸多面体の存在はかねてからの懸案の問題であったが, 1999 年に Bruns–Gubeladze によって初めて具体例が与えられた.

例 5.3.1 (Bruns–Gubeladze [4, Example 5.1]) $v_1, \ldots, v_{10}$ を次のような $\mathbb{Z}^6$ の点とする.

$$v_1 = (1,1,0,1,0,0),\ v_2 = (1,1,0,0,0,1),\ v_3 = (0,1,1,0,1,0),$$
$$v_4 = (0,1,1,0,0,1),\ v_5 = (1,0,1,1,0,0),\ v_6 = (1,0,1,0,1,0),$$
$$v_7 = (0,1,0,1,1,0),\ v_8 = (0,0,1,1,0,1),\ v_9 = (1,0,0,0,1,1),$$
$$v_{10} = (0,0,0,1,1,1).$$

これらの整数点は, 実射影平面の 6 頂点三角形分割 (図 5.3) の各ファセットに対応する点である. つまり, 図 5.3 の各ファセット, 例えば $\{1,2,4\}$ というファセッ

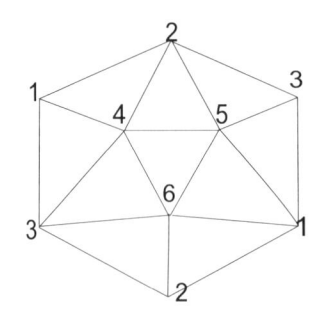

図 5.3 実射影平面の三角形分割

トに対し，$\mathbb{Z}^6$ の点で第 $1,2,4$ 成分は 1, 他は 0 である整数点 $(1,1,0,1,0,0)$ を対応させる．

整数点 $v_1,\ldots,v_{10}$ の凸閉包 $\mathcal{P} = \mathrm{CONV}(\{v_1,\ldots,v_{10}\})$ を考える．するとこれは 5 次元の非正規かつ非常に豊富な整凸多面体である．実際，

$$\frac{1}{2}((v_2,1) + (v_3,1) + (v_5,1) + (v_{10},1)) = (1,1,1,1,1,1,2) \in \mathbb{Q}_{\geq 0}\mathcal{A}_\mathcal{P} \cap \mathbb{Z}^7$$

は $\mathcal{A}_\mathcal{P} = \{(v_1,1),\ldots,(v_{10},1)\}$ の元二つの和で表すことは出来ないので $\mathcal{P}$ の穴である．一方で $\mathcal{P}$ の穴は $(1,1,1,1,1,1,2)$ 以外には存在しないことがわかる．よって $\mathcal{P}$ の穴はちょうど一つである．ゆえに $\mathcal{P}$ は非正規かつ非常に豊富である．

次に知られた例はおそらく 2009 年に与えられた次の例である．この例も Bruns–Gubeladze によって与えられた．

例 5.3.2 (Bruns–Gubeladze [5, Exercise 2.24]) $k = 1,2,3,4$ に対し，a_k, b_k を $a_k < b_k$ なる整数とし，$I_k \subset \mathbb{R}$ を a_k, b_k を端点とする閉区間 $[a_k, b_k]$ とおく．$\mathcal{P}(I_1, I_2, I_3, I_4) \subset \mathbb{R}^3$ を

$$\mathcal{P}(I_1, I_2, I_3, I_4) = \mathrm{CONV}(\{(0,0,c_1), (1,0,c_2), (0,1,c_3), (1,1,c_4) : c_k \in I_k\})$$

と定義する．このとき $\mathcal{P}(I_1, I_2, I_3, I_4)$ は非常に豊富である ([3, Lemma 3.2 (a)])．さらに，$I_1 = [0,1], I_2 = [2,3], I_3 = [1,2], I_4 = [3,4]$ とすると，$\mathcal{P}(I_1, I_2, I_3, I_4)$ は非正規になることが確かめられる．よって，$\mathcal{P}(I_1, I_2, I_3, I_4)$ は非正規かつ非常に豊富な整凸多面体となる．

この整凸多面体 $\mathcal{P}(I_1, I_2, I_3, I_4)$ は [3, Theorem 3.3] においてより詳細に研究されているので，参照して頂きたい．

5.3 非正規かつ非常に豊富な整凸多面体　　185

一方で，次の命題が成り立つことがわかる．興味のある読者は証明に挑戦してみて欲しい．

命題 5.3.3 $\mathcal{P} \subset \mathbb{R}^d$ および $\mathcal{Q} \subset \mathbb{R}^e$ をそれぞれ整凸多面体とし，直積 $\mathcal{P} \times \mathcal{Q} = \{(\alpha, \beta) \in \mathbb{R}^{d+e} : \alpha \in \mathcal{P}, \beta \in \mathcal{Q}\}$ を考える．

(a) $\mathcal{P} \times \mathcal{Q}$ が正規である必要十分条件は $\mathcal{P}$ および $\mathcal{Q}$ が共に正規であることである．

(b) $\mathcal{P} \times \mathcal{Q}$ が非常に豊富である必要十分条件は $\mathcal{P}$ および $\mathcal{Q}$ が共に非常に豊富であることである．

例えば，$\mathcal{P} \subset \mathbb{R}^3$ および $\mathcal{Q} \subset \mathbb{R}^3$ をそれぞれ例 5.1.3(a) および例 5.1.3(b) で与えられたものとする．このとき $\mathcal{P}$ は正規，$\mathcal{Q}$ は非常に豊富でない整凸多面体である．よって命題 5.3.3 により $\mathcal{P} \times \mathcal{P}$ は正規であるが，$\mathcal{P} \times \mathcal{Q}$ は非常に豊富でない．

例 5.3.4 例 5.3.2 と命題 5.3.3 を組み合わせれば，任意の $d \geq 3$ に対し，非正規かつ非常に豊富な d 次元整凸多面体が存在することがわかる．

実際，$d \geq 3$ に対し $\mathcal{Q}_{d-3} \subset \mathbb{R}^{d-3}$ を $(d-3)$ 次元基本単体，つまり $\mathbb{R}^{d-3}$ における $(d-3)$ 個の単位座標ベクトルおよび原点を頂点とする整凸多面体とすると，$\mathcal{Q}_{d-3}$ は正規な整凸多面体であるので，直積 $\mathcal{P}([0,1],[2,3],[1,2],[3,4]) \times \mathcal{Q}_{d-3} \subset \mathbb{R}^d$ は非正規かつ非常に豊富な d 次元整凸多面体である．例えば，

$$\mathcal{P}([0,1],[2,3],[1,2],[3,4]) \times \mathcal{Q}_1$$
$$= \mathrm{CONV}(\{(0,0,0),(0,0,1),(1,0,2),(1,0,3),$$
$$\quad (0,1,1),(0,1,2),(1,1,3),(1,1,4)\}) \times \mathrm{CONV}(\{0,1\})$$
$$= \mathrm{CONV}(\{(0,0,0,0),(0,0,1,0),(1,0,2,0),(1,0,3,0),$$
$$\quad (0,1,1,0),(0,1,2,0),(1,1,3,0),(1,1,4,0),$$
$$\quad (0,0,0,1),(0,0,1,1),(1,0,2,1),(1,0,3,1),$$
$$\quad (0,1,1,1),(0,1,2,1),(1,1,3,1),(1,1,4,1)\})$$

は非正規かつ非常に豊富な 4 次元整凸多面体である．

一方で，2 次元以下の整凸多面体は常に単模三角形分割を持つことがよく知られている．よって，特に正規である．（5.2 節を参照．）

次の例はより精密なものとして，任意の $d \geq 3$ および $h \geq 1$ に対し，非正規かつ非常に豊富な d 次元整凸多面体でちょうど h 個の穴を持つものを考える．

例 5.3.5 ([10, Theorem 1])　$\mathbf{e}_1, \ldots, \mathbf{e}_d \in \mathbb{R}^d$ を $\mathbb{R}^d$ の単位座標ベクトル，$\mathbf{0}$ を $\mathbb{R}^d$ の原点とする．$u_1, \ldots, u_{10}, v_2, \ldots, v_{d-1}, v'_2, \ldots, v'_{d-1} \in \mathbb{R}^d$ を次のようにして定義する．

$$u_i = \begin{cases} \mathbf{0}, & i = 1, \\ \mathbf{e}_d, & i = 2, \\ \mathbf{e}_2 + \cdots + \mathbf{e}_{d-1}, & i = 3, \\ h(\mathbf{e}_2 + \cdots + \mathbf{e}_d), & i = 4, \\ (h-1)(\mathbf{e}_2 + \cdots + \mathbf{e}_{d-1}) + h\mathbf{e}_d, & i = 5, \\ h(\mathbf{e}_2 + \cdots + \mathbf{e}_{d-1}) + (h-1)\mathbf{e}_d, & i = 6, \\ \mathbf{e}_1 + 4\mathbf{e}_d, & i = 7, \\ \mathbf{e}_1 + 5\mathbf{e}_d, & i = 8, \\ \mathbf{e}_1 + \mathbf{e}_2 + \cdots + \mathbf{e}_{d-1}, & i = 9, \\ \mathbf{e}_1 + \mathbf{e}_2 + \cdots + \mathbf{e}_{d-1} + \mathbf{e}_d, & i = 10, \end{cases}$$

$$v_j = \mathbf{e}_j, \quad v'_j = \mathbf{e}_j + \mathbf{e}_d, \qquad j = 2, \ldots, d-1.$$

これらを用いて $\mathcal{P}_{h,d} = \mathrm{CONV}(\{u_1, \ldots, u_{10}\} \cup \{v_j, v'_j : 2 \leq j \leq d-1\})$ とすると，$\mathcal{P}_{h,d}$ はちょうど h 個の穴を持つ非正規かつ非常に豊富な d 次元整凸多面体となることがわかる．

5.4　非常に豊富な整凸多面体にまつわる最近の研究

最後に，非常に豊富な整凸多面体に関する最近の研究について紹介する．

5.4.1　膨らませた整凸多面体の非常に豊富性

非常に豊富とは限らない整凸多面体 $\mathcal{P}$ に対し，その"膨らまし" $m\mathcal{P}$（m は正の整数）がいつ非常に豊富になるか？という問いについて考える．まず，次が成り立つことがわかる．

命題 5.4.1　整凸多面体 $\mathcal{P}$ に対し，ある正の整数 $k_\mathcal{P}$ で $k_\mathcal{P} \mathcal{P}$ が非常に豊富となるものが存在するならば，任意の整数 $m \geq k_\mathcal{P}$ に対し $m\mathcal{P}$ も非常に豊富である．

5.4 非常に豊富な整凸多面体にまつわる最近の研究 187

整凸多面体 $\mathcal{P}$ に対し,

$$\mu_{\mathrm{va}}(\mathcal{P}) = \min\{k > 0 : k\mathcal{P} \text{ は非常に豊富}\}$$

と定義する.

一般に d 次元整凸多面体 $\mathcal{P}$ について, $m \geq d-1$ なる任意の整数 m に対し $m\mathcal{P}$ は正規（特に, 非常に豊富）であることが知られている ([6, Theorem 1.3.3]). よって, $\mu_{\mathrm{va}}(\mathcal{P}) \leq d-1$ が成り立ち, $\mu_{\mathrm{va}}(\mathcal{P})$ はいつでも存在することがわかる. $\mu_{\mathrm{va}}(\mathcal{P})$ のさらなる評価は定理 5.4.2 で与えられる.

$\mathcal{P} \subset \mathbb{R}^d$ を整凸多面体とする. このとき $\mathbb{Q}_{\geq 0} \mathcal{A}_{\mathcal{P}} \cap \mathbb{Z}^{d+1}$ は有限生成半群になる, つまり有限個の整数点 $h_1, \ldots, h_s \in \mathbb{Z}^{d+1}$ が存在して,

$$\mathbb{Q}_{\geq 0} \mathcal{A}_{\mathcal{P}} \cap \mathbb{Z}^{d+1} = \left\{\sum_{i=1}^s z_i h_i : z_i \in \mathbb{Z}_{\geq 0}\right\}$$

とできることがよく知られている (Gordan の補題). この整数点の集合 $\{h_1, \ldots, h_s\}$ を $\mathbb{Q}_{\geq 0} \mathcal{A}_{\mathcal{P}}$ の**ヒルベルト基底**という. さらに, 包含関係に関して**極小な**ヒルベルト基底はただ一つに決まる. $\mathbb{Q}_{\geq 0} \mathcal{A}_{\mathcal{P}}$ の極小ヒルベルト基底を $\mathcal{H}(\mathcal{P})$ で表す. ヒルベルト基底に関して, 詳しくは [12, Section 16.4] を参照して頂きたい.

また, 各 $\mathbb{Q}_{\geq 0} \mathcal{A}_{\mathcal{P}} \cap \mathbb{Z}^{d+1}$ の元 (α, n) (ただし $\alpha \in \mathbb{Z}^d, n \in \mathbb{Z}_{\geq 0}$) に対し $\deg(\alpha, n) = n$ と定め,

$$\mu_{\mathrm{Hilb}}(\mathcal{P}) = \max\{\deg x : x \in \mathcal{H}(\mathcal{P})\}$$

とおく. このとき, $\mu_{\mathrm{Hilb}}(\mathcal{P}) \leq d-1$ となることが知られている ([8, Lemma 2.2.16]).

定理 5.4.2 ([7, Theorem 1.1]) 整凸多面体 $\mathcal{P} \subset \mathbb{R}^d$ に対し, $\mu_{\mathrm{va}}(\mathcal{P}) \leq \mu_{\mathrm{Hilb}}(\mathcal{P})$ が成り立つ. 言い換えると, 任意の $m \geq \mu_{\mathrm{Hilb}}(\mathcal{P})$ に対し $m\mathcal{P}$ は非常に豊富である.

例 5.4.3 上の不等式 $(1 \leq) \mu_{\mathrm{va}}(\mathcal{P}) \leq \mu_{\mathrm{Hilb}}(\mathcal{P}) (\leq d-1)$ について,
(a) 任意の $d \geq 3$ および $1 \leq j \leq d-1$ に対し, $\mu_{\mathrm{va}}(\mathcal{P}) = \mu_{\mathrm{Hilb}}(\mathcal{P}) = j$ を満たす d 次元整凸多面体 $\mathcal{P}$ が存在する ([7, Theorem 2.1]).
(b) 5.3 節で紹介したような非正規かつ非常に豊富な整凸多面体は $\mu_{\mathrm{va}}(\mathcal{P}) = 1$ かつ $\mu_{\mathrm{Hilb}}(\mathcal{P}) > 1$ となるので, 真の不等式 $\mu_{\mathrm{va}}(\mathcal{P}) < \mu_{\mathrm{Hilb}}(\mathcal{P})$ が成り立つ. ちなみに, 5.3 節で紹介した非正規かつ非常に豊富な整凸多面体 $\mathcal{P}$ はすべて $\mu_{\mathrm{Hilb}}(\mathcal{P}) = 2$ となるが, 任意の $k \geq 2$ に対し, $1 = \mu_{\mathrm{va}}(\mathcal{P}) < \mu_{\mathrm{Hilb}}(\mathcal{P}) = k$ を満たす整凸多面体 $\mathcal{P}$ も存在する ([11, Section 3]).

5.4.2 Lattice segmental fibration

非常に豊富な整凸多面体を構成する上で，以下で紹介する "lattice segmental fibration" がしばしば用いられる．

定義 5.4.4 ([3, Definition 3.1])　$\mathcal{P} \subset \mathbb{R}^d$ を整凸多面体とする．アフィン写像 $f : \mathcal{P} \to \mathbb{R}^{d-1}$ で次の三条件を満たすものを **lattice segmental fibration** という：

(i) 任意の $x \in f(\mathcal{P}) \cap \mathbb{Z}^{d-1}$ に対し，$f^{-1}(x)$ は両端点が整数点である線分 (lattice segment)，もしくは，整数点一点になっている．

(ii) 少なくとも一つの $x \in f(\mathcal{P}) \cap \mathbb{Z}^{d-1}$ に対し，$f^{-1}(x)$ は線分になっている．

(iii) $f(\mathcal{P})$ も整凸多面体になっている．

次の定理は非常に豊富な整凸多面体を構成する上で重要な役割を担う．

定理 5.4.5 ([11, Theorem 3])　$\mathcal{P} \subset \mathbb{R}^d$ を整凸多面体とする．$f : \mathcal{P} \to \mathbb{R}^{d-1}$ を $f(x_1, \ldots, x_d) = (x_1, \ldots, x_{d-1})$ という写像で，任意の $x \in f(\mathcal{P}) \cap \mathbb{Z}^{d-1}$ に対し $f^{-1}(x)$ は lattice segment となる lattice segmental fibration とする．このとき，整凸多面体 $f(\mathcal{P})$ に付随する配置が単模三角形分割を持つならば，$\mathcal{P}$ は非常に豊富である．

注 5.4.6　例 5.3.2 の $\mathcal{P}(I_1, I_2, I_3, I_4)$ および例 5.3.5 の $\mathcal{P}_{h,d}$ それぞれの非常に豊富性は定理 5.4.5 を用いて証明することもできる．

例 5.3.5 の $\mathcal{P}_{h,d}$ が非常に豊富であることを定理 5.4.5 を用いて証明してみよう．$f : \mathcal{P} \to \mathbb{R}^{d-1}$ を $f(x_1, \ldots, x_d) = (x_1, \ldots, x_{d-1})$ とする．このとき，f が lattice segmental fibration になることは容易に確かめられるので，あとは $f(\mathcal{P}_{h,d})$ に付随する配置が単模三角形分割を持つことを証明すればよい．

$f(u_i)$ $(i = 1, \ldots, 10)$ および $f(v_j), f(v_j')$ $(j = 2, \ldots, d-1)$ を考えると，

$$f(\mathcal{P}_{h,d}) = \mathrm{CONV}(\{\mathbf{0}, \mathbf{e}_1, \ldots, \mathbf{e}_{d-1}, \mathbf{e}_1 + \cdots + \mathbf{e}_{d-1}, \mathbf{e}_2 + \cdots + \mathbf{e}_{d-1},$$
$$h(\mathbf{e}_2 + \cdots + \mathbf{e}_{d-1})\})$$

となる．ここで

$$\mathcal{A}_{h,d} = \{\mathbf{e}_d, \mathbf{e}_1 + \mathbf{e}_d, \ldots, \mathbf{e}_{d-1} + \mathbf{e}_d, \mathbf{e}_1 + \cdots + \mathbf{e}_{d-1} + \mathbf{e}_d\} \cup$$
$$\{j(\mathbf{e}_2 + \cdots + \mathbf{e}_{d-1}) + \mathbf{e}_d : 1 \leq j \leq h\}$$

とおく．この $\mathcal{A}_{h,d}$ は整凸多面体 $f(\mathcal{P}_{h,d})$ に付随する配置にほかならない．

この配置 $\mathcal{A}_{h,d}$ に付随するトーリックイデアルのグレブナー基底を計算しよう．トーリックイデアルのグレブナー基底についての基本的事項は [1, 1.5 節] を参照して頂きたい．体 K 上の d 変数多項式環 $K[T] = K[t_1, \ldots, t_d]$ を用意する．配置 $\mathcal{A}_{h,d}$ に付随するトーリック環 $K[\mathcal{A}_{h,d}]$ は $K[T]$ の単項式

$$t_d, \ t_i t_d \ (i=1,\ldots,d-1), \ t_1 \cdots t_d, \ t_2^j \cdots t_{d-1}^j t_d \ (j=1,\ldots,h)$$

で生成される $K[T]$ の部分環である．

$K[X,Y,Z] = K[x_0, x_1, \ldots, x_{d-1}, y, z_1, \ldots, z_h]$ を $(d+h+1)$ 変数多項式環とし，全射環準同型 $\pi : K[X,Y,Z] \to K[\mathcal{A}_{h,d}]$ を

$$\pi(x_0) = t_d, \ \pi(x_i) = t_i t_d \ (i=1,\ldots,d-1), \ \pi(y) = t_1 \cdots t_d,$$
$$\pi(z_j) = t_2^j \cdots t_{d-1}^j t_d \ (j=1,\ldots,h)$$

で定義する．環準同型 π の核 $\ker(\pi)$ を I とおく．$K[X,Y,Z]$ のイデアル I を $\mathcal{A}_{h,d}$ の**トーリックイデアル**と呼ぶ．$K[X,Y,Z]$ 上の単項式順序 $<$ を変数の順序

$$z_1 < z_2 < \cdots < z_h < y < x_0 < x_1 < \cdots < x_{d-1}$$

から誘導される辞書式順序として定義する．このとき，I の $<$ に関するグレブナー基底は

$$\mathcal{G} = \{x_1 z_1 - x_0 y, \ x_2 \cdots x_{d-1} - x_0^{d-3} z_1\}$$
$$\cup \{x_0 z_i - z_1 z_{i-1}, \ x_1 z_i - y z_{i-1} : 2 \leq i \leq h\}$$
$$\cup \{z_i z_l - z_j z_k : 1 \leq i < j \leq k < l \leq h, i+l = j+k\}$$

となることがわかる．証明は読者への演習問題として残しておく．

ここで，$\mathcal{G}$ に属する各二項式のイニシャル単項式はすべて squarefree であることに注意して頂きたい．よって I は squarefree なイニシャルイデアルを持つので，配置 $\mathcal{A}_{h,d}$ は正則単模三角形分割を持つ ([1, 定理 5.5.8])．

Lattice segmental fibration に関連した定理として，次のようなものも知られている．

定理 5.4.7 ([3, Theorem 4.2])　$\mathcal{P} \subset \mathbb{R}^d$ を整凸多面体とし，$f : \mathcal{P} \to \mathbb{R}^{d-1}$ を lattice segmental fibration とする．$f(\mathcal{P})$ に付随する配置のトーリックイデアルが squarefree な二次グレブナー基底を持つならば，$\mathcal{P}$ に付随する配置のトーリックイデアルも squarefree な二次グレブナー基底を持つ．

参考文献

[1] JST CREST 日比チーム（編），『グレブナー道場』，共立出版，2011.
[2] 小田忠雄，『凸体と代数幾何学』，紀伊國屋書店，1985.
[3] M. Beck, J. Delgado, J. Gubeladze and M. Michalek, Very ample and Koszul segmental fibrations, arXiv:1307.7422v3.
[4] W. Bruns and J. Gubeladze, Polytopal linear groups, *J. Algebra*, **219**, 715–737, 1999.
[5] W. Bruns and J. Gubeladze, *Polytopes, rings and K-theory*, Springer-Verlag, 2009.
[6] W. Bruns, J. Gubeladze and N. V. Trung, Normal polytopes, triangulations, and Koszul algebras, *J. Reine Angew. Math.*, **485**, 123–160, 1997.
[7] D. A. Cox, C. Haase, T. Hibi and A. Higashitani, Integer decomposition property of dilated polytopes, *Electron. J. Comb.*, **21**, 1–17, 2014.
[8] D. A. Cox, J. Little and H. Schenck, *Toric varieties*, American Mathematical Society, 2011.
[9] W. Fulton, *Introduction to toric varieties*, Annals of Mathematics Studies, 131, Princeton University Press, 1993.
[10] A. Higashitani, Non-normal very ample polytopes and their holes, *Electronic J. Comb.*, **32**, 1–12, 2014.
[11] M. Lason and M. Michalek, Non-normal very ample polytopes—constructions and examples—, arXiv:1406.4070v2.
[12] A. Schrijver, *Theory of Linear and Integer Programming*, John Wiley & Sons, 1986.

第6章 研究の最前線3
—— ホロノミック勾配法と統計学

清 智也

本章では，円周の上で定義される確率分布を題材として，ホロノミック勾配法のアイデアを説明する．また，統計や機械学習の分野で近年注目を浴びているスコアマッチング法[1]との比較を簡単に述べる．

---

[1] 「スコアマッチング」という単語をインターネットで検索すると「傾向スコアマッチング」という用語が多くヒットするが，これは本章で述べるものとは全く別の概念である．

6.1 円周上の確率分布

まず，円周上の確率分布について説明する．ルーレットを適当に回して止まる位置のように，円周上のランダムな点をイメージするとよいだろう．一般に，円周上や球面上のデータを扱う統計学は方向統計学と呼ばれている（例えば [5] や [2] を参照）．

ユークリッド平面 $\mathbb{R}^2$ において，原点を中心とする単位円は

$$\{(\cos x, \sin x) \mid x \in [0, 2\pi)\}$$

と表される．この集合は半開区間 $[0, 2\pi)$ と一対一に対応するので，両者を同一視して考える．例えば円周上の関数と言ったら関数 $f : [0, 2\pi) \to \mathbb{R}$ を意味するものとする．ただし，次の定義のように，端点での連続性（周期性）に気をつける必要がある．

定義 6.1.1 関数 $f : [0, 2\pi) \to \mathbb{R}$ が $[0, 2\pi)$ 上で連続で，かつ

$$\lim_{x \to 2\pi - 0} f(x) = f(0)$$

を満たすとき，**円周上で連続**ということにする．

上の条件は，$f(x)$ の定義域を

$$f(x) = f(x \bmod 2\pi), \quad x \in \mathbb{R}, \tag{6.1}$$

によって周期的に延長したときに，f が $\mathbb{R}$ 上の関数として連続となることと同値である．ここで $x \bmod 2\pi$ とは，$(x - \xi)/2\pi$ が整数となるような $\xi \in [0, 2\pi)$ のこととする．同様に，関数が円周上で C^1 級（微分可能で，導関数が連続）と言った場合には，式 (6.1) のように延長した関数が C^1 級であることを意味するものと約束しよう．

定義 6.1.2 区間 $[0, 2\pi)$ 上の関数 $f(x)$ が以下の条件を満たすとき，これを**円周上の確率密度関数**または**円周上の確率分布**ということにする[2]：

(i) 全ての $x \in [0, 2\pi)$ に対して $f(x) \geq 0$ である．

---

[2] 正確には，$f(x)$ から定まる測度 $P(I) = \int_I f(x)dx$, $I \subset [0, 2\pi)$, のことを確率分布という．よって $f(x)$ は確率密度関数と呼んだ方が正確なのだが，慣例的に確率分布と呼んでしまうこともある．なお，「分布関数」と言った場合には通常，累積分布関数 $F(x) = \int_{-\infty}^x f(\xi)d\xi$ を指すので注意（累積分布関数は本章では現れない）．

(ii) $f(x)$ は円周上で連続である（定義 6.1.1 参照）．
(iii) $\int_0^{2\pi} f(x)dx = 1$ である．

円周上のランダムな位置 X が確率分布 $f(x)$ に従うとは，X が集合 $I \subset [0, 2\pi)$ に属する確率が積分 $\int_I f(x)dx$ で与えられるという意味である．基本的な統計学の設定では $f(x)$ が未知の状況を考え，同じ分布に独立に従う $X_1, \ldots, X_n$ を観測し，$f(x)$ を推定する（次節）．

円周上の確率分布で最も簡単なものは一様分布

$$f(x) = \frac{1}{2\pi}$$

である．これは公平なルーレットのように，どの位置の現れ方も同様に確からしいことを表す．

円周上の確率分布として，よく使われるものの一つに**フォン＝ミーゼス分布**がある．この分布は，$\theta \geq 0$ と $\mu \in [0, 2\pi)$ をパラメータ[3)]として

$$f(x; \theta, \mu) = \frac{1}{Z(\theta)} e^{\theta \cos(x-\mu)}, \quad x \in [0, 2\pi), \tag{6.2}$$

と定義される．ここで $Z(\theta)$ は正規化定数と呼ばれ，次の式で定義される：

$$Z(\theta) = \int_0^{2\pi} e^{\theta \cos x} dx. \tag{6.3}$$

フォン＝ミーゼス分布は $\theta = 0$ のとき，μ によらず一様分布に帰着される．

式 (6.3) は簡単な関数（初等関数）では表されず，後で述べるように，第 1 種変形ベッセル関数という特殊関数で表される．このように，「積分が簡単には計算できない」という問題をどう対処するかというのが本章の主題である．式 (6.3) のような 1 次元の積分の場合には，計算機を使えば比較的簡単に近似値が求まるが，高次元の積分の場合，計算機を使うにしても工夫が必要となる．そのような工夫の一つが，ホロノミック勾配法である．

ホロノミック勾配法について説明する前に，統計学において $Z(\theta)$ の計算がどんな形で必要になるのか，簡単に述べることにしよう．

6.2 最尤法

点 $x_1, \ldots, x_n \in [0, 2\pi)$ が与えられているとする．これを円周上の**データ**と呼ぶ．このとき，式 (6.2) に対する**尤度関数**とは，関数

[3)] 確率分布を定める実数の組を一般にパラメータという．

$$L(\theta,\mu) = \prod_{t=1}^{n} f(x_t;\theta,\mu) = \frac{e^{\theta \sum_{t=1}^{n} \cos(x_t - \mu)}}{Z(\theta)^n}$$

のことである．また，尤度関数 $L(\theta,\mu)$ を最大化する $\theta \geq 0$ と $\mu \in [0, 2\pi)$ のことを**最尤推定値**といい，それぞれ $\hat{\theta}, \hat{\mu}$ と表す[4]．尤度関数の式には正規化定数 $Z(\theta)$ が含まれるので，最尤推定値を数値的に求めるには $Z(\theta)$ の値を計算する必要がある．

最初に，$\theta > 0$ を固定して[5]，$L(\theta,\mu)$ が最大となる μ を求めよう．加法定理 $\cos(x_t - \mu) = \cos x_t \cos\mu + \sin x_t \sin\mu$ より，そのような μ は

$$\left(\sum_{t=1}^{n} \cos x_t, \sum_{t=1}^{n} \sin x_t \right) = a(\cos\mu, \sin\mu), \quad a > 0, \tag{6.4}$$

の解として定まり，θ によらない．よってこの μ が最尤推定値 $\hat{\mu}$ となる．$\hat{\mu}$ は**平均方向**と呼ばれる．

例 6.2.1 文献 [2] の最初に挙げられている例では，ルーレットの停止位置として

$$\{43°, 45°, 52°, 61°, 75°, 88°, 88°, 279°, 357°\}$$

というデータが載っている．データの大きさは $n = 9$ である．式 (6.4) に基づいて，平均方向 $\hat{\mu}$ を求めると，およそ $51°$ となる．

気をつけなければいけないのは，角度のデータだということを忘れて普通の数値データだと思ってしまうと，$279°$ と $357°$ が極端に大きな値であるように見えることである．実際，角度ということを考慮せずに単純平均すると，約 $121°$ となり，平均方向とはかなり異なる． □

一方，θ の最尤推定値を求めるには，$Z(\theta)$ の値やその導関数の値が必要となる．この最大化の計算に，次節以降で述べるホロノミック勾配法を用いることができる[6]．

統計学では最尤推定量の「誤差」を評価する方法も知られている (6.6 節を参照)．ここでの「誤差」とは数値計算の誤差ではなく，**標準誤差**と呼ばれるものであり，「推定量の標準偏差の推定量」のことである．

---

[4] 一般に，データから推定値 (estimate) への関数のことを推定量 (estimator) という．
[5] $\theta = 0$ のときは μ の最尤推定値が一意に定まらない．
[6] フォンミーゼス分布に限っていえば，何もホロノミック勾配法を持ち出さなくとも既存のパッケージで計算できる．本当に必要な例については [7] に挙げられている論文を参照されたい．

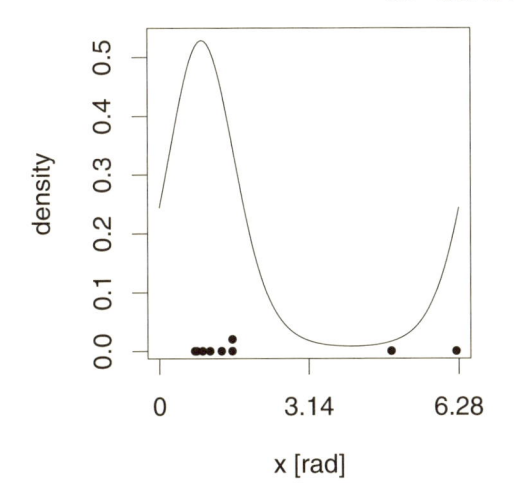

図 6.1 最尤推定で得られた確率密度関数 $f(x;\hat{\theta},\hat{\mu})$ を表す．元のデータも点で示してある．密度が最大となるのは平均方向 $\hat{\mu} = 51° = 0.89[\text{rad}]$ である．

例 6.2.2（例 6.2.1 の続き） 例 6.2.1 のデータに対し最尤推定値 $\hat{\theta}$ を求めると，およそ $\hat{\theta} = 2.08$ となる．対応する確率密度関数 $f(x;\hat{\theta},\hat{\mu})$ を図示すると図 6.1 のようになる．また $\hat{\theta}$ の標準誤差は $(1/nI(\hat{\theta}))^{1/2} = 0.85$ となる（記号は 6.6 節参照）． □

6.3 微分方程式の導出

ここではフォンミーゼス分布の正規化定数 $Z(\theta)$ が満たす微分方程式を導出する．まず，以降の議論で用いられる補題を述べておく．

補題 6.3.1 $h(x)$ は円周上で C^1 級であるような任意の関数とする．このとき

$$\int_0^{2\pi} \partial_x h(x) dx = 0 \tag{6.5}$$

が成り立つ．ただし ∂_x は $\partial/\partial x$ の略である．

証明． $h(x)$ を式 (6.1) のように延長して考える．すると微積分の基本定理から，$\int_0^{2\pi} \partial_x h(x) dx = h(2\pi) - h(0) = 0$ となる． □

補題を使って次の定理が示される．

定理 6.3.2 フォンミーゼス分布の正規化定数 $Z(\theta) = \int_0^{2\pi} e^{\theta \cos x} dx$ は，$\theta \neq 0$ のとき，微分方程式

$$\partial_\theta^2 Z + \frac{1}{\theta}\partial_\theta Z - Z = 0 \tag{6.6}$$

を満たす．ただし ∂_θ は $\partial/\partial\theta$ の略である．

証明． まず，$f_* = f_*(x,\theta) = e^{\theta\cos x}$ とおき，これを x と θ で何回か偏微分してみると，

$$\partial_x f_* = (-\theta\sin x)f_*,$$
$$\partial_x^2 f_* = (-\theta\cos x + \theta^2\sin^2 x)f_*,$$
$$\partial_\theta f_* = (\cos x)f_*,$$
$$\partial_\theta^2 f_* = (\cos^2 x)f_*$$

という関係式が得られる．$\sin^2 x = 1 - \cos^2 x$ に注意し，これらの関係式を組み合わせると，

$$\partial_x^2 f_* = -\theta\partial_\theta f_* + \theta^2 f_* - \theta^2\partial_\theta^2 f_*$$

が得られる．右辺には x が陽に現れていないことに注意しよう．両辺を x で積分すると，補題 6.3.1 より

$$0 = -\theta\int_0^{2\pi}\partial_\theta f_* dx + \theta^2\int_0^{2\pi} f_* dx - \theta^2\int_0^{2\pi}\partial_\theta^2 f_* dx$$

が得られる．最後に，θ に関する微分と x に関する積分を入れ替えることにより（入れ替えられる条件については微積分の本を参照），

$$0 = -\theta\partial_\theta Z + \theta^2 Z - \theta^2\partial_\theta^2 Z$$

が得られる．$\theta \neq 0$ だったから，両辺を $-\theta^2$ で割ればよい． $\square$

注意 6.3.3 式 (6.6) は，昔からよく知られている変形ベッセル微分方程式

$$\partial_\theta^2 y + \frac{1}{\theta}\partial_\theta y - \left(1 + \frac{\nu^2}{\theta^2}\right)y = 0, \quad \nu \in \mathbb{C}, \tag{6.7}$$

において $\nu = 0$ としたものである．式 (6.7) は 2 階の斉次線形常微分方程式だから，独立な二つの解を持つ．ν が整数の場合，解の一つは

$$y(\theta) = I_\nu(\theta) = \frac{1}{2\pi}\int_0^{2\pi}\cos(\nu x)e^{\theta\cos x}dx$$

と表され，第 1 種変形ベッセル関数と呼ばれる．実際にこれが式 (6.7) の解になっていることを確かめるには，$f_* = \cos(\nu x)e^{\theta\cos x}$ とおいたときに

$$\partial_x\{\partial_x f_* + 2\theta\sin x f_*\} = \theta^2\partial_\theta^2 f_* + \theta\partial_\theta f_* - (\theta^2 + \nu^2)f_*$$

という関係式が成り立つことを確かめ，両辺を x で積分すればよい．ここで，ν が整数であるという条件は，補題 6.3.1 を適用する際に必要となる． □

このように，積分が満たす微分方程式を導出するとき，被積分関数 $f_*(x,\theta)$ が満たす偏微分方程式を組み合わせて，

$$\partial_x h(x,\theta) = (\theta \text{ と } \partial_\theta \text{ だけを含む式})$$

の形にする，というのが本質的となる．実はこの方法は，ホロノミック性と呼ばれる仮定の下で常に可能であり，さらに積分アルゴリズムと呼ばれる方法で自動的に導出できる．詳しくは [6] の第 6 章を参照せよ．

6.4 ホロノミック勾配法（独立変数が 1 次元の場合）

式 (6.6) を少し変形して，連立の 1 階常微分方程式に変形する：

$$\partial_\theta \begin{pmatrix} Z \\ \partial_\theta Z \end{pmatrix} = \begin{pmatrix} 0 & 1 \\ 1 & -1/\theta \end{pmatrix} \begin{pmatrix} Z \\ \partial_\theta Z \end{pmatrix}. \tag{6.8}$$

このような方程式は一般に Pfaffian system と呼ばれる．

ある $\theta = \theta_0$ における初期値 $(Z, \partial_\theta Z)$ が与えられれば，Runge-Kutta 法などのアルゴリズムで式 (6.8) を数値的に解くことにより，他の任意の点 $\theta = \theta_1$ における値を高精度で求めることができる[7]．実はこの方法は，(θ が 2 次元以上であっても）ホロノミック性という仮定の下で可能となる．これがホロノミック勾配法の要点である．また，最尤法のように最大値を求めたい場合には，(準) ニュートン法などの最適化法と組み合わせることができ，ホロノミック勾配降下法と呼ばれている．詳しくは [6] の第 6 章あるいは [3] を参照せよ．また，[7] には最新の研究論文がリストアップされている．

さらに，$Z, \partial_\theta Z$ だけでなく，$\partial_\theta^2 Z, \partial_\theta^3 Z, \ldots$ という高階導関数も，式 (6.8) を繰り返し用いれば，代数計算だけで求めることができる．

問題となるのは $(Z, \partial_\theta Z)$ の初期値であるが，フォンミーゼス分布などの場合，$\theta = 0$ に近い点を θ_0 とし，テイラー展開を利用して近似値の計算ができる．

---

[7] ただし，θ_0 と θ_1 の間に微分方程式の特異点がある場合には話は別である．このような点をどう回避するかは発展途上の話題である．

6.5 スコアマッチング法

　機械学習の立場からは，正規化定数の計算が不要な推定方法が考案されている．この推定量は一般に，最尤推定量に比べると推定精度が落ちるが，簡単に計算できるという利点を持つ．以下その方法をフォンミーゼス分布に限定して説明してみたい．

　6.2 節で述べたように，μ については平均方向 $\hat{\mu}$ が簡単に求まる．以下では $x_t - \hat{\mu}$ を改めて x_t とおくことにより，一般性を失うことなく $\mu = 0$ と仮定する．これに対応して，$f(x;\theta,0)$ を $f(x;\theta)$ と略記することにする．すなわち $f(x;\theta) = e^{\theta \cos x}/Z(\theta)$ である．

　唐突ではあるが，次の関数を考える：

$$S(x,\theta) = \partial_x^2 \log f(x;\theta) + \frac{1}{2}(\partial_x \log f(x;\theta))^2. \tag{6.9}$$

このとき，データ $x_1,\ldots,x_n \in [0, 2\pi)$ に対して，

$$\bar{S}_n(\theta) := \frac{1}{n}\sum_{t=1}^n S(x_t, \theta) \tag{6.10}$$

を最小化する θ を Hyvärinen の**スコアマッチング推定量**という [1][8]．式 (6.9) を考える理由は後で説明する．

　フォンミーゼス分布の場合，$\log f(x;\theta) = \theta \cos x - \log Z(\theta)$ の両辺を x で偏微分すると，$Z(\theta)$ を含む項が消去され，

$$\partial_x \log f(x;\theta) = -\theta \sin x, \quad \partial_x^2 \log f(x;\theta) = -\theta \cos x$$

となる．よって

$$S(x,\theta) = -\theta \cos x + \frac{1}{2}\theta^2 \sin^2 x$$

という式が得られる．この式は正規化定数 $Z(\theta)$ を含まず，さらに θ について 2 次式になっている．よって，式 (6.10) も θ の 2 次式であり，その最小化は容易である．具体的には，

$$\hat{\theta} = \frac{\sum_{t=1}^n \cos x_t}{\sum_{t=1}^n \sin^2 x_t}$$

が推定量となる．このように，非常に簡単に推定量を求めることができるというのがスコアマッチング法の利点である．その標準誤差についても，例えばブートスト

---

[8]) Hyvärinen の論文 [1] では，円周上のデータではなく，ユークリッド空間全域に値をとるデータに対してスコアマッチング法が定義されている．一般のリーマン多様体の場合については文献 [4] に言及されている．

ラップ法と呼ばれる手法を使えば $Z(\theta)$ の計算をせずに見積もることができる．理論的な標準誤差については 6.6 節を参照せよ．

例 6.5.1（続き） 例 6.2.1 のデータに対しスコアマッチング推定値を求めるとおよそ $\hat{\theta} = 2.97$ となり，その標準誤差は $(K(\hat{\theta})/nJ(\hat{\theta})^2)^{1/2} = 1.33$ となる（記号は 6.6 節参照）．

注意 6.5.2 フォンミーゼス分布に限らず，指数型分布族と呼ばれるクラスに対しては $\bar{S}_n(\theta)$ は θ について 2 次式となり，簡単に推定量が計算できる．

フォンミーゼス分布族について，最尤推定量と，スコアマッチング推定量をシミュレーションで比較したものが表 6.1 である．理論的には最尤推定量の方が精度が良い（標準誤差が小さい）のだが，予想とは裏腹に，二つの方法の精度はほとんど変わらなかった．このことは次節でもう少し理論的に確認する．一方，スコアマッチング法の方が計算時間がかなり短くて済む．これでは最尤法，あるいはホロノミック勾配法を使う利点が無さそうであるが，そうでもない．すなわち，スコアマッチング法では正規化定数の計算を行わないので，推定されたパラメータに対応する確率分布を知ることができない．

使い方としては，まずはスコアマッチング法によって大まかな推定値を求め，そのあと **1 ステップ推定**（ニュートン法のステップを 1 回だけ実行する），あるいは最尤推定によって推定値を改善する，という方法が考えられる．実際，表 6.1 はそのような計算を行った結果である．

表 6.1 スコアマッチング推定量，1 ステップ推定量，および最尤推定量の推定誤差（上段）と計算時間（下段；秒）を示す．真のパラメータは $\theta \in \{3, 30\}$ とし，サンプルサイズは $n \in \{100, 1000\}$，シミュレーションの回数は 10^4 回とした．推定誤差は平均 2 乗誤差平方根 $r[\hat{\theta}] = (E[(\hat{\theta} - \theta)^2])^{1/2}$ を表す．計算時間は乱数生成の所要時間も含めている．

θ	n	スコアマッチング	1 ステップ法	最尤法
3	100	0.41 (5)	0.38 (24)	0.38 (71)
	1000	0.13 (19)	0.12 (38)	0.12 (80)
30	100	4.51 (13)	4.52 (135)	4.52 (265)
	1000	1.33 (53)	1.33 (172)	1.33 (288)

さて，式 (6.10) を最小化することで意味のある推定量を作ることができる理由を大まかに説明しよう．もし x_t が独立に共通の確率分布 $f(x;\theta_0)$ に従っているとすれば，**大数の法則**から，$n \to \infty$ のとき $\bar{S}_n(\theta)$ は次の値に収束する：

$$S_0(\theta) := \int_0^{2\pi} f(x;\theta_0) \left\{ \partial_x^2 \log f(x;\theta) + \frac{1}{2}(\partial_x \log f(x;\theta))^2 \right\} dx. \tag{6.11}$$

補題 6.5.3 式 (6.11) で定義される $S_0(\theta)$ に対し，

$$S_0(\theta) \equiv \frac{1}{2} \int_0^{2\pi} f(x;\theta_0) \left\{ \partial_x \log f(x;\theta_0) - \partial_x \log f(x;\theta) \right\}^2 dx \tag{6.12}$$

が成り立つ．ただし記号 $\equiv$ は，θ に依存しない項を除いて等しいことを表すものとする．

証明． $f_0(x) = f(x;\theta_0)$ とおき，式 (6.12) の右辺を計算する：

$$\frac{1}{2} \int_0^{2\pi} f_0(x) \left\{ \partial_x \log f_0(x) - \partial_x \log f(x;\theta) \right\}^2 dx$$
$$\equiv \frac{1}{2} \int_0^{2\pi} f_0(x) \{ -2(\partial_x \log f_0(x))(\partial_x \log f(x;\theta)) + (\partial_x \log f(x;\theta))^2 \} dx$$
$$= \int_0^{2\pi} \left\{ -(\partial_x f_0(x))(\partial_x \log f(x;\theta)) + \frac{1}{2} f_0(x)(\partial_x \log f(x;\theta))^2 \right\} dx$$
$$= \int_0^{2\pi} f_0(x) \left\{ \partial_x^2 \log f(x;\theta) + \frac{1}{2}(\partial_x \log f(x;\theta))^2 \right\} dx.$$

最後の等号は部分積分（あるいは補題 6.3.1）を用いた． □

式 (6.12) から，$S_0(\theta)$ が最小になるのは $\theta = \theta_0$ のときであることが比較的容易に確かめられる．まとめると，

- スコアマッチング推定量 $\hat{\theta}$ は $\bar{S}_n(\theta)$ を最小にし，
- $n \to \infty$ のとき $\bar{S}_n(\theta)$ は $S_0(\theta)$ に収束し，
- θ_0 は $S_0(\theta)$ を最小にする．

以上から，$\hat{\theta}$ が θ_0 に収束することが示される[9]．統計学ではこのような性質は一致性 (consistency) と呼ばれており，推定量が最低限備えるべき性質と考えられている．

---

[9] 厳密に証明するのは大変なので，ここでは省略する．

6.6 標準誤差の比較

最後に，最尤推定とスコアマッチング推定の誤差を比較して，締めくくることにしよう．ここでもホロノミック勾配法が活躍する．

データの大きさを n とする．推定量 $\hat{\theta}$ に対し，次の量を**漸近標準誤差**という：

$$\lim_{n \to \infty} \sqrt{n} \sqrt{\mathrm{E}[(\hat{\theta} - \theta)^2]}$$

E は真のパラメータ θ のもとでの期待値を表す．詳細は数理統計学の本を参照してほしい．

まず，最尤推定の漸近標準誤差は

$$\frac{1}{\sqrt{I(\theta)}}$$

で与えられる．ここで $I(\theta)$ はフィッシャー情報量と呼ばれ，

$$I(\theta) = \int_0^{2\pi} f(x;\theta)\{\partial_\theta \log f(x;\theta)\}^2 dx$$

と定義される．フォンミーゼス分布の場合には

$$I(\theta) = \frac{\partial_\theta^2 Z}{Z} - \left(\frac{\partial_\theta Z}{Z}\right)^2$$

と表される．

スコアマッチング推定の漸近標準誤差は

$$\sqrt{\frac{K(\theta)}{J(\theta)^2}}$$

と見積もられる．ただし

$$J(\theta) = \int_0^{2\pi} f(x;\theta)\{\partial_\theta^2 S(x,\theta)\} dx$$

$$K(\theta) = \int_0^{2\pi} f(x;\theta)\{\partial_\theta S(x,\theta)\}^2 dx$$

である．$S(x,\theta) = -\theta \cos x + (\theta^2/2)\sin^2 x$ を代入して計算すると，

$$J(\theta) = \frac{1}{Z}\{Z - \partial_\theta^2 Z\}$$

$$K(\theta) = \frac{1}{Z}\{\partial_\theta^2 Z - 2\theta(\partial_\theta Z - \partial_\theta^3 Z) + \theta^2(Z - 2\partial_\theta^2 Z + \partial_\theta^4 Z)\}$$

となることが確認できる．これらはいずれも Z の導関数だけで表されているので，ホロノミック勾配法により数値計算できる．

実際に各 $\theta \in \{0.1, 0.2, \ldots, 10.0\}$ についてこれらの誤差を計算し，グラフとして図示したものが図 6.2 である．図より，最尤推定量の方が誤差が小さい（これは理論的にも分かっている）．しかしその差はほとんどないことが分かった．

このように，ホロノミック勾配法を用いると，複数の推定法の比較を正確に行うことも可能となる．

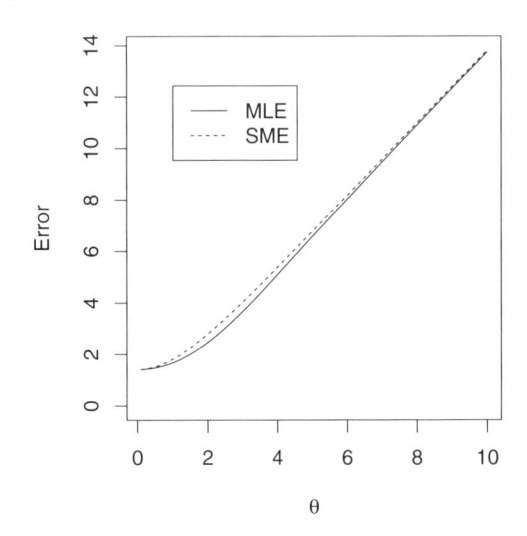

図 **6.2** フォンミーゼス分布に対する最尤推定 (MLE) とスコアマッチング推定 (SME) の漸近標準誤差．

参考文献

[1] A. Hyvärinen, Estimation of non-normalized statistical models by score matching, *J. Mach. Learn. Res.*, **6**, 695–709, 2005.
[2] K. P. Mardia and P. E. Jupp, *Directional Statistics*, John Wiley & Sons, 2000.
[3] H. Nakayama, K. Nishiyama, M. Noro, K. Ohara, T. Sei, N. Takayama and A. Takemura, Holonomic gradient descent and its application to the Fisher-Bingham integral, *Adv. Appl. Math.*, **47**(3), 639–658, 2011.
[4] M. Parry, A. P. Dawid and S. Lauritzen, Proper local scoring rules, *Ann. Statist.*, **40**(1), 561–592, 2012.
[5] 清水邦夫，方向統計学の最近の発展,『計算機統計学』, **19**(2), 127–150, 2006.
[6] JST CREST 日比チーム（編),『グレブナー道場』, 共立出版, 2011.
[7] References for the Holonomic Gradient Method (HGM) and the Holonomic Gradient Descent Method (HGD):
http://www.math.kobe-u.ac.jp/OpenXM/Math/hgm/ref-hgm.html

索 引

■記号

0 に簡約可能, 149
1 ステップ推定, 199
2×2 分割表, 85

Buchberger アルゴリズム, 154
Buchberger 判定法, 150

DAG, 166
Dickson の補題, 118

Hilbert 基底定理, 138

S 多項式, 148

■ア行

アフィン多様体, 122

一様分布, 68
一致性, 200
一般化超幾何分布, 108
イデアル, 125
イデアル一致定理, 148
イデアル所属定理, 145
イニシャルイデアル, 136
イニシャル単項式, 135
因子, 85
因子分析モデル, 169

円周上で連続, 192
円周上の確率分布, 192

オッズ, 89

オッズ比, 89

■カ行

階層モデル, 94
可逆性条件, 106
確率関数, 68
確率単体, 68
確率分布, 68
確率ベクトル, 68
完全独立モデル, 92

棄却, 100
基準化された確率関数, 70
基準化定数, 70
基準化前の確率関数, 70
期待値母数, 79
帰無仮説, 99
逆辞書式順序, 134
共通零点, 138
曲指数型分布族, 78
極小グレブナー基底, 137
極小元, 118
極小生成系, 131

グラフィカルモデル, 164
グレブナー基底, 136

交互作用, 90, 97
根基, 132
根基イデアル, 132

■サ行

最尤推定値, 74, 194

204　索　引

サンプル, 72
サンプルサイズ, 72

識別可能性, 168
事象, 68
辞書式順序, 134
次数, 115
指数型分布族, 78
自然パラメータ, 78
自由度, 69
十分統計量, 80
周辺頻度, 85
周辺和, 85
主効果, 90, 96
受容, 101
純辞書式順序, 134
条件つき検定, 102
条件つき最尤法, 108
条件つき独立モデル, 92
条件つき p 値, 102
詳細釣り合い条件, 106

水準, 86
水準数, 86
スコアマッチング推定量, 198

正確検定, 102
正規化定数, 70
生成系, 127
生成集合, 94
正則モデル, 69
零点, 121
漸近標準誤差, 201
潜在変数, 167
全順序, 133

相対頻度, 74

■ タ行

台, 142
大数の法則, 200
対数尤度関数, 75
多元分割表, 86
多項式, 116

単項イデアル, 127
単項式, 115
単項式イデアル, 129

超幾何分布, 84, 91

データ, 72
テトラッド, 170

統計モデル, 68
同時頻度, 85
トーリックモデル, 77
特異モデル, 69
独立モデル, 88, 92
度数分布, 73

■ ナ行

二項式, 151
二項式イデアル, 151

■ ハ行

配置行列, 83
パラメータ, 70
パラメータ空間, 70

p 値, 102
非巡回有向グラフ, 166
被約グレブナー基底, 146
標準誤差, 194
標準表示, 144
標本, 72
標本空間, 68
標本サイズ, 72
標本の大きさ, 72
頻度, 73
頻度ベクトル, 73

ファイバー, 84
フィッシャー情報量, 79, 201
フィッシャーの正確検定, 100
フォンミーゼス分布, 193
部分モデル, 94
分割表, 85

変形ベッセル関数, 196
変数, 85, 115

飽和モデル, 68
母数, 70
母数空間, 70
ホロノミック勾配法, 197

■マ行

マルコフ連鎖モンテカルロ法, 104

未知パラメータ, 70

無3因子交互作用モデル, 93

■ヤ行

有意水準, 101
有限生成, 127
尤度関数, 74, 193
尤度方程式, 75
有理函数, 117

要因, 85

■ワ行

割り算アルゴリズム, 144
割り算をする, 140

Memorandum

Memorandum

Memorandum

Memorandum

Memorandum

Memorandum

Memorandum

執筆者紹介

〈第1章〉
『グレブナー道場』著者一同
『グレブナー道場』参照.

〈第2章〉
竹村 彰通（たけむら あきみち）
東京大学大学院情報理工学系研究科教授.
専門は，統計学．Ph.D.（米国スタンフォード大学）．
1976年，東京大学経済学部経済学科卒業．スタンフォード大学統計学科客員助教授，パーデュー大学統計学科客員助教授，東京大学経済学部助教授，東京大学大学院経済学研究科教授を経て，2001年から現職．2015年5月より滋賀大学データサイエンス教育研究推進室長を兼任．
著書に，*Zonal Polynomials*, Institute of Mathematical Statistics Lecture Notes—Monograph Series, 4（1984年），『多変量推測統計の基礎』共立出版（1991年），『現代数理統計学』創文社（1991年），『統計』共立講座21世紀の数学14，共立出版（1997年）などがある．

〈第3章〉
日比 孝之（ひび たかゆき）
大阪大学大学院情報科学研究科教授.
専門は，計算可換代数と組合せ論．理学博士（名古屋大学）．
1981年，名古屋大学理学部卒業．名古屋大学理学部助手，北海道大学理学部講師，北海道大学理学部助教授，大阪大学理学部教授，大阪大学大学院理学研究科教授を経て，2002年から現職．
著書に，『可換代数と組合せ論』シュプリンガー・フェアラーク東京（1995年），『数え上げ数学』朝倉書店（1997年），『グレブナー基底』朝倉書店（2003年），『証明の

探究』大阪大学出版会（2011 年），*Algebraic Combinatorics on Convex Polytopes*, Carslaw Publications, Glebe, NSW, Australia（1992 年），*Monomial Ideals* (with J. Herzog), GTM 260, Springer（2010 年）などがある．
愛読書は『白い巨塔』．

⟨第 4 章⟩
原 尚幸（はら ひさゆき）

新潟大学経済学部准教授．
専門は，多変量推測統計学．博士（工学）（東京大学）．
1993 年，東京大学工学部計数工学科卒業．東京大学大学院工学系研究科助教を経て，2011 年から現職．
著書に，*Markov Bases in Algebraic Statistics* (with S. Aoki and A. Takemura), Springer（2012 年）などがある．

⟨第 5 章⟩
東谷 章弘（ひがしたに あきひろ）

京都産業大学理学部助教．
専門は，代数的組合せ論．理学博士（大阪大学）．
2009 年，大阪大学理学部数学科卒業．京都大学理学研究科特別研究員を経て，2015 年から現職．

⟨第 6 章⟩
清 智也（せい ともなり）

東京大学大学院情報理工学系研究科准教授．
専門は，統計学．博士（情報理工学）（東京大学）．
2000 年，東京大学工学部計数工学科卒業．東京大学大学院情報理工学系研究科助教，慶應義塾大学理工学部専任講師，慶應義塾大学理工学部准教授を経て 2015 年から現職．

グレブナー教室 ——計算代数統計への招待 *Gröbner Exciting Class* *— Introduction to Computational Algebraic* *Statistics*	著　者　竹村彰通・日比孝之 　　　　原　尚幸・東谷章弘 　　　　清　智也 　　　　『グレブナー道場』著者一同　　ⓒ 2015 発行者　南條光章 発行所　**共立出版株式会社** 　　　　〒112-0006 　　　　東京都文京区小日向4丁目6番19号 　　　　電話　（03）3947-2511（代表） 　　　　振替口座　00110-2-57035 　　　　URL　http://www.kyoritsu-pub.co.jp/
2015年7月25日　初版1刷発行	印　刷　加藤文明社 製　本　ブロケード
検印廃止 NDC 411.7, 411.8, 417, 418.1 ISBN 978-4-320-11113-4	一般社団法人 自然科学書協会 会員 Printed in Japan

JCOPY <出版者著作権管理機構委託出版物>

本書の無断複製は著作権法上での例外を除き禁じられています．複製される場合は，そのつど事前に，出版者著作権管理機構（ＴＥＬ：03-3513-6969，ＦＡＸ：03-3513-6979，e-mail：info@jcopy.or.jp）の許諾を得てください．

グレブナー基底の奥義を伝授する究極の指南書！

グレブナー道場

JST CREST 日比チーム ［編］

本書は，グレブナー基底の理論，応用，計算における従来の成果を紹介するとともに，豊富なソフトウェアを提供し，一般のユーザーが臨床試験，実験計画などを含む広範な「現場」においてグレブナー基底を操る奥義を極めるための"環境"の整備に着手する第一歩としての役割を担うものとしてJST CREST 日比チームのメンバーが総力を結集して執筆。グレブナー基底とその周辺の話題について理解を深めるとともに，KNOPPIX/Mathのユーザーになることを主たる目的とし，演習を充実させ，実際にパソコンを動かしながら最先端の話題に触れることができるように配慮している。

本書を読むための数学的な予備知識はほとんど仮定されていない。大学初年度の数学の講義，演習などの経験があれば十分である。また計算機についても，パソコンを扱うことができれば大丈夫である。しかし，予備知識の仮定が少ないことと，すらすらと本文が読破できることとは次元が異なる。武道のまったくの初心者が派手な技を習得するには，それなりの準備と覚悟と努力と忍耐が必要である。書名を「道場」と命名した所以である。

●主要目次●

第1章　グレブナー基底の伊呂波
（日比孝之）

第2章　数学ソフトウェア受身稽古
（濱田龍義）

第3章　グレブナー基底の計算法
（野呂正行）

第4章　マルコフ基底と実験計画法
（青木　敏・竹村彰通）

第5章　凸多面体とグレブナー基底
（大杉英史）

第6章　微分作用素環のグレブナー基底とその応用
（高山信毅）

第7章　例題と解答　（中山洋将・西山絢太）

A5判・上製本・574頁・定価（本体5,600円＋税）

http://www.kyoritsu-pub.co.jp/　**共立出版**　（価格は変更される場合がございます）

https://www.facebook.com/kyoritsu.pub